"十二五"职业教育国家规划教材
经全国职业教育教材审定委员会审定

机械制图

张 燏 主编

典型零部件　·测绘·
　　　　　　·读图·

第三版

苏州大学出版社
Soochow University Press

图书在版编目(CIP)数据

机械制图/张燏主编. —苏州:苏州大学出版社,2016.8
"十二五"职业教育国家规划教材
ISBN 978-7-5672-1809-3

Ⅰ.①机… Ⅱ.①张… Ⅲ.①机械制图-高等职业教育-教材 Ⅳ.①TH126

中国版本图书馆 CIP 数据核字(2016)第 195563 号

机 械 制 图

张 燏 主编

责任编辑 顾 清

苏州大学出版社出版发行
(地址:苏州市十梓街1号 邮编:215006)
江苏农垦机关印刷厂有限公司印装
(地址:淮安市青年西路58号1-3幢 邮编:223000)

开本 787 mm×1 092mm 1/16 印张 32(共两册) 字数 551 千
2016 年 8 月第 1 版 2016 年 8 月第 1 次印刷
ISBN 978-7-5672-1809-3 定价:48.00 元
(共两册)

苏州大学版图书若有印装错误,本社负责调换
苏州大学出版社营销部 电话:0512-65225020
苏州大学出版社网址 http://www.sudapress.com

修订说明

《机械制图》(含习题集)一书于2009年8月出版,为教育部普通高等教育"十一五"国家级规划教材,2011年被评为教育部国家精品教材,2014年被评为首批教育部"十二五"职业教育规划教材。本次修订再版按照最新的机械制图标准,在延续已有的高职教育特色的基础上,针对使用中发现的一些问题和强化中高职教育的衔接等方面进行了如下修订:

(1) 遵循循序渐进的教学规律,对教学内容的组织做了部分调整,新增了一些特殊位置的线和面的投影特性的内容,完善了立体投影中对线和面进行分析的需要。

(2) 根据教学过程中反映出的教学内容与工作任务实施之间的协调,调整了回转体投影知识出现的位置,提前放在拓展知识中进行教学,让学生在学习过程中对知识的接受有个完整概念,更加符合学生的认知规律。

(3) 对配套习题册的内容进行了相应整理和完善。对已有的教学资源进行了补充完善,增添学生训练题的参考答案以及相关三维模型的素材,以满足学生自学的需要。

在本次修订工作中,本书主编张燏,副主编顾亚桃、李爱红、付春梅做了大量的工作。教材内容修订由张燏、李爱红完成,习题册的重新整理和完善由顾亚桃完成,全书图样的修订、完善、整理由付春梅完成。潘安霞、孙建英也为本次修订提出了许多宝贵的意见和建议。在此向各位专家和老师的关心与支持表示衷心的感谢!

编 者

前 言

本书根据当前高职高专教改新思路,认真贯彻教育部《关于全面提高高等职业教育教学质量的若干意见》文件精神,打破了传统《机械制图》教材的理论体系,建立了以生产一线的零部件测绘工作过程系统化为导向的教材编写体系;注重机械类、模具类等工科专业学生对零部件测绘的能力以及对典型零部件的零件图和装配图识读能力的培养,使学生在学中做和做中学,提高学生学习理论知识和实践技能的兴趣;在学习的过程中始终贯穿职业岗位的素质培养,使学生具有较高的职业道德水准及吃苦耐劳、精益求精的工作作风,能够熟悉和运用国家标准,具有较好的团队合作精神。

本书含教材和习题册。教材分为六个模块,模块1:基本知识和基本技能准备。学习国家标准关于技术制图的系列规定,学会平面绘图的基本技能,做好测绘工作的知识和技能的准备。模块2:简单零件的测绘及图样识读。通过对简单零件的测绘,学习正投影法的基本知识及零件的表示方法,学会绘制零件草图及零件图的方法,对尺寸和技术要求的标注有初步的认识,能够读懂简单零件图。模块3:典型部件的测绘。通过对齿轮油泵的测绘,学习油泵中涉及的各种标准件和常用件的知识,学会部件测绘的基本方法,学会绘制部件装配图,并能通过查阅国家标准及设计手册确定零件工艺结构参数,培养对部件拆装和测绘的综合能力。模块4:典型零件图的识读。通过对典型的轴类、盘盖类、叉架类、箱体类零件图的结构分析和表达方法分析,提高学生的空间想象能力;通过尺寸和技术要求的分析,对零件图的技术理解有更深的认识。模块5:典型部件装配图的识读。通过对几个典型装配图的结构分析,提高学生对装配图的表达和零件间连接关系的认识,学会分析装配体结构和工作原理,熟悉标准件的各种连接画法,提高综合读图的能力。模块6:使用第三角投影绘制机件图样。简单介绍第三角投影画法,使学生具备绘制和读懂第三角投影图的能力,以适应外资企业对人才第三角投影图的读图能力的需要。与教材配套的习题册根据教学的不同阶段,给学生提供相应的训练任务。

本书适合高职高专机械类、模具类等专业教学使用,建议教学时数 80～120 课时,采用一体化现场教学。在教学中使用配套教学模型,要求学生通过学习,学会自己进行零部件的测绘。在完成全部教材的学习后,安排一周或二周实训,要求学生分组独立进行部件测绘,以达到本课程的教学目标。在使用本书进行教学的同时,希望同时使用与本书配套的典型零件和部件教学模型,以便进行工作过程系统化教学,使学生在学校感受企业工作的氛围,促进岗位的职业能力的培养。与本书配套的电子挂图和电子模型库请登录苏州大学出版社网站 http://www.sudapress.com/down.asp 下载。

本书由张焴主编,顾亚桃、李爱红、付春梅副主编,潘安霞、孙建英参加编写;付春梅负责整理和绘制全书图片及电子模型库;同济大学钱可强教授审阅了全书,提出了许多宝贵意见和建议。在此向各位专家和老师的关心与支持表示衷心的感谢!

欢迎选用本书的广大师生和读者提出宝贵意见和建议,以便下次修订时调整与改进。

编　者

目录

模块 1　基本知识和基本技能准备 ……………………………… (1)
　　任务 1　认识机械图样 ……………………………………… (1)
　　任务 2　线型练习 ………………………………………… (12)
　　任务 3　绘制手柄平面图 …………………………………… (19)
　　任务 4　分析如图 1-28 所示平面图形,并标注尺寸
　　　　　　　…………………………………………………… (23)

模块 2　简单零件的测绘及图样识读 ……………………………… (27)
　　任务 1　V 形块的测绘 ……………………………………… (27)
　　任务 2　轴承座三视图的读图训练 ………………………… (61)
　　任务 3　连接座的测绘 ……………………………………… (84)
　　任务 4　座体零件的测绘 …………………………………… (93)
　　任务 5　阶梯轴的测绘 ……………………………………… (102)
　　任务 6　读懂三通管的零件图 ……………………………… (134)
　　任务 7　读懂端盖的零件图 ………………………………… (137)

模块 3　典型部件的测绘 …………………………………………… (143)
　　任务　齿轮油泵的测绘 ……………………………………… (143)

模块 4　典型零件图的识读 ………………………………………… (191)
　　任务 1　减速箱输出轴的零件工作图的读图 …………… (195)
　　任务 2　减速箱透盖的零件工作图的读图 ……………… (199)
　　任务 3　减速箱箱体的零件工作图的读图 ……………… (201)
　　任务 4　拨叉的零件工作图的读图 ……………………… (204)

模块 5　典型部件装配图的识读 …………………………………… (215)
　　任务　减速箱装配图的识读 ………………………………… (215)

模块 6　使用第三角投影绘制机件图样 ………………………… (229)
　　任务　使用第三角投影绘制轴承座图样 …………………… (229)

附录 ………………………………………………………………… (234)

模块 1

基本知识和基本技能准备

一、机械制图基本知识

 学习目标

知识目标：懂得机械图样的用途，知道机械图样的内容，并熟悉国家标准关于图幅、比例、字体、图线、尺寸的规定。

能力目标：学会各种字体的书写方法；学会铅笔图绘制的一般方法；学会利用绘图仪器和工具绘制简单的图样(包括选择图幅、采用正确的比例、布图、绘制规范的图线、标注规范的尺寸、书写规范的字体等)。

素质目标：养成一丝不苟的工作作风，认真对待每个图样中的尺寸和要求，按照标准进行绘制和标注。

 任务1　认识机械图样

▶知识点：机械图样的概述和内容，国家标准关于图幅、比例、字体、图线、尺寸的规定简介。

任务分析

本任务是通过浏览座体的零件图，了解机械图样的用途和内容；学习国家标准有关图幅、比例、字体、图线、尺寸等知识。

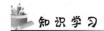

（一）图样

1. 图样的概念

根据投影原理、国家标准及有关规定，表示工程对象，并有必要的技术说明的图，称为图样。根据不同的工程对象有不同的工程图样，如电子工程图样、建筑工程图样、化工工程图样、机械工程图样等。机械图样又分为表达零件结构的零件图和表达机器设备或部件结构的装配图。如图 1-1 所示的是铣刀头座体零件图。

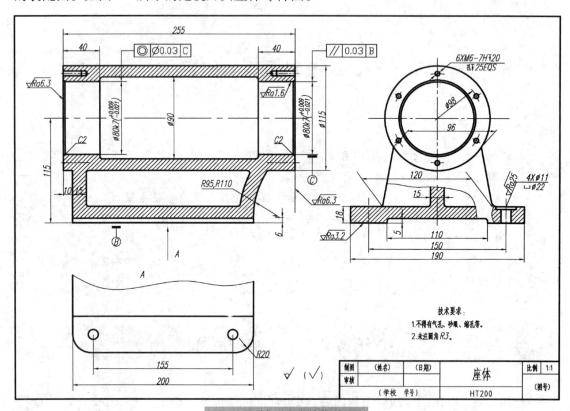

图 1-1 铣刀头座体零件图

2. 图样的用途

图样是现代生产中重要的技术文件。设计者通过图样来表达设计意图；制造者通过图样了解设计要求，组织制造和指导生产；使用者通过图样了解机器设备的结构和性能，进行操作、维修和保养。工程技术图样是工程上借以表达和交流技术思想的工具之一，有"技术语言"之称。本课程主要是学习机械图样。

（二）国家标准《技术制图》和《机械制图》的有关规定

1. 图纸幅面和格式（GB/T 14689—2008）

（1）图纸幅面

图纸的长度和宽度决定了图面的大小。应优先采用表 1-1 中国家标准规定的五种图纸基本幅面，其尺寸关系如图 1-2 所示。

表 1-1　基本幅面尺寸　　　　　　　　　　　　　　　　　　　　mm

幅面代号		A0	A1	A2	A3	A4
尺寸 $B \times L$		841×1189	594×841	420×594	297×420	210×297
边框	a	25				
	c	10			5	
	e	20			10	

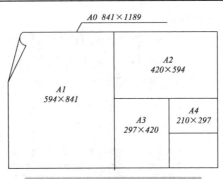

图 1-2　基本幅面的尺寸关系

（2）图框格式

图纸上用于规定绘图区域的线框，称为图框。其格式分为留装订边和不留装订边两种[图 1-3 中(a)留装订边，(b)不留装订边]。同一零件的图样只能采用一种格式。

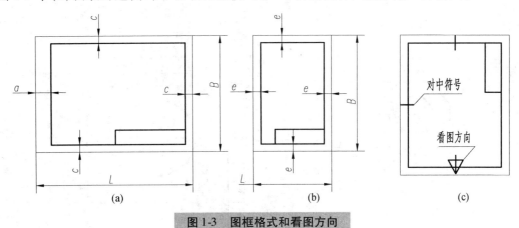

图 1-3　图框格式和看图方向

（3）对中符号和看图方向

标题栏中文字的方向为看图方向。为使图样复制时定位方便，可以在各边长的中点处分别画出粗实线标示的对中符号。如果使用预先印制的图纸，需要改变标题栏的方位时，必须将图纸逆时针旋转至标题栏在图纸右上角。此时，为了看图与绘图方便，应在图纸的下边对中符号处画出方向符号，如图 1-3(c)所示。

（4）标题栏

在图框右下角绘制标题栏，国家标准（GB/T 10609.1—2008）对标题栏的内容、格式及尺寸做了统一规定。本教材制图作业采用如图 1-4 所示的格式。

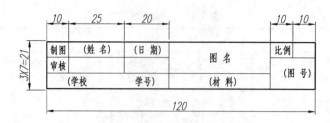

图1-4 练习用标题栏格式

2. 比例（GB/T 14691—1993）

比例是指图样中图形与其实物相应要素的线性尺寸之比。绘制图样时，应选用适当的比例，优先选用原值比例（1∶1）。若机件太小或太大，可采用放大或缩小的比例进行绘制。比例可优先从表1-2中选取。选用比例的原则是有利于对零件的清晰表达和图纸幅面的有效利用。不论采用何种比例绘图，标注尺寸时仍按机件的实际尺寸大小标注，如图1-5所示。

表1-2 常用的比例（摘自 GB/T 14690—1993）

种　类	比　例
原值比例	1∶1
放大比例	1∶1　2.5∶1　4∶1　5∶1　10∶1
缩小比例	1∶1.5　1∶2　1∶2.5　1∶3　1∶4　1∶5

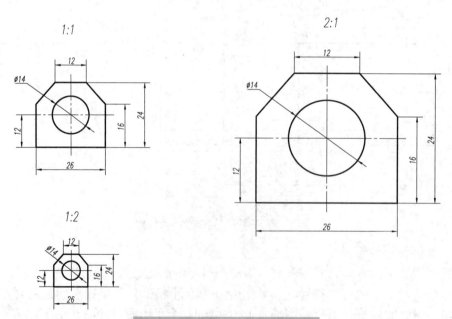

图1-5 以不同比例画出的图形

3. 字体（GB/T 14691—1993）

图样中书写的汉字、数字和字母，必须做到字体工整、笔画清楚、间隔均匀、排列整齐。字体的高度用字号表示，分为20、14、10、7、5、3.5、2.5、1.8（单位：mm）几种。

汉字应写成长仿宋体，并采用国家正式公布推行的简化字。汉字的高度不应小于3.5 mm，其宽度一般为字高的 $1/\sqrt{2}$。

数字和字母可写成直体或斜体（常用斜体），斜体字字头向右倾斜，与水平基准线约成75°。

数字——斜体用于尺寸标注；直体用于与汉字一起书写；

字母——斜体用于图样的标注；直体用于与汉字一起书写；

汉字——用于技术要求标注、标题栏文字书写等。

字体示例：

14mm 字

字体工整笔画清楚间隔均匀排列整齐

10mm 字

横平竖直注意起落结构均匀填满方格

7mm 字

技术制图机械电子汽车船舶土木建筑矿山井坑港口纺织服装

5mm 字

螺纹齿轮端子接线飞行指导驾驶舱位挖填施工引水通风阀坝棉麻化纤

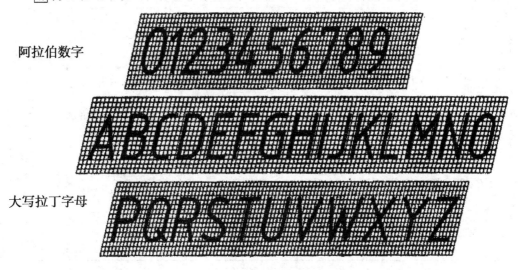

阿拉伯数字　0123456789

大写拉丁字母　ABCDEFGHIJKLMNOPQRSTUVWXYZ

小写拉丁字母　abcdefghijklmnopq
　　　　　　　rstuvwxyz

罗马数字　　　ⅠⅡⅢⅣⅤⅥⅦⅧⅨⅩ

4. 图线（GB/T 17450—1998、GB/T 4457.4—2002）

（1）图线的线型与应用

绘图时采用国家标准规定的图线型式和画法。国家标准中规定了绘制技术图样的 15 种基本线型。由这 15 种基本线型及其变形，机械制图国家标准中又规定了用于绘制机械图样的 9 种线型，其粗细线宽的比例为 2∶1。应用示例见表 1-3 和图 1-6。

表 1-3　图线的线型与应用（根据 GB/T 4457.4—2002）

图线名称	图线的线型	图线宽度	一般应用举例
粗实线	————————	d	可见轮廓线
细实线	————	$d/2$	尺寸线及尺寸界线 剖面线 重合剖面的轮廓线 过渡线
细虚线	— — — — —	$d/2$	不可见轮廓线
细点画线	—·—·—·—	$d/2$	轴线 对称中心线 轨迹线
粗点画线	—·—·—·—	d	限定范围表示线
细双点画线	—··—··—··—	$d/2$	相邻辅助零件的轮廓线 极限位置的轮廓线
波浪线	～～～～	$d/2$	断裂处的边界线 视图与剖视的分界线
双折线	—⌇—⌇—	$d/2$	同波浪线
粗虚线	— — — — —	d	允许表面处理的表示线

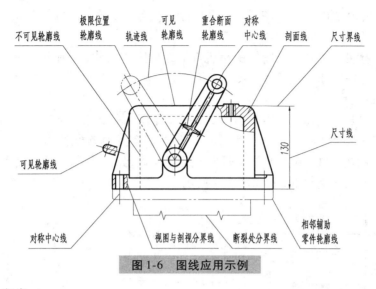

图1-6　图线应用示例

（2）图线宽度

机械图样中采用粗细两种图线宽度，它们的比例为2∶1。图线宽度（d）应按图样的类型和尺寸大小，在以下数系中选取：0.13、0.18、0.25、0.35、0.5、0.7、1.0、1.4、2（单位：mm）。粗线宽度一般采用$d=0.5$ mm或0.7 mm。

（3）注意事项

绘制图样时，应注意：

① 同一图样中同类图线的宽度应基本一致。虚线、点画线及双点画线的线段长度和间隔应各自大致相同。

② 两平行线间的距离应不小于粗实线的两倍宽度，其最小距离不得小于0.7 mm。

③ 绘制圆的对称中心线时，圆心应为画线的交点。点画线、双点画线的首尾两端应是画线而不是点，并超出图形的轮廓线3～5 mm，如图1-7所示。

在较小的图形上绘制点画线和双点画线有困难时，可用细实线代替，如图1-7所示。

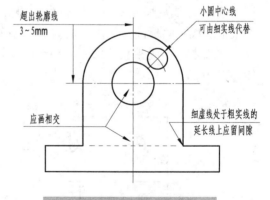

图1-7　图线画法的注意事项

④ 虚线与虚线、虚线与其他线相交，应是线段相交。当虚线是粗实线的延长线时，虚线应与粗实线间留有间隙，如图1-7所示。

5. 尺寸注法（GB/T 4458.4—2003、GB/T 16675.2—2012）

尺寸是图样中不可缺少的重要内容之一，是制造零件的直接依据。在标注尺寸时，必须严格遵守国家标准的有关规定，做到正确、完整、清晰、合理。

（1）基本规则

① 机件的真实大小应以图样上所注的尺寸数值为依据，与图形的大小及绘图的准确度无关。

② 图样中的尺寸以 mm 为单位时,不必标注计量单位的符号或名称。如果用其他单位,则必须注明相应的单位符号。

③ 图样中所注的尺寸为该图样所示机件的最后完工尺寸,否则应另加说明。

④ 机件的每一尺寸一般只注一次,并应标注在表示该结构最清晰的图形上。

(2) 尺寸的组成

一个完整的尺寸包括尺寸界线、尺寸线、尺寸线终端和尺寸数字,如图 1-8 所示。

① 尺寸界线。尺寸界线表示尺寸的度量范围,一般用细实线绘出,由轮廓线及轴线、中心线引出,也可利用轴线、中心线和轮廓线作尺寸界线,如图 1-8 所示。尺寸界线一般应与尺寸线垂直,必要时才允许倾斜,如图 1-9 所示。

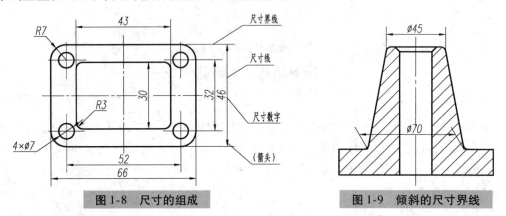

图 1-8　尺寸的组成　　　　　　图 1-9　倾斜的尺寸界线

② 尺寸线。尺寸线表示所注尺寸的度量方向和长度。它必须用细实线单独绘出,不能由其他线代替。标注直线尺寸时,尺寸线应与所注尺寸部位的轮廓线(或尺寸方向)平行,且尺寸线之间不应相交。尺寸线与轮廓线相距 5~10 mm。尺寸界线超出尺寸线 2~3 mm,如图 1-10 所示。

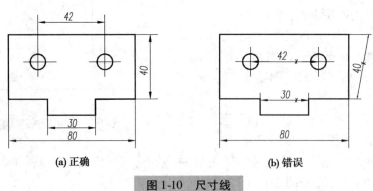

图 1-10　尺寸线

③ 尺寸线终端。尺寸线终端有两种形式:箭头或斜线,如图 1-11 所示。在同一张图样上只能采用同一种尺寸线终端形式。机械图样上的尺寸线终端一般为箭头(图中"b"为粗实线的宽度),箭头表明尺寸的起、止,其尖端应与尺寸界线接触,尽量画在所注尺寸的区域之内。在同一张图样中,箭头大小应一致。采用斜线时,尺寸线与尺寸界线必须互相垂直;斜线用细实线绘制(图中"h"为字体高度)。

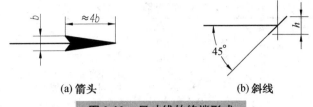

(a) 箭头　　　　　　　　(b) 斜线

图 1-11　尺寸线的终端形式

④ 尺寸数字。尺寸数字用来表示机件的实际大小,一般用斜体书写(一般为 3.5 号字),且应保持同一张图样上尺寸数字字高一致。线性尺寸的数字通常注写在尺寸线的上方或中断处,尺寸数字不允许被任何图线所通过,否则,需将图线断开,当图中没有足够的地方标注尺寸时,可引出标注,如图 1-12 所示。

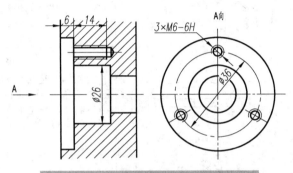

图 1-12　任何图线不能通过尺寸数字

线性尺寸数字的注写方向,如图 1-13(a)所示。水平方向的尺寸数字字头向上,垂直方向的尺寸数字字头向左,倾斜方向的尺寸数字字头偏向斜上方。应尽量避免在图上所示 30°的范围内标注尺寸,当无法避免时,可按图 1-13(b)所示的形式标注。对于非水平方向的尺寸,其数字也可水平地注写在尺寸线的中断处,如图 1-13(c)所示。

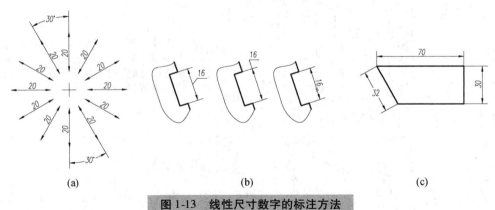

(a)　　　　　　　　(b)　　　　　　　　(c)

图 1-13　线性尺寸数字的标注方法

(3) 尺寸的基本注法

常见的尺寸注法参照表 1-4。

表 1-4　常见的尺寸注法

项目	图　例	尺　寸　注　法
圆	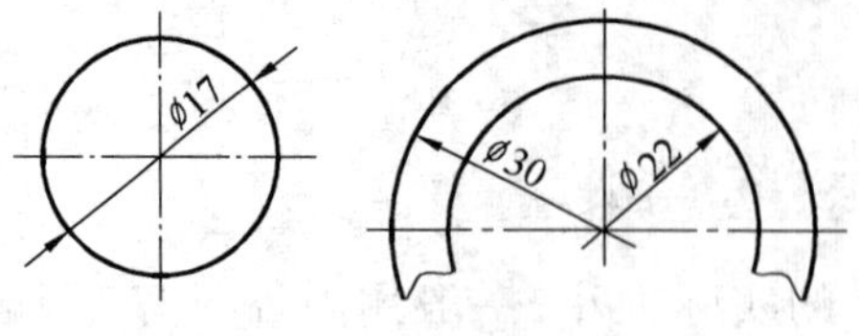	标注整圆或大于半圆的圆弧直径尺寸时，以圆周为尺寸界线，尺寸线通过圆心，并在尺寸数字前加注直径符号"φ"。圆弧直径尺寸线应画至略超过圆心，只在尺寸线一端画箭头指向圆弧。
圆	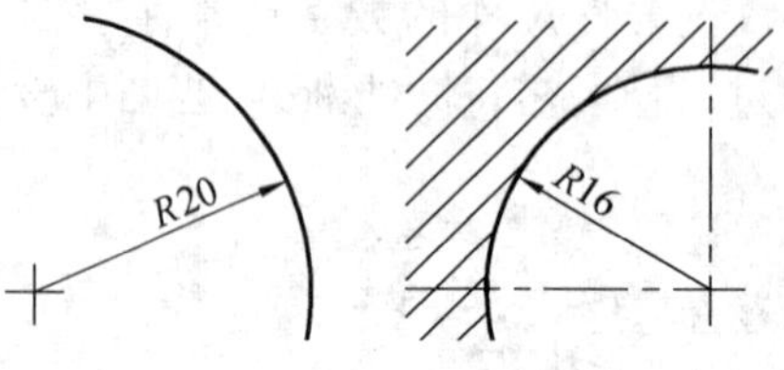	标注小于或等于半圆的圆弧半径尺寸时，尺寸线应从圆心出发引向圆弧，只画一个箭头，并在尺寸数字前加注半径符号"R"。
弧	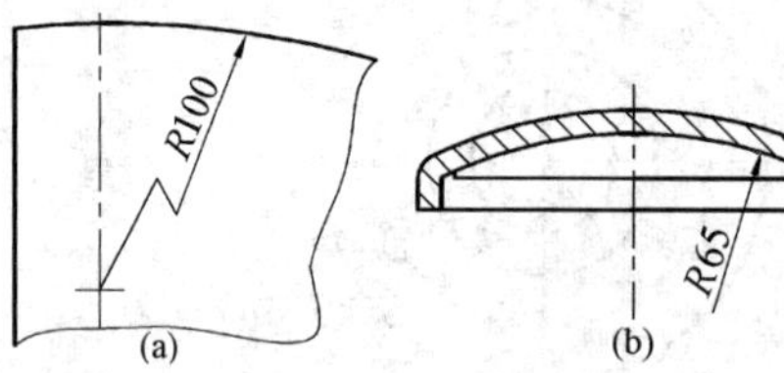	当圆弧的半径过大或在图线范围内无法标出圆心位置时，可按图(a)的折线形式标注。当不需标出圆心位置时，则尺寸线只画靠近箭头的一段，如图(b)所示。
球面	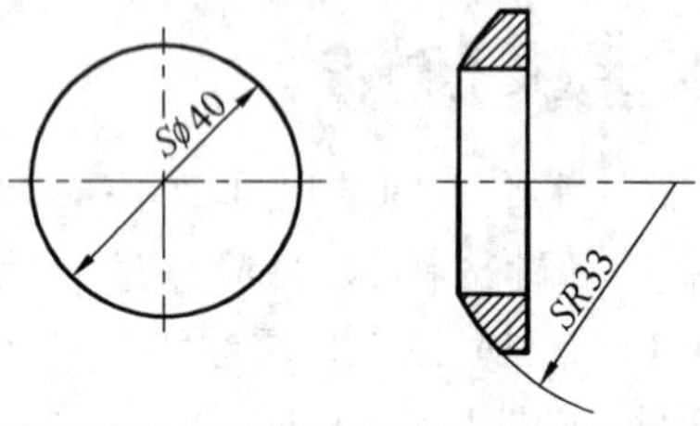	标注球面直径或半径尺寸时，应在尺寸数字前加注符号"Sφ"或"SR"。
小尺寸	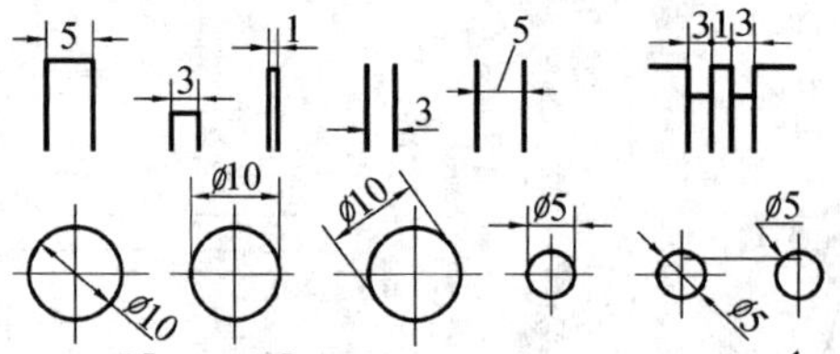	在尺寸界线之间没有足够位置画箭头或注写尺寸数字的小尺寸，可按图示形式进行标注。标注连线尺寸时，代替箭头的圆点大小应与箭头尾部宽度(b)相同。
角度	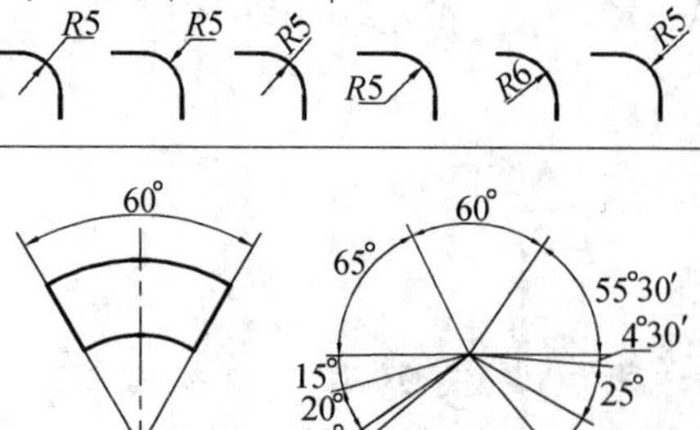	标注角度的尺寸界线应沿径向引出，尺寸线画成圆弧，其圆心为该角的顶点，半径取适当大小，如图(a)所示；角度数字一律写成水平方向，一般注写在尺寸线的中断处或尺寸线的上方或外边，也可引出标注，如图(b)所示。

续表

项目	图例	尺寸注法
弦长和弧长	(a) 30　(b) ⌒32　(c) ⌒495　150　R170　150	标注弦长或弧长的尺寸界线均应平行于该弦的垂直平分线,如图(a)、(b)所示;当弧度较大时,也可沿径向引出,如图(c)所示。

任务实施

步骤一：浏览座体零件图

1. 了解座体的用途

铣刀头的结构如图 1-14、图 1-15 所示。该零件是装配体铣刀头的主要零件,铣刀头的大部分零件都装配在其内部。铣刀头是由若干个零件通过一定的连接组合在一起,共同完成其功用的。

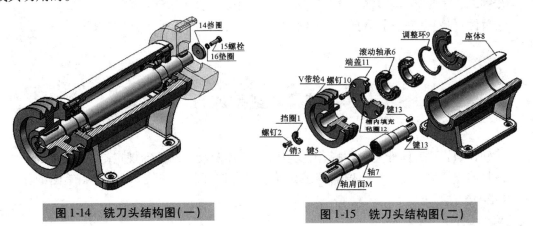

图 1-14　铣刀头结构图(一)　　　图 1-15　铣刀头结构图(二)

如图 1-16 所示为铣刀头的部件装配图。

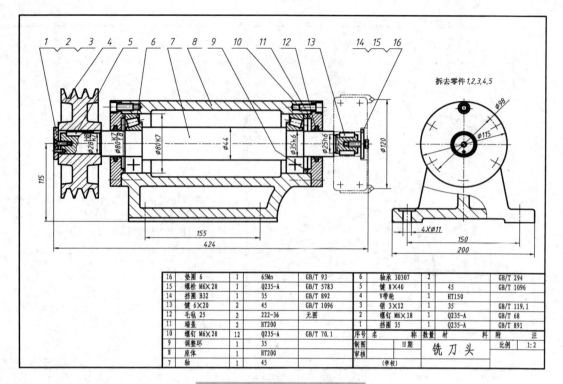

图 1-16 铣刀头部件装配图

2. 铣刀头相关图样的内容

座体零件图绘制在一张一定图幅的图纸上,它由一组表达座体零件的图样、完整的尺寸、技术要求、标题栏构成。铣刀头装配图由一组表达铣刀头部件结构的图样、必要的尺寸、技术要求、序号、明细栏和标题栏构成。请读者自行分析座体零件在铣刀头部件中的位置、功用,比较零件图与装配图的区别。

步骤二:**根据所学国家标准规定,认识座体图样中的各部分内容**

了解图样使用的图幅、比例,分析图中线型的使用、尺寸标注、尺寸数字及汉字的书写情况。

任务2　线型练习

▶知识点:国家标准关于图幅、图线、比例、字体及尺寸标注的规定。
▶技能点:学会使用绘图仪器及工具绘制各种图线及简单图形,掌握铅笔图的作图方法,并正确标注尺寸。

任务要求

在 A4 图纸上按照 1∶1 的比例绘制图 1-17。

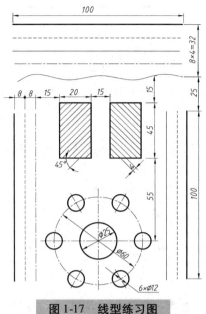

图1-17 线型练习图

任务分析

通过复习国家标准关于图幅、比例、字体、图线及尺寸注法的有关规定,分析图1-17所示图形。学习利用绘图仪器和工具进行铅笔图的绘制。

 技能学习

机械图样的绘制分手工绘制和计算机绘制两种,这里主要介绍使用绘图工具和仪器进行的手工绘图的方法。常用的绘图工具有图板、丁字尺、三角板和绘图仪器等。熟练地使用绘图工具,掌握正确的绘图方法,既能保证绘图质量,又能提高绘图速度。

1. 绘图工具

(1) 图板、丁字尺、三角板

画图时须将图纸平铺在图板上,图板的表面要求平整,左边为导边,必须平直。

丁字尺主要用于画水平线。它由尺头和尺身组成,使用时将尺头的内侧紧贴图板的导边,上下移动,自左向右画水平线,如图1-18(a)所示。

三角板有45°和30°-60°的各一块。将三角板与丁字尺配合使用,可自下向上画出一系列不同位置的垂直线,如图1-18(b)所示;还可画出与水平线成30°、45°以及60°的倾斜线,如图1-18(c)所示。两块三角板与丁字尺配合使用,可分别画出与水平线成15°、75°的斜线,以及任意已知直线的平行线或垂直线,如图1-19所示。

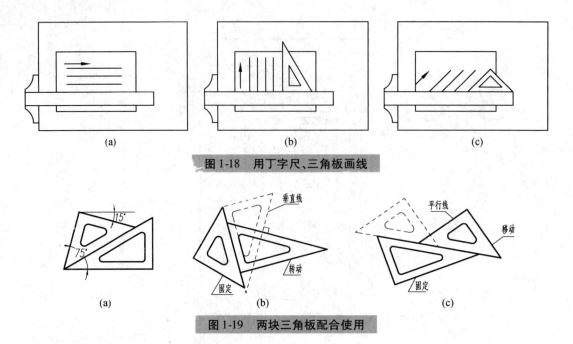

图1-18 用丁字尺、三角板画线

图1-19 两块三角板配合使用

（2）圆规、分规

圆规用来画圆和圆弧。使用时，圆规的钢针应用有台阶的一端，避免图纸上的针孔不断变大，并注意调整钢针和铅芯的长短，使用方法如图1-20所示。

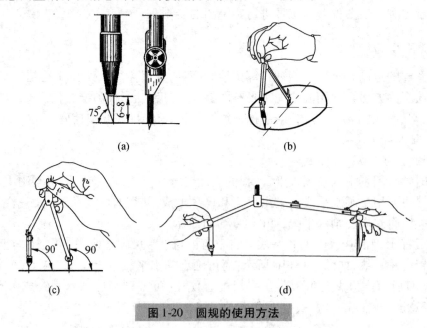

图1-20 圆规的使用方法

分规可用来量取尺寸、截取线段、等分线段。分规的两腿并拢时，两针尖应重合于一点，如图1-21所示。

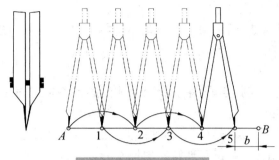

图 1-21 分规的使用

（3）比例尺、曲线板、量角器

比例尺主要用于量取相应比例的尺寸，可以直接量取，也可用分规量取。一般在三角板的三条边上有不同比例的刻度。

曲线板主要用来画非圆曲线，一般在三角板内部。

量角器主要用来量取角度，一般在三角板内部。

（4）铅笔

绘图铅笔用 B 和 H 代表铅芯的软硬程度。B 的号数越大则越软，H 的号数越大则越硬。绘图时一般选用 HB 铅笔画粗实线和写字，选用 H 铅笔画底稿。描深图线时，画圆的铅芯应比画直线的铅芯软一号，才可保证图线浓淡一致。

2. 铅笔图的作图方法

（1）画图前的准备

画图前应准备好图板、丁字尺、三角板等绘图工具和仪器，按各种线型的要求削好铅笔和圆规上的铅芯，并准备好图纸。

（2）确定图幅，固定图纸

根据图形的大小和比例，选取图纸幅面，并将图纸固定在图板上。

（3）画图框和标题栏

按国家标准的要求画图框和标题栏。

（4）布置图形位置

图形在图纸上布置的位置要求匀称，不宜偏置或过于集中某一角。根据每个图形的长宽尺寸，同时要考虑标注尺寸和有关文字说明等所占有的位置来确定各图形的位置，画出各图形的基准线。

（5）画底稿

用 H 或 2H 铅笔尽量轻、细、准地画好底稿。底稿线应分出不同线型，但不必分粗细，一律用细线画出。作图时应先画主要轮廓，再画细节。

（6）标注尺寸

应将尺寸界线、尺寸线一次性画出，再填写尺寸数字并绘制箭头。

（7）检查描深

描深前应仔细检查全图，修正图中的错误，擦去多余的线条。描深时按线型选择铅笔。先用铅芯较硬的铅笔描深细线，再用铅芯较软的铅笔描深粗实线；先描圆及圆弧，再描直线。描深直线应按先横后竖再斜的顺序，自上而下、自左至右进行。

(8) 全面检查，填写标题栏

描深后再一次全面检查全图，确认无误后，填写标题栏，完成全图。

任务实施

步骤一：复习图幅、比例、字体、图线和尺寸注法的有关规定，分析图样

图幅：认识 A4 图纸。

图线：各种类型图线的绘制方法及粗细的把握，正确选择线型。

尺寸标注：按照规定比例，正确理解图中尺寸的含义，抄注尺寸时，注意尺寸线、尺寸界线的线型、尺寸数字的书写。

步骤二：在教师的指导下使用绘图仪器和工具进行绘图

① 准备仪器、工具和图纸，用胶带纸将图纸固定在图板上。

② 在图纸上布置图形位置，使得图样居于图纸正中，切忌将图样绘制在图框外侧。

③ 画底稿，按照规定比例和尺寸，使用正确的线型进行绘制，线的粗细可以先不考虑。另外，注意在绘制45°斜线时保证线距为 3 mm，且大致相同。

④ 标注尺寸。底稿绘制结束后可以先绘制相应的尺寸线，箭头和尺寸数字暂时不要标注。

⑤ 检查描深。所有尺寸线画好后，将整幅图面进行检查，看尺寸是否正确，线型是否正确，发现错误及时改正，然后按照铅笔图的加深方法进行加深描粗，标注箭头和尺寸数字。注意数字的字号应为 3.5 mm。

⑥ 全面检查，将图样中不需要的图线擦干净，填写标题栏。

回顾与总结

回顾整个绘制过程，体会在作图过程中的重要环节在哪里，养成一丝不苟的工作作风。

二、绘图基本技能

 学习目标

知识目标：掌握线段和圆周的四、五、六等分方法，斜度和锥度的绘制方法，圆弧连接的方法，平面图形的尺寸与线段的分析方法。

能力目标：能够绘制正五边形、正六边形、椭圆；能够绘制平面图形中的带有已知斜度和锥度的斜线；对一般的平面图形能够熟练进行尺寸分析和线段分析，确定绘图步骤，精确绘制平面图形，学会平面图形的尺寸标注。

素质目标：培养认真仔细的工作习惯，提高图形分析能力，作图过程步骤清晰，有条不紊，图样绘制结果美观清晰，线条均匀。在作图过程中，将仪器、工具摆放整齐，作图现场整洁规范，培养适应企业工作需要的综合素质。

技能学习

1. 等分线段

任意等分直线段的方法如图 1-22 所示(将线段四等分)。

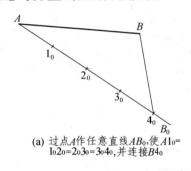

(a) 过点 A 作任意直线 AB_0,使 $A1_0=1_02_0=2_03_0=3_04_0$,并连接 $B4_0$

(b) 过点 1_0、2_0、3_0 作 $B4_0$ 的平行线,与 AB 相交,即得等分点 1、2、3

图 1-22　任意等分直线段

2. 等分圆周和作正多边形

等分圆周和作正多边形的方法见表 1-5。

表 1-5　等分圆周和作正多边形

类别	作　图	方法和步骤
三等分圆周和作正三角形	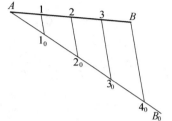	用 30°-60° 三角板等分。 将 30°-60° 三角板的短直角边紧贴丁字尺,并使其斜边过点 A 作直线 AB;翻转三角板,以同样方法作直线 AC;连接 BC,即得正三角形。
六等分圆周和作正六边形		方法一:用圆规直接等分。 以已知圆直径的两端点 A、D 为圆心,以已知圆半径 R 为半径画弧与圆周相交,即得等分点 B、F 和 C、E,依次连接各点,即得正六边形。

续表

类别	作 图	方法和步骤
六等分圆周和作正六边形		方法二：用 30°-60° 三角板等分。将 30°-60° 三角板的短直角边紧贴丁字尺，并使其斜边过点 A、D（直径上的两端点），作直线 AF 和 DC；翻转三角板，以同样方法作直线 AB 和 DE；连接 BC 和 FE，即得正六边形。
五等分圆周和作正五边形		(1) 平分半径 OM 得点 O_1；以点 O_1 为圆心，O_1A 长为半径画弧，交 ON 于点 O_2，如图(a)所示； (2) 以 O_2A 为弦长，自 A 点起在圆周上依次截取，得等分点 B、C、D、E，连接后即得正五边形，如图(b)所示。

3. 斜度与锥度

斜度与锥度的作图方法见表 1-6。

表 1-6 斜度和锥度的作法

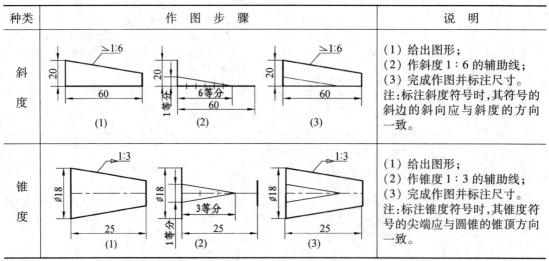

4. 椭圆

椭圆的近似画法常用四心近似法。如图 1-23 所示，已知椭圆的长、短轴 AB、CD，作图步骤如下：

① 连接 AC，取 $CE = CE_1 = OA - OC$，作 AE_1 的中垂线，与两轴交于点 O_1、O_2，并作对称点 O_3、O_4。

② 分别以 O_1、O_2、O_3、O_4 为圆心，以 O_1A、O_2C、O_3B、O_4D 为半径作弧，切于 K、N、N_1、K_1，

即得近似椭圆。

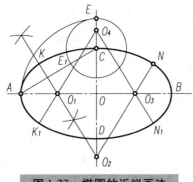

图 1-23 椭圆的近似画法

任务3　绘制手柄平面图

▶知识点：圆弧内外连接的方法、尺寸分析、线段分析。
▶技能点：掌握圆弧内外连接的方法，学会进行尺寸分析和线段分析，能够按照正确的步骤画出平面图形。

任务要求

利用尺规按 1∶1 比例绘制手柄平面图，如图 1-24 所示。

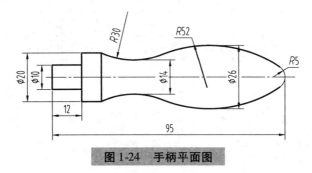

图 1-24 手柄平面图

任务分析

本任务要求学会对平面图形进行尺寸分析和线段分析，确定绘制手柄的作图步骤，用圆弧连接的方法进行作图，并进行尺寸标注。

知识学习

绘制机械图样时，需要用圆弧去连接另外的圆弧或直线，这类作图问题称为圆弧连接。

1. 圆弧连接作图原理

表 1-7 用轨迹方法来分析圆弧连接的基本原理。

表1-7 圆弧连接的基本轨迹

类别	与定直线相切的圆心轨迹	与定圆外切的圆心轨迹	与定圆内切的圆心轨迹
图例			
连接弧圆心的轨迹及切点位置	当一个半径为 R 的连接圆弧与已知直线连接（相切）时，则连接弧圆心 O 的轨迹是与定直线相距为 R 且平行于定直线的直线；切点即为连接弧圆心向已知直线所作垂线的垂足 T。	当一个半径为 R 的连接圆弧与已知圆弧（半径为 R_1）外切时，则连接弧圆心的轨迹是已知圆弧的同心圆弧，其半径为 R_1+R；切点即为圆心连线与已知圆的交点 T。	当一个半径为 R 的连接圆弧与一已知圆弧（半径为 R_1）内切时，则连接弧圆心的轨迹是已知圆弧的同心圆弧，其半径为 R_1-R；切点即为两圆心连线与已知圆的交点 T。

2. 圆弧连接的作图方法

圆弧连接的一般步骤为：找圆心，找切点，连接圆弧。作图方法见表1-8。

表1-8 圆弧连接作图举例

已知条件	作图方法和步骤		
	1. 求连接弧圆心 O	2. 求连接点（切点）A、B	3. 画连接弧并描粗
圆弧连接两已知直线			
圆弧连接已知直线和圆弧			

续表

已知条件	作图方法和步骤		
	1. 求连接弧圆心 O	2. 求连接点（切点）A、B	3. 画连接弧并描粗
圆弧外切连接两已知圆弧			
圆弧内切连接两已知圆弧			
圆弧分别内外切连接两已知圆弧			

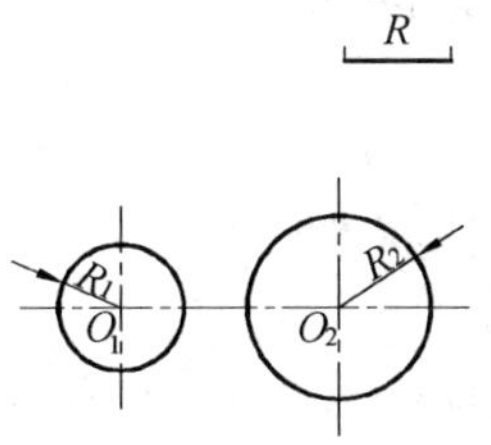

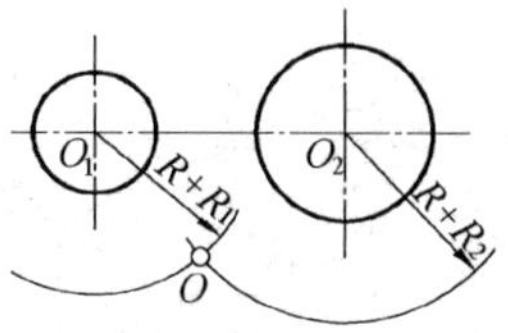

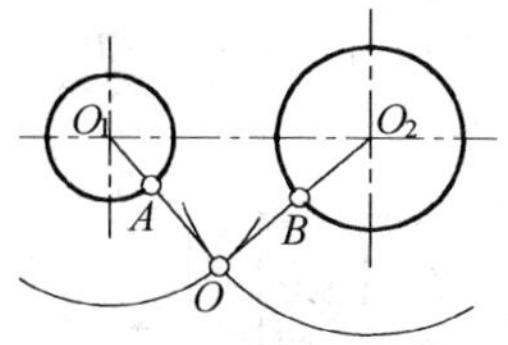

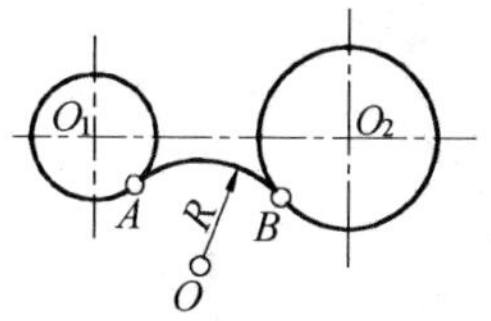

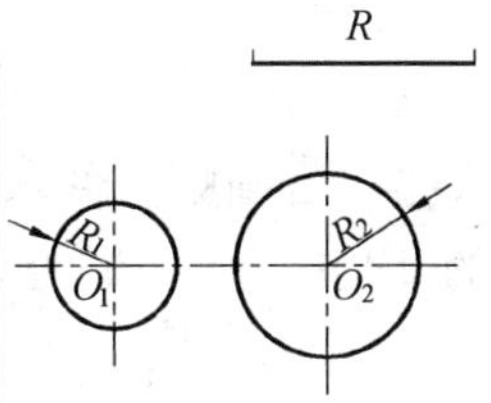

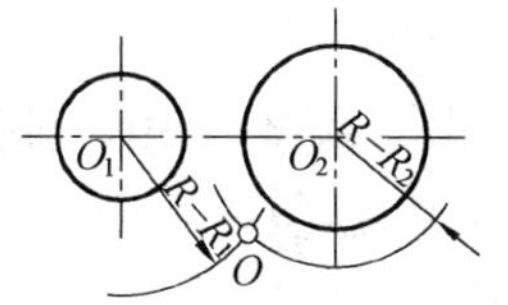

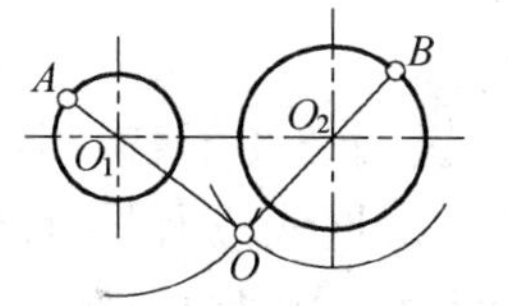

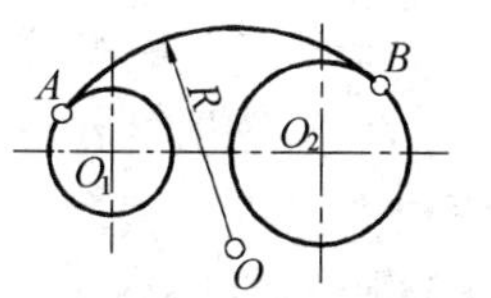

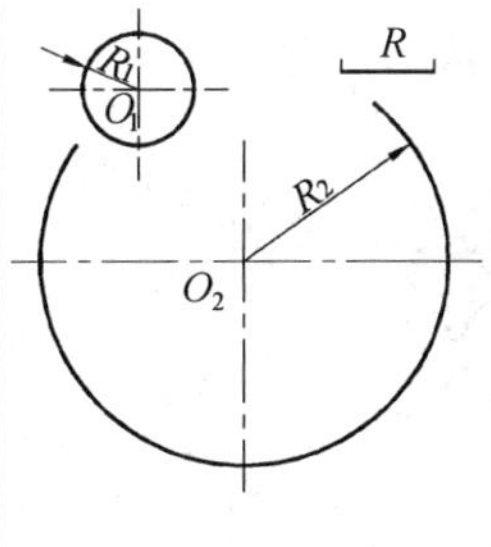

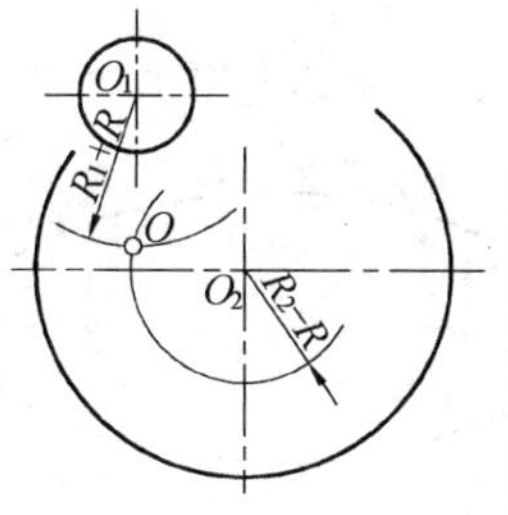

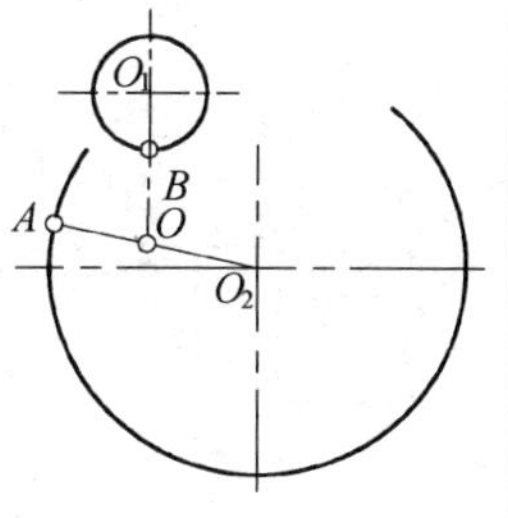

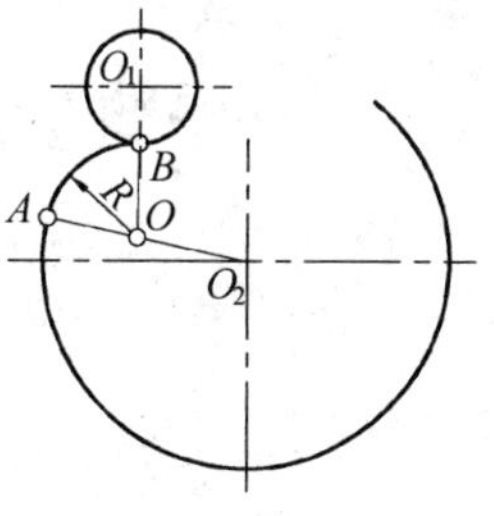

任务实施

步骤一：尺寸分析

平面图形的尺寸分为定形尺寸和定位尺寸。

1. 定形尺寸

确定平面图形中的线段的长短和圆弧大小的尺寸。如图 1-25 中的 $\phi 20$、$\phi 10$、12、$R5$、$R52$、$R30$、95 等。

2. 定位尺寸

确定平面图形中的线段或圆弧圆心的位置的尺寸。在平面上确定位置一般有两个方向的定位尺寸（即长度和宽度）。如图 1-25 中的 95 即是手柄长度的定形尺寸，又是确定 $R5$ 圆弧位置的定位尺寸；$\phi 26$ 既是手柄粗细的定形尺寸，又是 $R52$ 圆弧的定位尺寸；$\phi 14$ 既是手柄颈部的定形尺寸,又是 R30 圆弧的定位尺寸。

3. 尺寸基准

定位尺寸的起点叫作尺寸基准。平面图形中的尺寸基准可以有两个方向(长度和宽度)。平面图形中用来作基准的可以是圆或圆弧的中心线、对称中心线以及图形的底线、边线等。如图 1-25 中手柄的左端面为左右方向的基准;轴线为上下方向的基准。

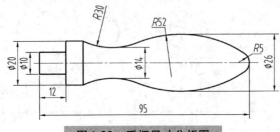

图 1-25 手柄尺寸分析图

步骤二:线段分析

平面图形的作图,关键问题在于是否清楚作图顺序。先画哪些线段,后画哪些线段,需要对图形进行线段分析。根据线段所具有的定形、定位以及线段间的几何关系,我们可以将手柄中的线段分为已知线段、中间线段和连接线段三类。

1. 已知线段

定形、定位尺寸齐全的线段称为已知线段,如图 1-25 中的 R5 圆弧、$\phi 20$、$\phi 10$、12 线段。已知线段可以直接由尺寸作出,如图 1-26 所示。

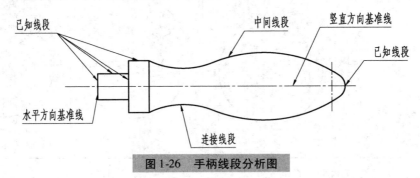

图 1-26 手柄线段分析图

2. 中间线段

已知定形尺寸和一个方向的定位尺寸的线段称为中间线段,如图 1-26 所示。作图时,需要根据与已知线段之间的几何关系才可确定线段位置,从而由已知定形尺寸作出,如图 1-25 中由 $\phi 26$ 确定的与圆弧 R52 相切的两条直线,可以确定 R52 圆弧的圆心在上下方向的位置,再由圆弧 R52 与圆弧 R5 相内切,即可确定圆弧 R52 的圆心,根据定形尺寸即可作出圆弧 R52。

3. 连接线段

只已知定形尺寸的线段称为连接线段,如图 1-26 所示。作图时需要根据其与已知线段和中间线段之间的几何关系来确定线段的定位尺寸,从而作出连接线段,如图 1-25 中的圆弧 R30 分别与圆弧 R52 相外切和与 $\phi 14$ 直线相切。作出 R30 圆弧后,其与 $\phi 20$ 直线相交于两点,连接此两点。

分析平面图形的线段后,即可确定绘图步骤(图1-27):先作已知线段,再作中间线段,最后作连接线段。

步骤三:实施作图

如图1-27所示为手柄的作图步骤。

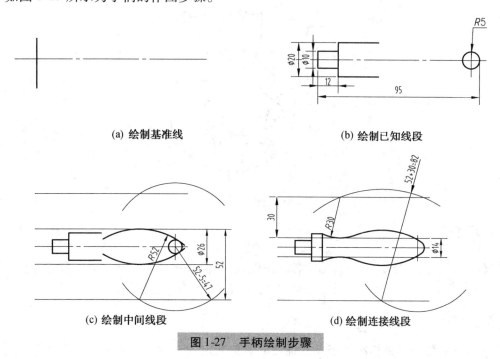

图1-27 手柄绘制步骤

> **回顾与总结**

在进行手柄绘制过程中,对图形的线段分析非常重要。图形中的每段线段的定形和定位尺寸决定了它在图形中线段的性质。

已知线段:已知它的定形、定位尺寸,可以直接绘制。

中间线段:已知它的定形尺寸,并且已知一个方向的定位尺寸,可以根据其与已知线段之间的几何关系(内切、外切)来进行绘制。

连接线段:已知它的定形尺寸,没有定位尺寸,需要根据其两端与已知或中间线段之间的几何关系来绘制。

任务4 分析如图1-28所示平面图形,并标注尺寸

▶知识点:平面图形的尺寸分析及线段分析、国家标准关于尺寸标注的有关规定。

▶技能点:学会运用线段分析,对简单平面图形进行尺寸标注。

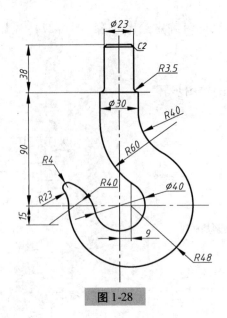

图 1-28

:::任务分析:::

本任务要求运用线段分析,确定各几何线段的性质,根据国家标准关于尺寸标注的有关规定,按照先标注定形尺寸,再标注定位尺寸的原则,依次进行标注。

:::任务实施:::

步骤一:复习国家标准关于尺寸标注的有关规定

尺寸标注的基本要求:正确、齐全、清晰。

国家标准关于尺寸标注的规定:尺寸线、尺寸界线、箭头、尺寸数字等的规定。

步骤二:选择基准

该图形为直线与曲线围成的平面图形,其水平和竖直中心线为水平和竖直方向的基准,如图 1-29 所示。

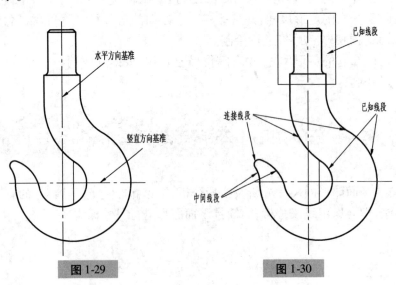

图 1-29 图 1-30

步骤三：线段分析

如图 1-30 所示。

步骤四：按照已知线段、中间线段、连接线段的顺序逐个标注尺寸

如图 1-31 所示。

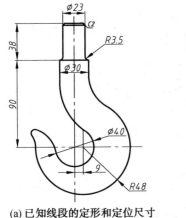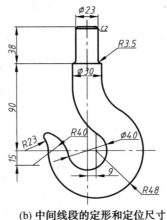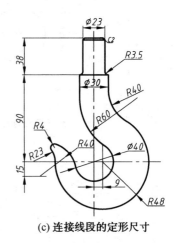

(a) 已知线段的定形和定位尺寸　　(b) 中间线段的定形和定位尺寸　　(c) 连接线段的定形尺寸

图 1-31　尺寸标注

回顾与总结

在标注尺寸时，应进行图形分析，确定尺寸基准，先标注定形尺寸，再标注定位尺寸。连接线段不要标注定位尺寸。尺寸标注应符合国家标准的规定，标注要清晰；应进行必要的检查，看是否有遗漏或重复。

知识拓展

表 1-9 为几种平面图形尺寸的标注示例。

表 1-9　平面图形尺寸标注示例

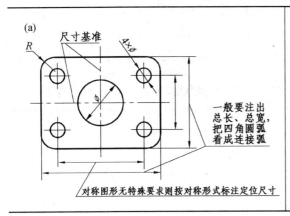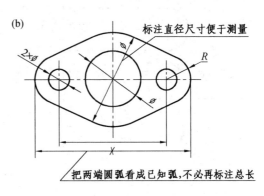

续表

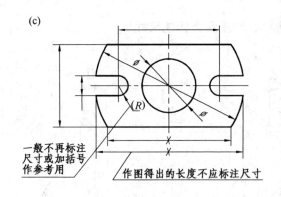

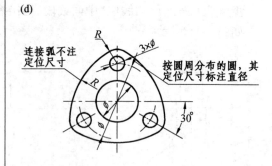

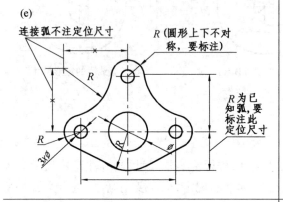

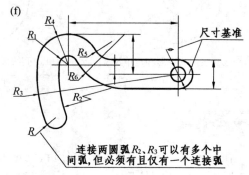

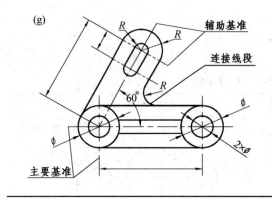

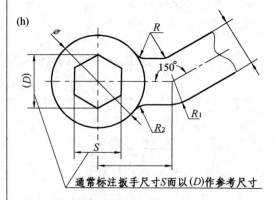

模块 2

简单零件的测绘及图样识读

学习目标

知识目标：懂得三视图的投影规律，学习平面立体、曲面立体、组合体的投影，能够运用投影规律绘制简单零件的视图，懂得组合体尺寸标注的一般方法；学会机件表达的一般方法，懂得零件的各种工艺结构，知道零件图中技术要求的基本内容；学会零件测绘的一般方法和步骤。

能力目标：能够进行简单零件的测绘，学会使用测量工具进行机件各种尺寸的测量；学会绘制零件草图；能够运用形体分析法绘制和识读简单零件视图，学会分析零件结构，选择正确的表达方法，确定零件的表达方案；学会标注零件尺寸和一般的技术要求；能够对简单零件图进行分析和识读，懂得部分技术要求的含义。

素质目标：学会分析问题、解决问题的一般方法，养成勤于思考的工作作风，培养一定的空间想象能力，提高自身的实际动手能力，认真对待每个实际工作中的细节，按照国家标准绘制和标注。

任务1　V形块的测绘

▶知识点：三视图的形成及其投影规律；平面立体的投影；组合体的尺寸标注；零件图的技术要求——表面结构要求。

▶技能点：学会绘制三视图；学会徒手绘制草图；学会用量具进行零件测量；学会选择基准进行尺寸标注；能够标注简单的技术要求。

任务要求

如图2-1所示，V形块的材料为45号钢，V形槽内表面结构要求为 Ra6.3，其余表面为 Ra12.5，V形槽的夹角为

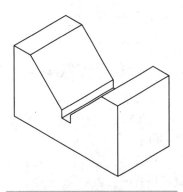

图2-1　V形块的三维实体图

90°,零件进行表面淬火,并去毛刺。进行测绘,绘制草图和零件三视图,标注尺寸和技术要求。

任务分析

掌握零件测绘的一般方法和步骤,在学习三视图投影规律的基础上,学会绘制平面立体的视图,并学习绘制零件草图,能够进行尺寸和技术要求的一般标注。

任务实施

步骤一:分析 V 形块的结构,绘制 V 形块的草图

知识学习

1. 投影法概述

投影法是根据投射线通过物体,向选定的面投射,并在该面上得到图形的方法。工程上常用的投影法有中心投影法和平行投影法。

中心投影法:投射线均从投射中心出发,称为中心投影法,如图 2-2 所示。

平行投影法:假设投射中心位于无限远处,所有投射线互相平行,称为平行投影法。其中投射线与投影面相倾斜的平行投影法称为斜投影法,如图 2-3 所示,可用于绘制直观性很强的轴测图;投射线与投影面相垂直的平行投影法称为正投影法,如图 2-4 所示,可以绘制与实物的形状和大小一致的图形,如三视图。

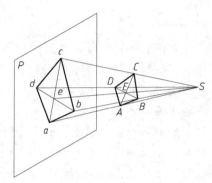

图 2-2 中心投影法

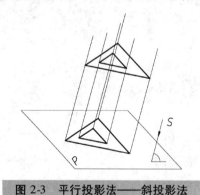

图 2-3 平行投影法——斜投影法

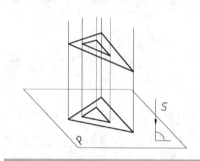

图 2-4 平行投影法——正投影法

正投影法的基本特性:

真实性:当直线或平面图形平行于投影面时,其投影反映直线的实长或平面图形的实形,如图 2-5(a)所示。

积聚性:当直线或平面图形垂直于投影面时,直线投影积聚成一点,平面图形的投影积聚成一直线,如图 2-5(b)所示。

类似性:当直线或平面图形倾斜于投影面时,直线的投影仍为直线,但小于实长;平面图形的投影小于真实形状,但类似于空间平面图形,图形的基本特征不变,如多边形的投影仍为多边形,如图 2-5(c)所示。

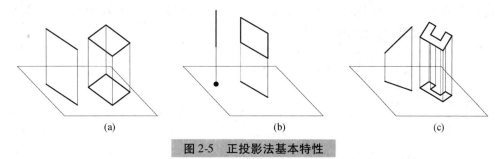

图 2-5 正投影法基本特性

2. 三面投影体系与三视图的投影规律

（1）三面投影体系

一般工程图样采用正投影法绘制,用正投影法绘制出的物体图形称为视图,如图 2-6 所示。通常一个视图不能确定物体的形状,如图 2-7 所示。三个不同形状的物体,它们在投影面上的投影都相同,所以,要反映物体的真实形状,必须增加由不同方向的投影面所得到的几个视图,相互补充,才能完整表达物体形状。工程上常用三面视图。

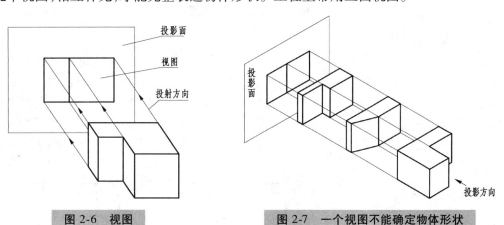

图 2-6 视图　　　　图 2-7 一个视图不能确定物体形状

如图 2-8 所示,设立三个互相垂直的投影面,正立投影面 V（简称正面）、水平投影面 H（简称水平面）、侧立投影面 W（简称侧面）。三个投影面的交线 OX、OY、OZ 也互相垂直,分别代表长、宽、高三个方向,称为投影轴。把物体放在观察者与投影面之间,按正投影法向各投影面投射,即可分别得到正面投影、水平投影和侧面投影。这就是三面投影体系。

为了使所得到的三个投影处于同一平面上,保持 V 面不动,将 H 面绕 OX 轴向下旋转 $90°$,W 面绕 OZ 轴向右旋转 $90°$,与 V 面处于同一平面上,如图 2-9(a)、(b)所示。V 面上的视图称为主视图,H 面上的视图称为俯视图,W 面上的视图称为左视

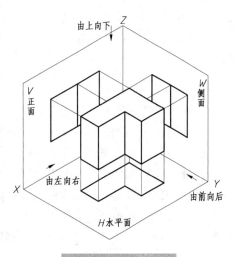

图 2-8 三面视图

图。在画视图时,投影面的边框及投影轴不必画出,三个视图的相对位置不能变动,即俯视图在主视图的下边,左视图在主视图的右边,三个视图的配置如图2-9(c)所示,称为按投影关系配置。三个视图的名称不必标注。

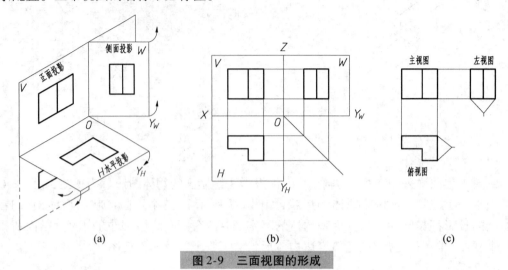

图2-9 三面视图的形成

（2）三视图的投影规律

物体有长、宽、高三个方向的尺寸。物体左右间的距离为长度(X);前后间的距离为宽度(Y);上下间的距离为高度(Z),如图2-10(a)所示。一个视图只能反映两个方向的尺寸。如图2-10(b)、(c)所示,主视图反映物体的长和高;俯视图反映物体的长和宽;左视图反映物体的宽和高。由此可归纳出三视图间的投影规律：主视图和俯视图长对正,主视图和左视图高平齐,俯视图和左视图宽相等。这是三视图的投影规律,也是画图和看图的主要依据。

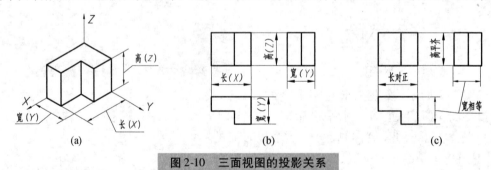

图2-10 三面视图的投影关系

三视图的方位有如下关系：

物体有上下、左右、前后六个方位,如图2-11所示。

主视图反映物体的上下和左右相对位置关系;

俯视图反映物体的前后和左右相对位置关系;

左视图反映物体的前后和上下相对位置关系。

在进行画图和读图时,要把其中两个视图联系起来,才能表明物体的六个方位关系,特别要注意俯视图和左视图之间的前后对应关系及其保持宽相等的方法。

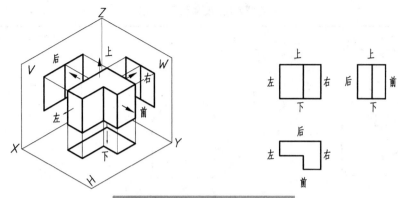

图 2-11　三面视图的方位关系

3. 各种位置的直线和平面

（1）各种位置的直线（一般位置直线、投影面的平行线、投影面的垂直线）

空间直线相对于三个投影面有不同的位置，即：一般位置直线、投影面的平行线、投影面的垂直线。后两类统称为特殊位置直线。

① 一般位置直线

与三个投影面都倾斜的直线称为一般位置直线。如图 2-12a，直线 AB 与 H 面倾角为 α，与 V 面倾角为 β，与 W 面倾角为 γ，其投影图中 α_1 与 α 不等（如图 2-12b）。

一般位置直线的投影特征为：三个投影均为直线，不反映实长，与三个投影轴均倾斜，且于投影轴的夹角不反映该直线与投影面的倾角。

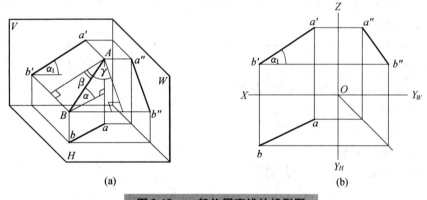

图 2-12　一般位置直线的投影图

② 投影面的平行线

平行于一个投影面而与另外两个投影面倾斜的直线称为投影面的平行线。投影面的平行线有三种：

平行于 H 面，而与 V、W 面倾斜的直线——水平线；

平行于 V 面，而与 H、W 面倾斜的直线——正平线；

平行于 W 面，而与 V、H 面倾斜的直线——侧平线。

投影面的平行线对于三个投影面 H、V、W 的倾角分别用 α、β、γ 表示。

表 2-1 为投影面的平行线的投影特征。

表 2-1 投影面平行线

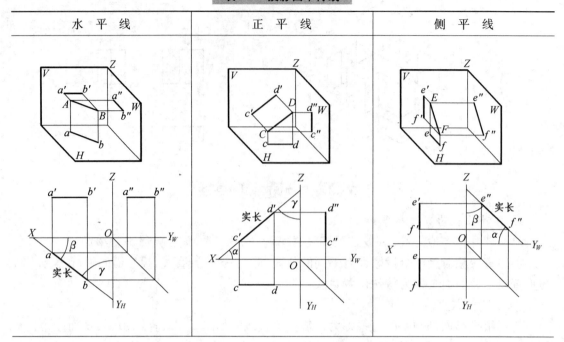

投影特性：

投影面平行线的三个投影都是直线，其中在与直线平行的投影面上的投影反映线段实长，而且与投影轴线倾斜，与投影轴的夹角等于直线对另外两个投影面的实际倾角。

另外两个投影都短于线段实长，且分别平行于相应的投影轴，其到投影轴的距离，反映空间线段到线段实长投影所在投影面的真实距离。

③ 投影面的垂直线

垂直于一个投影面的直线，称为投影面的垂直线。

垂直于 H 面的直线——铅垂线；

垂直于 V 面的直线——正垂线；

垂直于 W 面的直线——侧垂线。

表 2-2 为投影面的垂直线的投影特征。

表 2-2 投影面垂直线

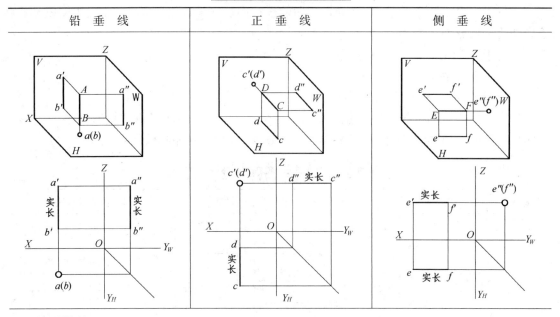

投影特性：

投影面垂直线在所垂直的投影面上的投影必积聚成为一个点。

另外两个投影都反映线段实长，且垂直于相应投影轴。

（2）各种位置的平面（一般位置平面、投影面的平行面、投影面的垂直面）

空间平面相对于三个投影面有三种不同的位置，即一般位置平面、投影面的平行面、投影面的垂直面。后两种称为特殊位置平面。

① 一般位置平面

倾斜于三个投影面的平面，称为一般位置平面。一般位置平面的各个投影类似形线框，不反映实形，也不反映该平面对投影面的倾角（图 2-13）。

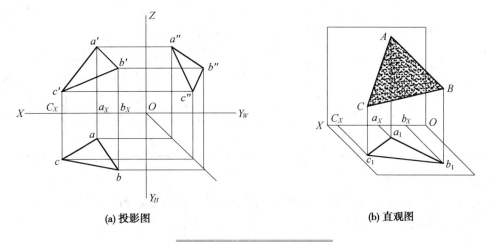

(a) 投影图　　(b) 直观图

图 2-13 一般位置平面形

② 投影面的平行面

平行于一个投影面的平面,称为投影面的平行面。一平面平行于一个投影面,必定垂直于另外两个投影面。分为:

平行于 H 面的平面——水平面;

平行于 V 面的平面——正平面;

平行于 W 面的平面——侧平面。

投影面的平行面的投影特征见表 2-3。投影面的平行面在所平行的投影面上的投影反映实形;另外两个投影面上投影积聚成线段且分别平行于相应的投影轴。

表 2-3 投影面平行面的投影图例

名称	直观图	平面图形的三面投影图	用迹线表示法
水平面	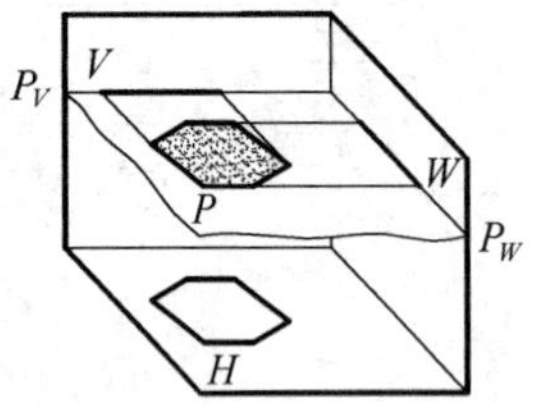	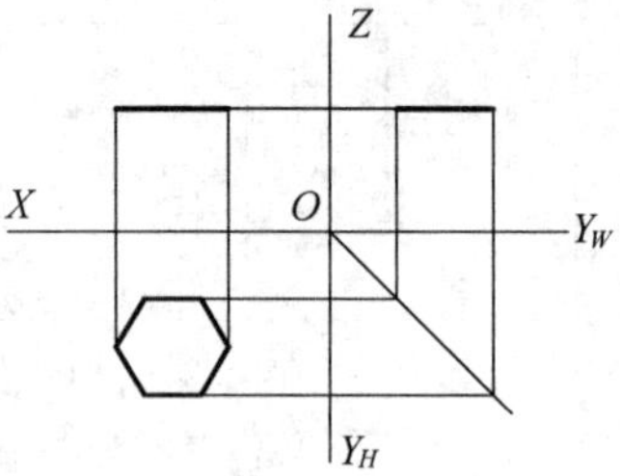	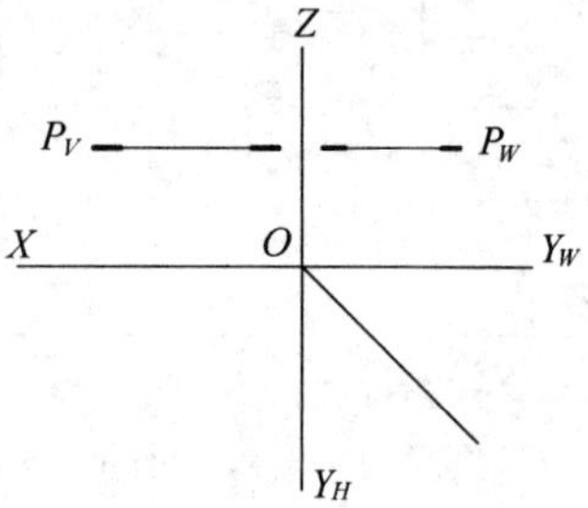
正平面	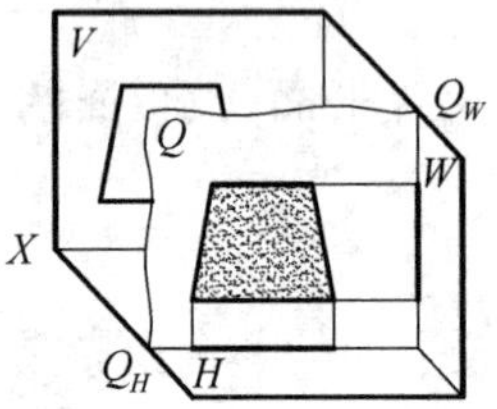	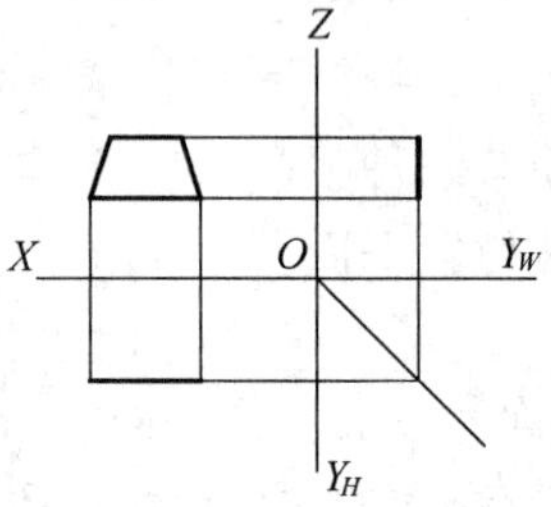	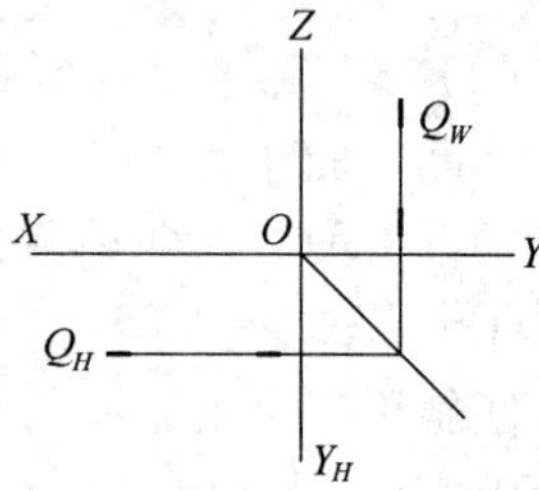
侧平面	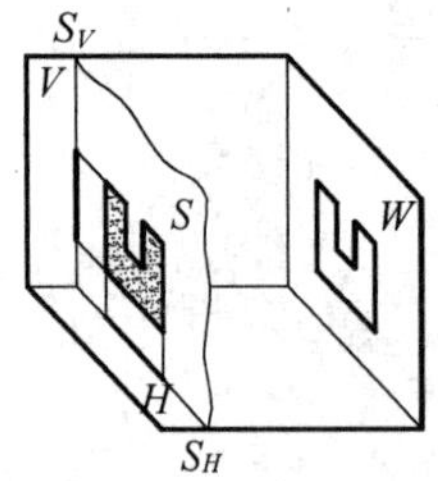	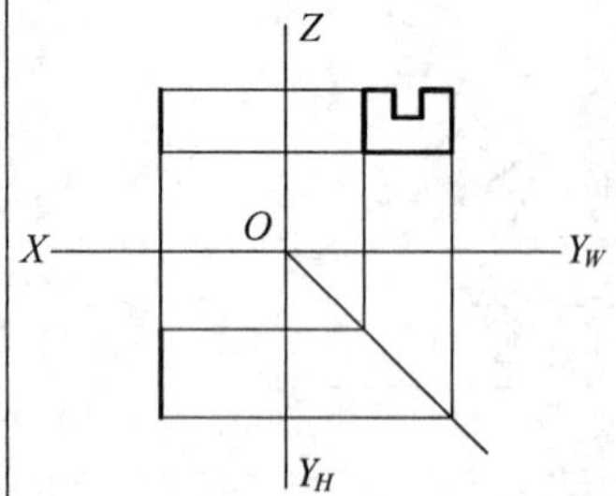	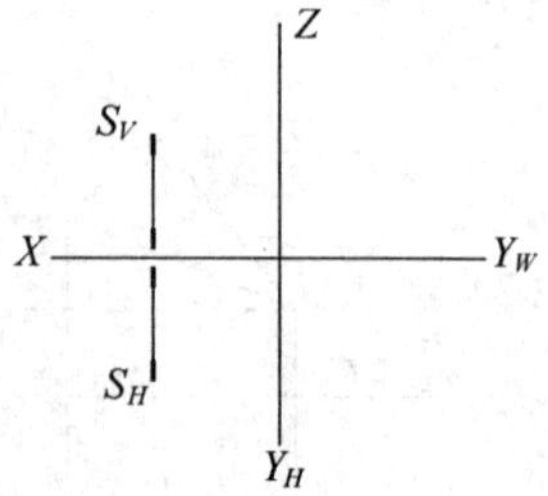

③ 投影面的垂直面

垂直于一个投影面而与另外两个投影面倾斜的平面称为投影面的垂直面。

垂直于 H 面的面——铅垂面;

垂直于 V 面的面——正垂面;

垂直于 W 面的面——侧垂面。

投影面的垂直面的投影特征见表2-4。投影面的垂直面在所垂直的投影面上的投影积聚成为线段且与投影轴倾斜,所夹角度反映该平面对另外两个投影面倾角的真实大小;另外两个投影面上的投影为该平面形的类似形。

表2-4 投影面垂直面的投影图例

名称	直 观 图	平面图形的三面投影图	用迹线表示法
铅垂面			
正垂面			
侧垂面			

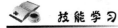

1. 零件测绘的概述

根据已有的零件实物按目测比例徒手绘制零件草图,进行尺寸测量,并整理画出零件工作图的过程,称为零件测绘。

零件测绘的步骤:分析零件用途与结构→确定零件表达方案→徒手绘制零件草图→测量并标注零件尺寸→根据要求标注零件技术要求→整理绘制零件工作图。

2. 草图绘制

零件草图是在测绘现场以徒手、目测实物大致比例画出的零件图。绘制零件草图的要求:图形正确,表达清晰,尺寸齐全,并标注技术要求、标题栏等有关内容。

绘制草图是工程技术人员必须掌握的基本技能。徒手绘制草图时,虽不能保证图样和实物之间各部分的比例完全一致,但应尽量使两者相差不大,并且要求图形正确,线型分明,字体工整,图面整洁。在零件测绘之前,我们应该掌握徒手绘制直线和圆弧的基本方法。

(1) 直线的画法

水平线应自左向右运笔(图2-14),一般画短的水平线转动手腕,眼光注意终点,控制方向,把线画直。当画的直线较长时,应移动手臂画出(图2-15)。画线时,也可转动图纸到最顺手的位置。垂直线可以向上或向下画出(图2-16),也可转动图纸如水平线一样画出。斜方向线的画法如图2-17所示。

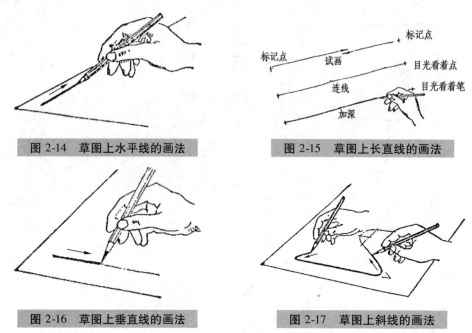

图 2-14　草图上水平线的画法　　　图 2-15　草图上长直线的画法

图 2-16　草图上垂直线的画法　　　图 2-17　草图上斜线的画法

(2) 圆和椭圆的画法

画较小的圆时,可如图2-18(a)所示,在画出的中心线上按半径目测定出四点,徒手画成圆;也可以过四点先作正方形,再作内切的四段圆弧。画直径较大的圆时,取四点作圆不易准确,可如图2-18(b)所示,过圆心再画两条45°斜线,并在斜线上也目测定出四点,然后过八个点作圆。

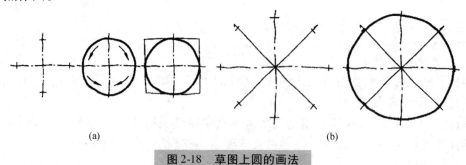

(a)　　　　　　　　　(b)

图 2-18　草图上圆的画法

画椭圆的一般方法如图2-19所示。根据已知的长短轴定出四个端点,画椭圆的外切矩形,将矩形的对角线六等分,过长短轴端点及对角线靠外等分点(共八个点)徒手画出椭圆。

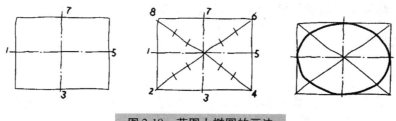

图 2-19　草图上椭圆的画法

3．目测方法

草图的图形与零件的大小比例并不要求完全相同，但图形上所表示零件各部分的相对大小应大致符合零件各部分真实的相对大小，这样才能保持零件的真实形状。目测时，可用铅笔放在实物上直接测量各部分大小，按测得的大致尺寸画出草图。

1．V 形块的用途与结构分析

V 形块用于回转体类工件的支撑，如图 2-20(a)所示。V 形槽内表面为工作表面，其表面结构要求比其他表面略高，其两斜面间夹角为 90°。此 V 形块为平面立体，是棱柱，可以看成是由立方体经过切割而形成的，如图 2-20(b)所示。

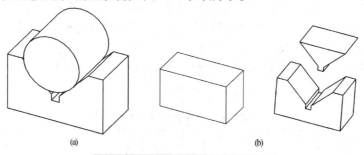

图 2-20　V 形块的用途及形成

2．绘制 V 形块的草图

首先确定 V 形块的主视图方向，主视图方向应该是反映 V 形块的主要结构特征的方向，如图 2-21(a)所示。分析 V 形块表面各棱线及侧面的位置特性，根据三视图投影规律，徒手绘制三视图，如图 2-21(b)所示。

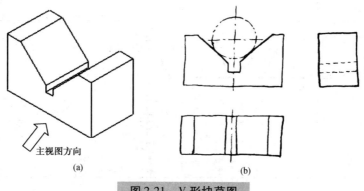

图 2-21　V 形块草图

步骤二：测量 V 形块的尺寸，标注在草图上

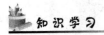
知识学习

立体的尺寸标注方法

尺寸标注是零件测绘工程中非常重要的一个步骤。在正确应用国家标准进行标注尺寸的同时，还要遵循立体尺寸标注的方法和要求。

1. 尺寸标注的要求

（1）正确

所注尺寸应符合国家标准有关尺寸注法的基本规定，注写的尺寸数字要正确无误。

（2）完整

将确定组合体各部分形状大小及相对位置的尺寸标注齐全，不遗漏，不重复。

（3）清晰

尺寸标注要布置匀称、清楚、整齐，便于阅读。

（4）合理

所注尺寸应符合形体构成规律与要求，便于加工和测量。

2. 基本体的尺寸标注

常见基本体尺寸标注如表 2-5 所示。需要注意的是，有些基本体的尺寸中有互相关联的尺寸，如图（d）中正六棱柱底的对边距和对角距相关联，因此底面尺寸只标注对边距（或对角距）；圆柱、圆锥（台）的尺寸一般标注在非圆视图上，在注底面直径时，应在数字前面加注"ϕ"，用这种标注形式，有时只要用一个视图就能确定其形状和大小，其他视图即可省略；圆球在直径数字前加注"$S\phi$"，也可只用一个视图表达。

表 2-5 基本体的尺寸标注

3. 切割体的尺寸标注

当基本体被平面截切时,除标注基本体的尺寸大小外,还应标注截平面的位置尺寸,不允许直接标注截交线的尺寸大小。因为截平面与基本体的相对位置确定之后,截交线的形状和大小就唯一确定了,如表 2-6 中打"×"的尺寸即是错误尺寸。

表 2-6 切割体的尺寸标注

(a)	(b)	(c)	(d)	(e)

 技能学习

常用测量工具和测量的方法

1. 常用的测量工具

(1) 钢直尺与卡钳

钢直尺用来测量长度,量出的尺寸可直接在钢直尺的刻度上读出,如图 2-22(a)所示。最常用的卡钳分外卡和内卡。外卡通常用来测量轴径等外尺寸,内卡用来测量孔径等内尺寸。测量值由卡钳量得的量距移到钢直尺上读数,如图 2-22 所示。

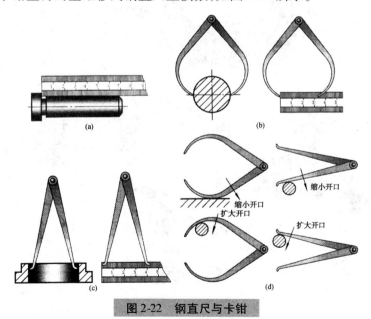

图 2-22 钢直尺与卡钳

（2）游标卡尺

游标卡尺分为读格式（简称卡尺）、带表式（带表卡尺）和电子数显式（数显卡尺）三类。我们常用的是读格式游标卡尺，如图2-23所示。

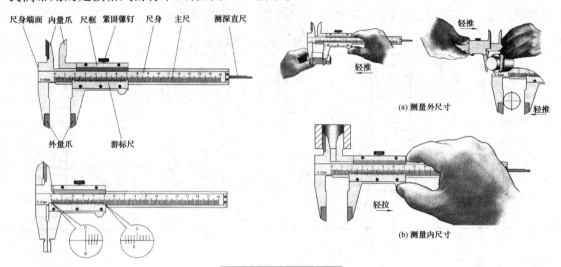

图2-23 游标卡尺

（3）外径千分尺

外径千分尺主要用来测量工件外径和外尺寸，如图2-24所示。

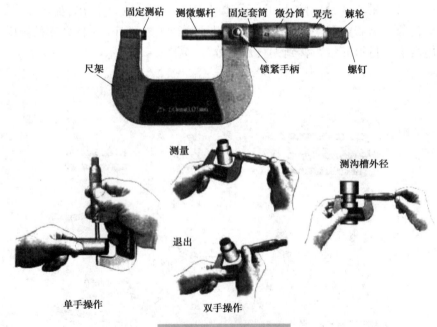

图2-24 外径千分尺

（4）螺纹规

螺纹规是用来检查低精度螺纹工件的螺距与牙型加工精度的。螺纹规有不同螺距与牙型样板，测量时选择适当的样板进行比对，此时所用的样板标出的螺距即为被测螺纹的实际螺距，如图2-25所示。

（5）圆角规

圆角规用来测量圆角，每套圆角规有很多片样板，一半测量凹形圆弧，一半测量凸形圆弧，每片均刻有圆弧半径的大小。测量时，只要在圆角规中找到与被测部分完全吻合的一片，即可知圆角半径大小的数值，如图2-26所示。

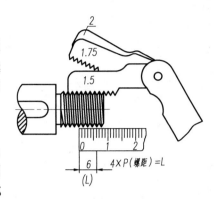

图2-25 螺纹规

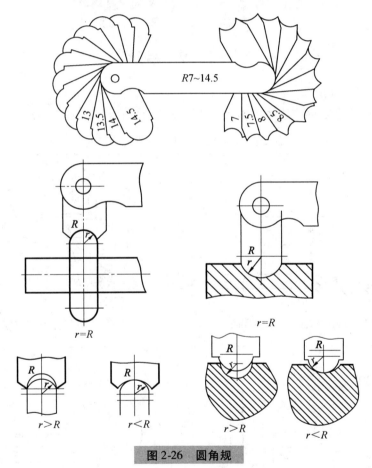

图2-26 圆角规

（6）万能角度尺

万能角度尺(简称角度规)是利用游标读数原理来直接测量工件角度或进行画线的一种角度量具，如图2-27所示。

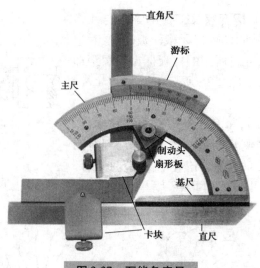

图 2-27 万能角度尺

2. 常用的测量方法

测量零件尺寸是零件测绘中的重要环节。常用的测量方法如表 2-7 所示。

表 2-7 零件尺寸常用的测量方法示例

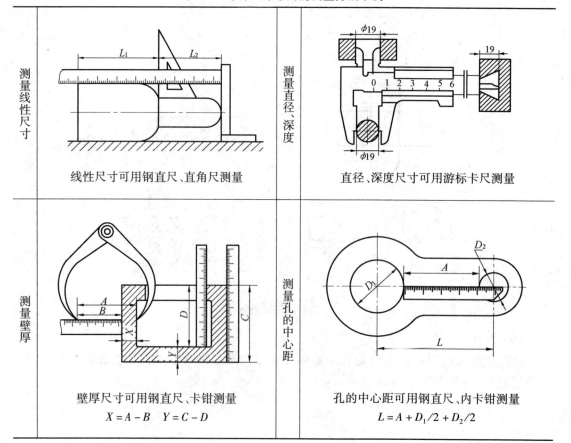

| 测量线性尺寸 | 线性尺寸可用钢直尺、直角尺测量 | 测量直径、深度 | 直径、深度尺寸可用游标卡尺测量 |
| 测量壁厚 | 壁厚尺寸可用钢直尺、卡钳测量 $X = A - B$ $Y = C - D$ | 测量孔的中心距 | 孔的中心距可用钢直尺、内卡钳测量 $L = A + D_1/2 + D_2/2$ |

续表

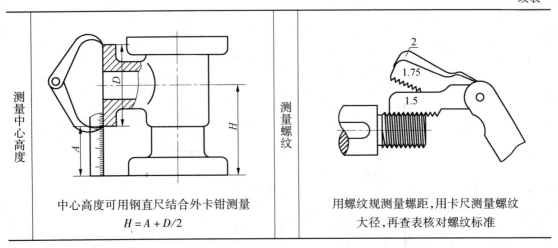

| 测量中心高度 | 测量螺纹 |

中心高度可用钢直尺结合外卡钳测量
$H = A + D/2$

用螺纹规测量螺距,用卡尺测量螺纹大径,再查表核对螺纹标准

技能训练

选择基准,测量 V 形块的尺寸,并将其标注在草图上。

1. 选择基准

尺寸基准:指标注尺寸的起点。标注定位尺寸时,必须考虑尺寸以哪里为起点去定位的问题。物体有长、宽、高三个方向的尺寸,每个方向至少要有一个尺寸基准。通常画图时的三条基准线就是组合体三个方向上的尺寸基准,也可叫作主要基准。在一个方向上有时根据需要允许有 2 个或 2 个以上的尺寸基准,除主要基准外,其余皆为辅助基准。辅助基准与主要基准之间必须有尺寸相连。

在选择尺寸基准和标注尺寸时应注意:

① 物体有长、宽、高三个方向的尺寸,每个方向至少要有一个尺寸基准。

② 通常以立体的底面、重要的端面、对称面、回转体的轴线以及圆的中心线等作为尺寸基准。

③ 在标注回转体的定位尺寸时,一般都标注它们的轴线的位置。

④ 以对称平面为基准标注对称尺寸时,不能只注一半,如图 2-28 所示。

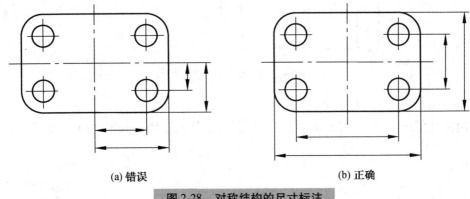

图 2-28 对称结构的尺寸标注

V形块的尺寸基准如图2-29所示。

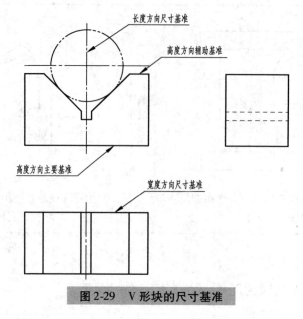

图2-29　V形块的尺寸基准

2. 标注尺寸线和箭头

在草图上根据长、宽、高三个基准，首先确定长方体的形状尺寸，再确定V形槽的定位和定形尺寸，如图2-30所示。

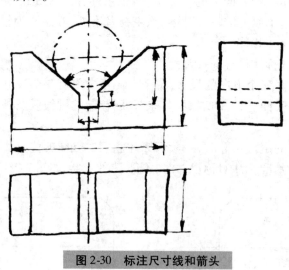

图2-30　标注尺寸线和箭头

3. 测量尺寸数值，并标在草图上

使用钢直尺（或游标卡尺）和角度规进行测量。各部分尺寸如图2-31所示。

简单零件的测绘及图样识读　模块 2

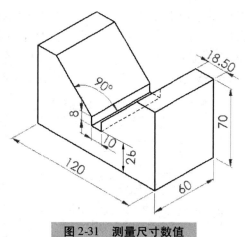

图 2-31　测量尺寸数值

将尺寸标注在草图上。标注结果如图 2-32 所示。

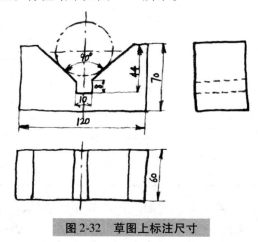

图 2-32　草图上标注尺寸

步骤三：根据 V 形块的设计与加工要求，标注相应的技术要求

知识学习

1. 零件技术要求的内容

在零件图中的技术要求主要是指零件几何精度方面的要求，如尺寸公差、形状和位置公差、表面结构要求等。从广义上讲，技术要求还包括零件的理化性能方面的要求，如对材料的热处理和表面处理等。技术要求通常是用符号、代号或标记注在图上，或用简明的文字注写在标题栏的附近。

2. 表面结构要求标注方法

表面结构是表面粗糙度、表面波纹度、表面缺陷、表面纹理、表面几何形状的总称。这里主要介绍表面粗糙度的表示法。

零件经过机械加工后的表面会留下许多高低不平的凸峰和凹谷，零件表面上因为加工留下的具有较小间距与峰谷所组成的微观几何形状称为表面粗糙度。表面粗糙度是评定零件表面质量的一项重要技术指标，对于零件的配合、耐磨性、抗腐蚀性以及密封性等都有显

45

著影响,是零件图中必不可少的一项技术要求。它主要由两个参数 Ra(算术平均偏差)和 Rz(轮廓的最大高度)来评定。一般情况下,凡是零件上有配合要求或有相对运动的表面 Ra 的值要小。Ra 值越小,表面质量越高,加工成本也越高。因此,在满足使用要求的前提下,应尽量选用较大的 Ra 值,以便降低成本。标注表面结构的图形符号如表 2-8 所示。

表 2-8 标注表面结构的图形符号

符号名称	符号	含义
基本图形符号	$d' = 0.35$ mm(d'符号表示线宽) $H_1 = 3.5$ mm $H_2 = 7$ mm	未指定工艺方法的表面,当通过一个注释时可单独使用。
扩展图形符号		用去除材料方法获得的表面,仅当其含义是"被加工表面"时可单独使用。
		不去除材料的表面,也可用于表示保持上道工序形成的表面,不管这种状况是通过去除或不去除材料形成的。
完整图形符号		在以上各种符号的长边上加一横线,以便注写对表面结构的各种要求。

为了明确表面结构要求,除了标注表面结构参数和数值外,必要时应标注补充要求,包括传输带、取样长度、加工工艺、表面纹理及方向、加工余量等。表面结构要求在图形符号中的注写位置如下图所示。

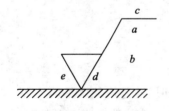

a. 注写第一表面结构要求
b. 注写第二表面结构要求
c. 注写加工方法,如"车"、"磨"、"镀"等
d. 注写表面纹理方向,如"="、"×"、"M"
e. 注写加工余量

3. 表面结构代号

表面结构符号中注写了具体参数代号及数值等要求后即称为表面结构代号。表面结构代号的含义及示例见表 2-9。

表 2-9 表面结构代号示例

代号示例	含义/解释
$Ra\,0.8$ (不去除材料符号)	表示不允许去除材料,单向上限值,默认传输带,R 轮廓,算术平均偏差 0.8 μm,评定长度为 5 个取样长度(默认),"16% 规则"(默认)。
$Rz_{\max}\,0.2$ (去除材料符号)	表示去除材料,单向上限值,默认传输带,R 轮廓,粗糙度最大高度的最大值 0.2 μm,评定长度为 5 个取样长度(默认),"最大规则"。
$0.008-0.8/Ra\,3.2$ (去除材料符号)	表示去除材料,单向上限值,传输带 0.008~0.8 mm,R 轮廓,算术平均偏差 3.2 μm,评定长度为 5 个取样长度(默认),"16% 规则"(默认)。
$-0.8/Ra3\,3.2$ (去除材料符号)	表示去除材料,单向上限值,传输带:根据 GB/T 6062,取样长度 0.8 mm (λ_s 默认 0.0025 mm),R 轮廓,算术平均偏差 3.2 μm,评定长度为 3 个取样长度(默认),"16% 规则"(默认)。
$URa_{\max}\,3.2$ $LRa\,0.8$ (不去除材料符号)	表示不允许去除材料,双向极限值。两极限值均使用默认传输带,R 轮廓。上限值:算术平均偏差 3.2 μm,评定长度为 5 个取样长度(默认),"最大规则";下限值:算术平均偏差 0.8 μm,评定长度为 5 个取样长度(默认),"16% 规则"(默认)。

有关检验规范的基本术语:

① 轮廓滤波器:将轮廓分为长波和短波成分的仪器。
② 传输带:由两个不同截止波长的滤波器分离获得的轮廓波长范围。
③ 取样长度:在 X 轴上选取一段适当长度进行测量,这段长度称为取样长度。
④ 评定长度:在 X 轴上用于评定轮廓的、包含一个或几个取样长度的测量段称为评定长度。
⑤ 极限值判断原则:完工零件的表面按检验规范测得轮廓参数数值后,须与图样上给定的极限比较,以判定其是否合格。极限值判断规则有 16% 规则和最大规则两种。

16% 规则:当被检表面测得的全部参数值中,超过极限值的个数不多于总个数的 16% 时,该表面是合格的。

最大规则:被检的整个表面上测得的参数值一个也不应超过给定的极限值。

16% 规则是所有表面结构要求标注的默认规则,即当参数代号后未注写"max"字样时,均默认为应用 16% 规则。反之,则应用最大规则。

表面结构要求在图样中的注法见表 2-10。

表 2-10　表面结构要求在图样中的注法

标 注 原 则	标 注 示 例
表面结构要求对每一表面一般只注一次,并尽可能注在相应的尺寸及其公差的同一视图上。除非另有说明,所标注的表面结构要求是对完工零件表面的要求。	
表面结构的注写和读取方向与尺寸的注写和读取方向一致。表面结构要求可标注在轮廓线上,其符号应从材料外指向并接触材料表面。必要时,表面结构也可用带箭头或黑点的引出线引出标注。	
在不致引起误解时,表面结构要求可以标注在给定的尺寸线上。	
当在图样某个视图上构成封闭轮廓的各个表面有相同的表面结构要求时,在完整图形符号上加一个圆圈,标注在图样中工件的封闭轮廓线上。	
有相同表面结构要求的简化注法:如果在工件的多数(包括全部)表面有相同的表面结构要求,则其表面结构要求可统一标注在图样的标题栏附近。	在圆括号内给出无任何其他标注的基本符号。 在圆括号内给出不同的表面结构要求。

技能训练

1. 标注表面结构要求

V 形槽内表面结构要求为 $Ra6.3$,其余表面为 $Ra12.5$,标注在草图上,如图 2-33 所示。

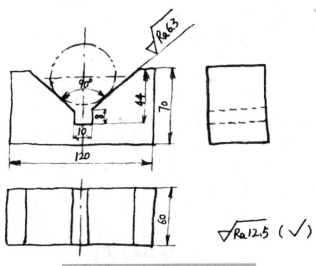

图 2-33　草图上标注表面粗糙度

2. 标注文字技术要求

在右下角用文字书写技术要求,如图 2-34 所示。

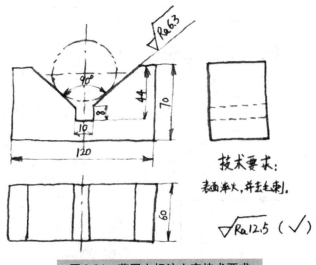

图 2-34　草图上标注文字技术要求

3. 填写标题栏

将已知信息填写在标题栏内。

制　图	（姓名）	（日期）	V 形块	比例	1:1
审　核				（图号）	
（学校　学号）			（45 号钢）		

完成后的草图,如图 2-35 所示。

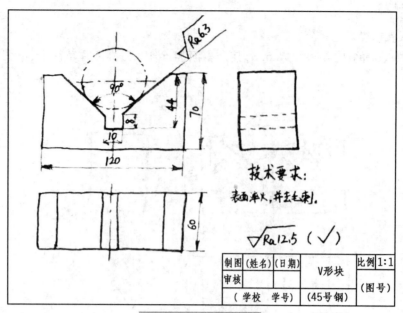

图 2-35　完成草图

步骤四:绘制 V 形块的零件工作图

零件工作图的内容:一组视图,完整的尺寸,技术要求标注以及标题栏的填写。利用尺规进行正规作图,如图 2-36 所示。

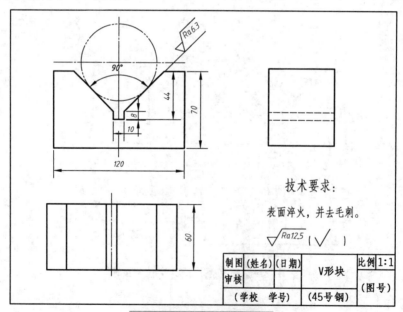

图 2-36　V 形块零件图

回顾与总结

本任务介绍了一个简单零件——V 形块的测绘全过程,通过学习,掌握了零件测绘的基本方法。

零件测绘:零件草图表达──→草图尺寸标注──→草图技术要求标注──→草图标题栏标注──→绘制零件图。

零件草图表达要求学会三视图的绘制方法,注意遵循三视图的投影规律。

零件草图尺寸标注中要求学会形体的尺寸标注及基本测量方法,注意合理选择尺寸基准。

技术要求的标注中主要介绍了表面结构要求的标注,注意表面结构要求符号和代号的含义,标注方法的应用。

知识拓展

1. 立体的投影

几何形体根据其结构的复杂程度可以分成基本形体(简称基本体)和组合形体(简称组合体)。表 2-11 为基本体的投影图,表 2-12 为基本体表面交线的投影图。

表 2-11 基本立体的投影

分类		轴测投影	投影图	说明
平面立体	棱柱	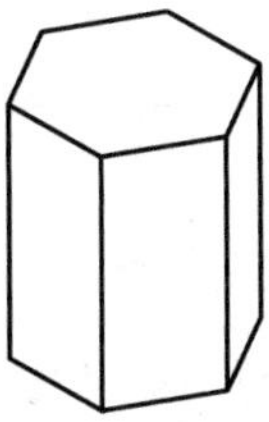	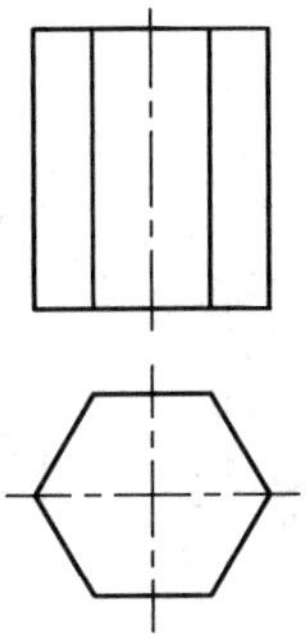	棱柱具有两个相互平行的全等的多边形底面,它的侧面为矩形并与底面垂直。在与底面平行的投影面上是底面的真实性投影。
	棱锥	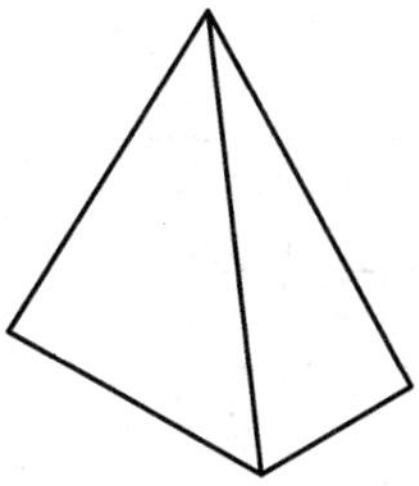	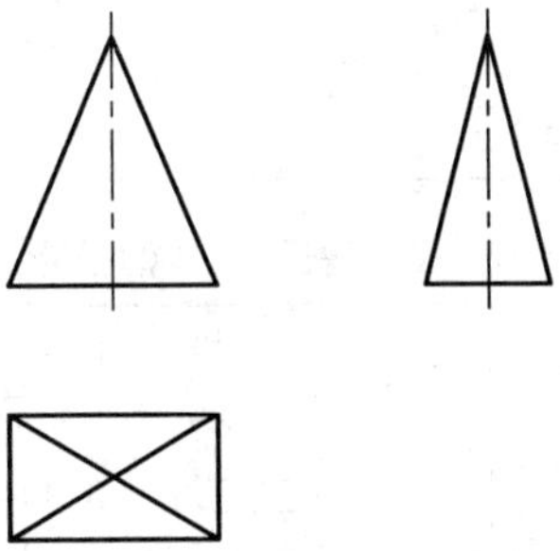	棱锥具有一个多边形底面,其侧面为等腰三角形。在与底面平行的投影面上是底面的真实性投影。

续表

分 类		轴测投影	投 影 图	说 明
回转体	圆柱	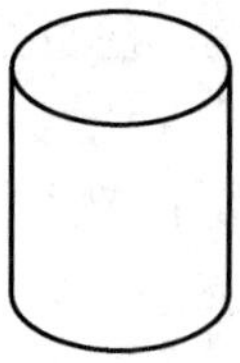	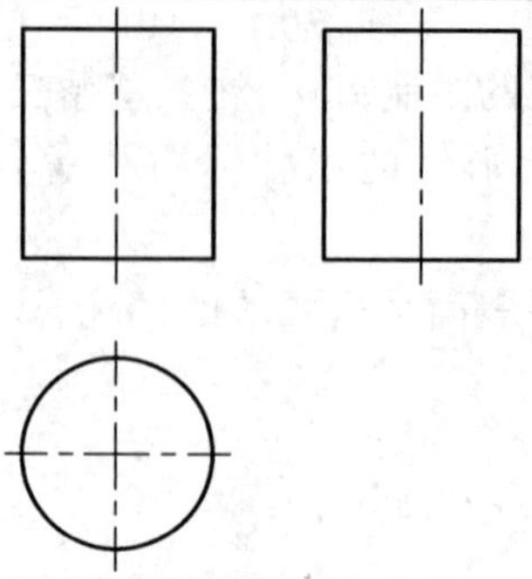	圆柱的两个底面均为圆形,圆柱面与两底相垂直,在与圆柱面相垂直的投影面上圆柱面积聚为圆。
	圆锥	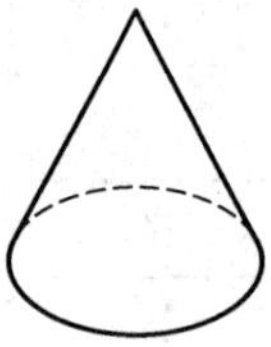	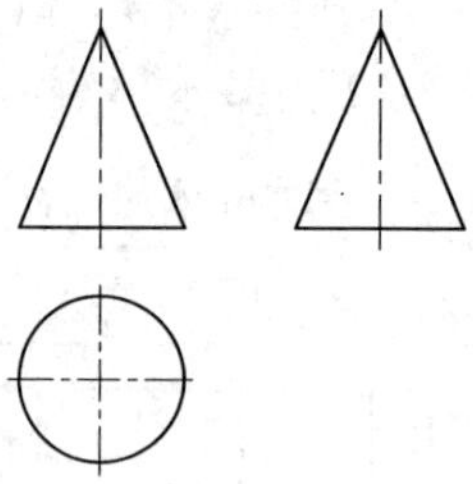	圆锥具有一个底面和一个顶点,底面在与其平行的投影面上反映真实性的圆。
	圆球	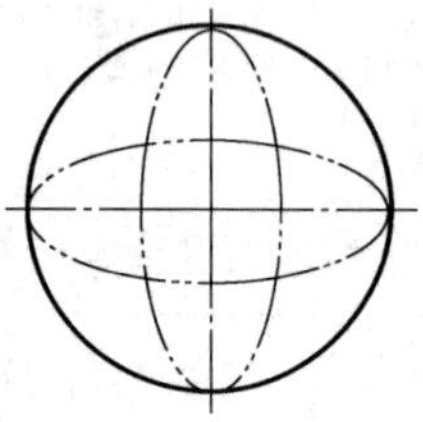	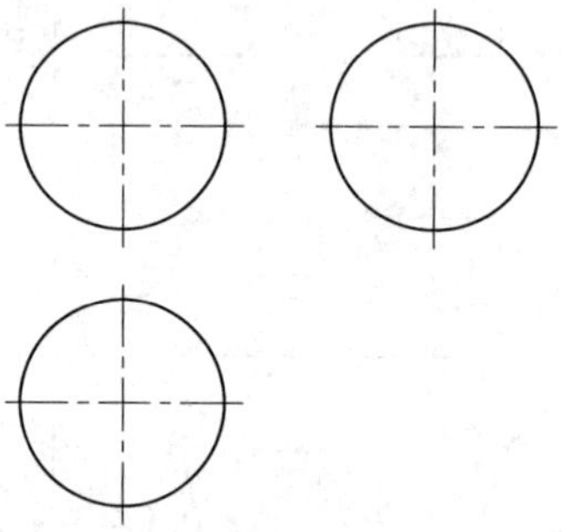	球面是由一个圆绕着其一条直径旋转而成的。它的三个投影均为大小相等的圆。

表 2-12　立体表面交线的投影

分 类		轴测图	投影图	说 明
截交线	棱柱	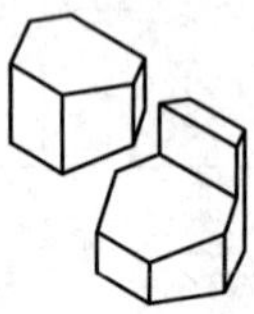	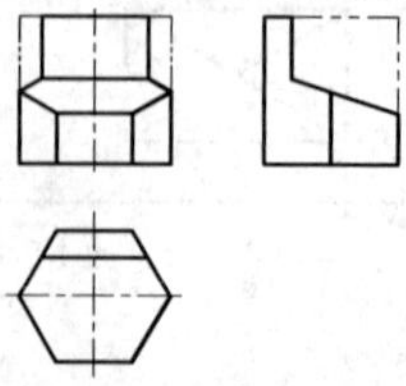	平面立体被平面截切,其截断面为一平面多边形。求其投影时,首先寻找平面与棱线的交点,并考虑其被几个平面截切,再求截平面的交线,最后将截断面的各个顶点连接起来。
	棱锥	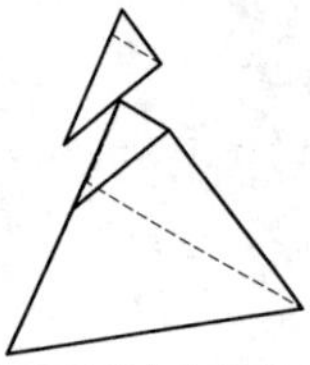	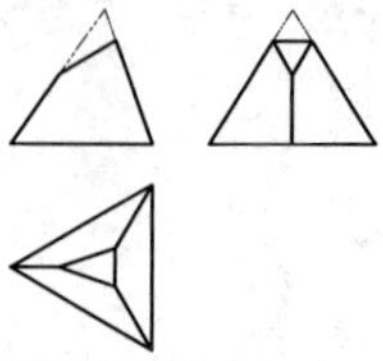	

续表

分类		轴测图	投影图	说　明
截交线	圆柱			截平面与圆柱轴线平行，截交线为矩形。
				截平面与圆柱轴线倾斜，截交线为椭圆或椭圆弧加直线。
				截平面垂直圆柱轴线，截交线为圆。
	圆锥			截平面垂直圆锥轴线，截交线为圆。
				截平面过圆锥锥顶，截交线为等腰三角形。
				截平面与圆锥轴线平行，截交线为双曲线。

续表

分类		轴测图	投影图	说明
截交线	圆锥	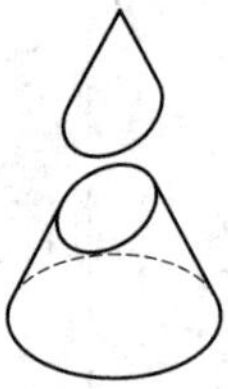	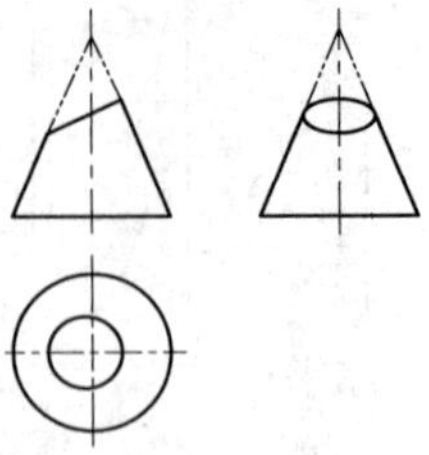	截平面与圆锥轴线倾斜,并且倾斜角度小于锥底角,截交线为椭圆或椭圆弧加直线。
		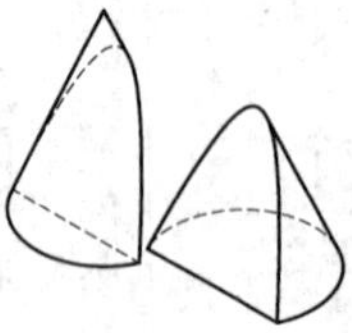	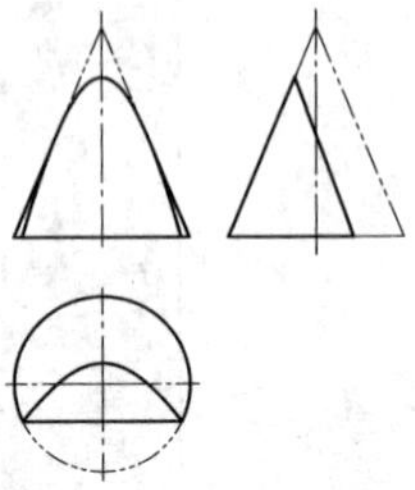	截平面与圆锥轮廓素线平行,截交线为抛物线加直线。
	球	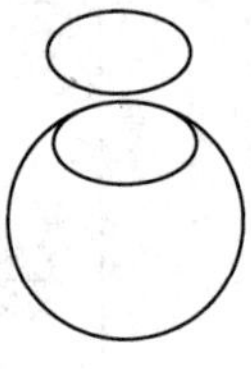	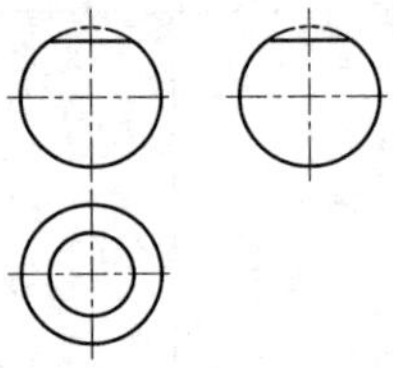	与投影面平行的截平面和球截交,截交线为平行于投影面的圆。
		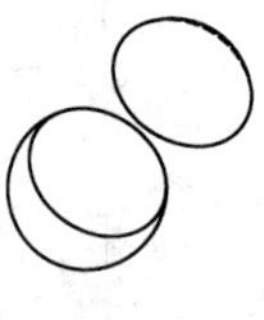	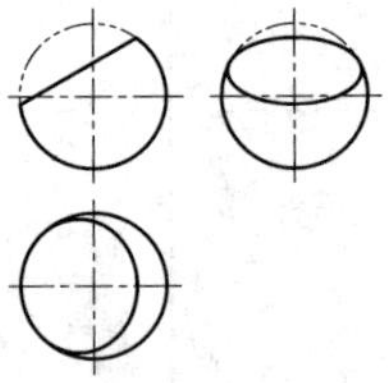	与投影面倾斜的截平面和球截交,截交线为圆,其投影为椭圆。
相贯线	圆柱与圆柱	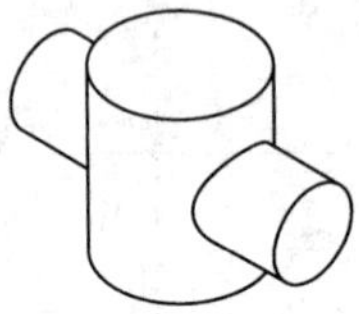	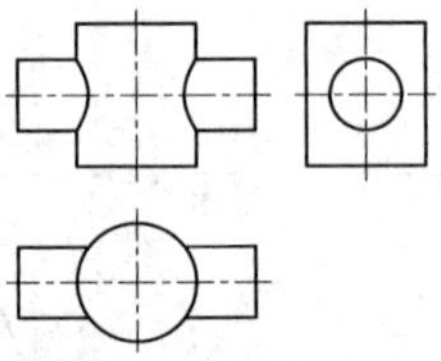	圆柱与圆柱表面相交的相贯线为闭合的空间曲线。其形状取决于两圆柱的直径大小和相对位置。圆柱上穿孔为圆柱与圆柱相贯的特例。其相贯线可用简化画法绘制(见本模块任务5)。
	圆柱上穿圆孔	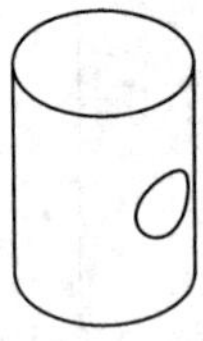	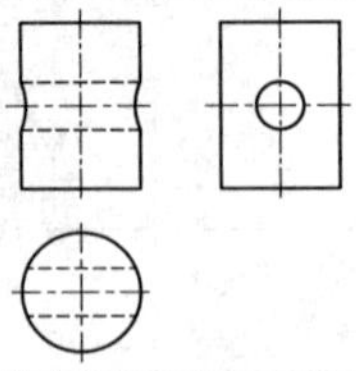	

2. 相贯线的特殊情况

(1) 两回转体共轴线相交

如图 2-37 所示,两回转体有一个公共轴线相交时,它们的相贯线都是平面曲线——圆。因为两回转体的轴线都平行于正立投影面,所以它们相贯线的正面投影为直线,其水平投影为圆或椭圆。

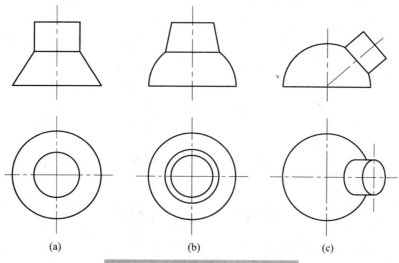

图 2-37　同轴回转体的表面交线

（2）两回转体共切于球

如图 2-38（a）、(b) 所示，圆柱与圆柱相交，并共切于球；或如图 2-38(c) 所示，圆柱与圆锥相交也共切于球，即都属于两回转体相交，并共切于球，则它们的相贯线都是平面曲线——椭圆。因为两回转体的轴线都平行于正立投影面，所以它们相贯线的正面投影为直线，其水平投影为圆或椭圆。

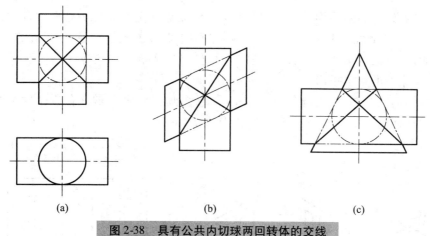

图 2-38　具有公共内切球两回转体的交线

（3）两圆柱面的轴线平行或两圆锥面共锥顶

当两圆柱面的轴线平行或两圆锥面共锥顶时，表面交线为直线，如图 2-39 所示。

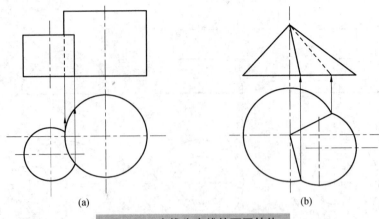

图 2-39 交线为直线的两回转体

3. 圆柱的投影及截交线、相贯线

（1）圆柱的投影

圆柱是由顶面、底面和圆柱面所组成。圆柱面可看成是由一条直母线围绕与它平行的轴线回转而成，如图 2-40（a）所示。圆柱面上任意一条平行于轴线的直线，称为圆柱面的素线。

如图 2-40（b）所示，当圆柱轴线垂直于水平面时，圆柱上、下底面的水平投影反映实形，正面和侧面投影积聚成直线。圆柱面的水平投影积聚为一圆周，与两底面的水平投影重合。在正面投影中，前、后两半圆柱面的投影重合为一矩形，矩形的两条竖线分别是圆柱面最左、最右素线的投影，也是圆柱面前、后分界的转向轮廓线，中心线可以看作是最前、最后两条素线的重合投影。在侧面投影中，左、右两半圆柱面的投影重合为一矩形，矩形的两条竖线分别是圆柱面最前、最后素线的投影，也是圆柱面左、右分解的转向轮廓线，中心线可看作是最左、最右两条素线的重合投影。

画圆柱体的三视图时，先画各投影的中心线，再画圆柱面投影具有积聚性圆的俯视图，然后根据圆柱体的高度画出另外两个视图，如图 2-40 所示。

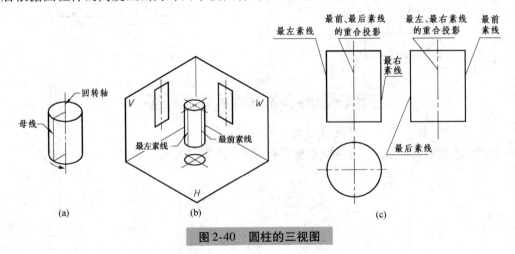

图 2-40 圆柱的三视图

(2) 圆柱的截交线

根据截平面对圆柱轴线的相对位置不同,圆柱的截交线可以有圆、矩形和椭圆三种情况,如图2-41所示。

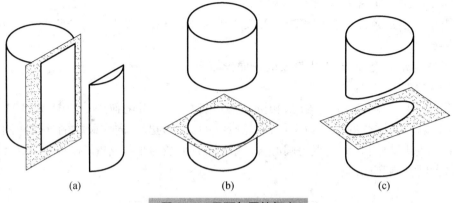

图 2-41 平面与圆柱相交

当平面与圆柱轴线平行时,交线为矩形[图2-41(a)]。
当平面与圆柱轴线垂直时,交线为圆[图2-41(b)]。
当平面与圆柱轴线倾斜时,交线为椭圆[图2-41(c)]。

(3) 圆柱与圆柱正交

① 不同直径两圆柱正交

如图2-42所示,两圆柱轴线垂直相交,直立圆柱的直径小于水平圆柱的直径,其相贯线为封闭的空间曲线,且前后、左右对称。

由于直立圆柱的水平投影和水平圆柱的侧面投影都有积聚性,所以相贯线的水平投影和侧面投影分别积聚在它们有积聚性的投影圆上,因此,只需作出相贯线的正面投影。

由于相贯线的前后、左右对称,因此,在其正面投影中,可见的前半部和不可见的后半部重合,左右部分则对称。

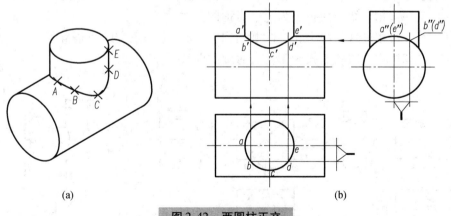

图 2-42 两圆柱正交

以下是求作相贯线正面投影的步骤：

a. 先求特殊位置点。最高点 A、E（也是最左、最右点，又是大圆柱与小圆柱轮廓线上的点）的正面投影 a'、e' 可直接定出。最低点 C（也是最前点，又是侧面投影中小圆柱轮廓线上的点）的正面投影 c' 可根据侧面投影 c'' 求出。

b. 再求一般位置点。利用积聚性和投影关系，根据水平投影 b、d 和侧面投影 $b''(d'')$ 求出正面投影。

c. 将各点光滑连接，即得相贯线的正面投影。

② 相贯线的简化画法

当两圆柱正交且直径不相等时，相贯线的投影可采用简化画法。如图 2-43 所示，相贯线的正面投影以大圆柱的半径为半径，以轮廓线的交点为圆心向大圆柱的外侧作圆弧，与小圆柱的中心线相交，再以该交点为圆心，以大圆柱的半径为半径，作圆弧即为相贯线的投影，该投影向大圆柱内弯曲。

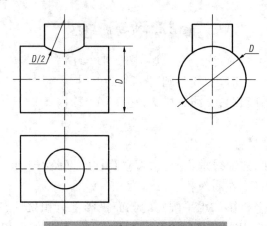

图 2-43　圆柱相交的简化画法

③ 两圆柱直径的相对大小对相贯线形状和位置的影响

设竖直圆柱直径为 D_1，水平圆柱直径为 D，如图 2-44 所示，则：

当 $D > D_1$ 时，相贯线正面投影为上下对称的曲线；

当 $D = D_1$ 时，相贯线为两个相交的椭圆，其正面投影为正交的两条直线；

当 $D < D_1$ 时，相贯线正面投影为左右对称的曲线。

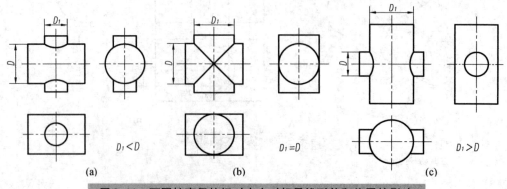

图 2-44　两圆柱直径的相对大小对相贯线形状和位置的影响

④ 内、外圆柱表面相交的情况

一般情况,二圆柱外表面相交时,在相交位置会形成相贯线,如图 2-45(a)所示;圆柱孔与外圆柱面相交时,在孔口会形成相贯线,如图 2-45(b)所示;两圆柱孔相交时,在表面处也会产生相贯线,如图 2-45(c)所示。这两种情况相贯线的形状和作图方法与图所示两外圆柱面相交时相同。

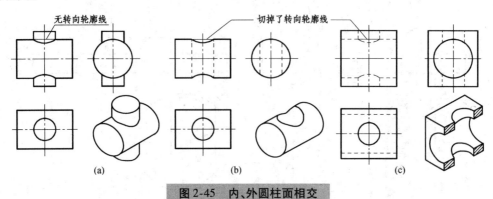

图 2-45 内、外圆柱面相交

拓展训练

训练 1 绘制圆柱被平面切割以后的三视图(图 2-46)

图 2-46(a)是一个圆柱体被左端开槽(中间被两个正平面和一个侧平面切割),右端切肩(上、下被水平面和侧平面对称地切去两块)形成的。所产生的截交线为直线和平行于侧面的圆。

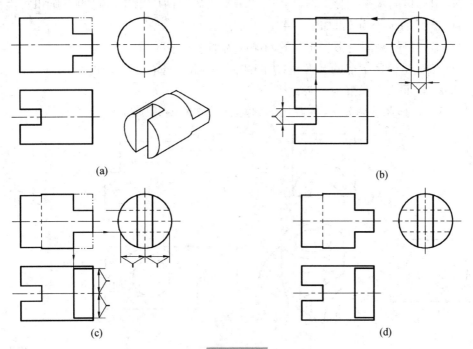

图 2-46

作图步骤:
① 作出槽口的侧面投影(两条竖线),再按投影关系作出槽口的正面投影[图 2-46(b)]。
② 作出切肩的侧面投影(两条虚线),再按投影关系作出切肩的水平投影[图 2-46(c)]。
③ 擦去多余的图线,描深。图 2-46(d)为完整的切割体的三视图。

训练 2　绘制半圆球被截切的截交线[图 2-47(a)]。

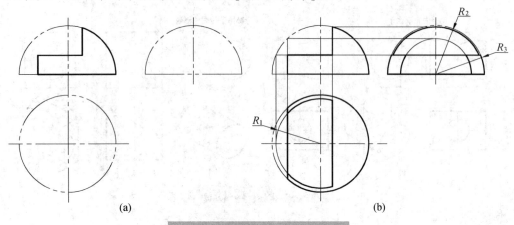

图 2-47　被截切的半圆球画法

半球的切口由一个水平面和两个侧平面切割球面而成。两个侧平面与球面的交线各为一段平行于侧面的圆弧(半径分别为 R_2、R_3),而水平面与球面的交线为两段水平的圆弧(半径为 R_1)。

作图步骤:
① 作出切口的水平投影。切口底面的水平投影为两段半径相同的圆弧和两段积聚性直线组成,圆弧的半径为 R_1,如图 2-47(b)所示。
② 作出切口的侧面投影。切口的两侧面为侧平面,其侧面投影为圆弧,半径分别为 R_2、R_3,左边的侧面是保留下部的圆弧,右边的侧面是保留上部的圆弧[如图 2-47(b)所示]。底面为水平面,侧面投影积聚为一条直线。

训练 3　已知相贯体的俯、左视图,求作主视图[图 2-48(a)]。

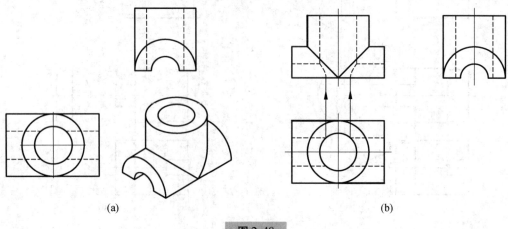

图 2-48

由图 2-48(a)所示立体图知,该相贯体由直立圆筒与水平半圆筒正交,内外表面均有相贯线。外表面为两圆筒等径相贯,相贯线为平面曲线(椭圆),其水平投影和侧面投影都积聚在圆柱面的积聚性投影上,正面投影为两段直线。内表面的相贯线为两段空间曲线,水平投影和侧面投影也都在圆柱孔的积聚性投影上,正面投影为两段曲线。

作图步骤[图 2-48(b)]:

(1) 作两等径圆柱外表面相贯线的正面投影,两段 45°斜线。

(2) 作圆孔内表面相贯线的正面投影。

任务 2 轴承座三视图的读图训练

▶知识点:组合体的表面连接关系及三视图的投影规律、轴测图的概念、组合体的尺寸标注方法。

▶技能点:学会运用组合体的形体分析法读图,能绘制正等轴测图、斜二等轴测图作为辅助图样,能根据已知两个视图补画第三视图,学会进行组合体尺寸标注。

任务要求

已知轴承座的主视图和俯视图如图 2-49 所示,补出第三视图,并将遗漏的尺寸补出。

任务分析

本任务要求掌握组合体的形体分析法,在学习组合体表面连接关系和线面分析法的基础上,读懂组合体视图,综合想象形体形状,补出第三视图,并能绘制轴测图作为辅助图样和运用形体分析法标注组合体尺寸。

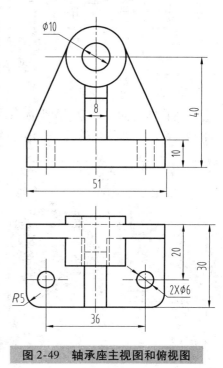

图 2-49 轴承座主视图和俯视图

任务实施

步骤一:分析已知视图,学习轴测图画法,并运用形体分析法读组合体视图,想象轴承座形状

知识学习

1. 轴测图概述

正投影图能准确完整地表达物体的形状和尺寸大小,且作图简单、度量性好,但是立体感差,缺乏看图基础的人难以看懂,如图 2-50(a)所示。轴测图是采用平行投影的方法,以单面投影的形式得到的一种投影图,它直观性强,富有立体感,工程上常用它作为辅助图样,来弥补多面正投影图的不足,如图 2-50(b)所示。

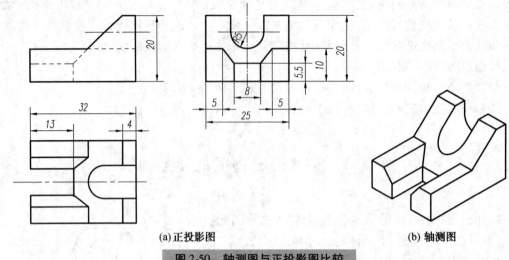

(a) 正投影图   (b) 轴测图

图 2-50　轴测图与正投影图比较

（1）轴测图的形成

将物体连同其参考直角坐标系,沿不平行于任一坐标面的方向,用平行投影法将其投射到单一投影面上所得到的具有立体感的图形称为轴测投影图,简称轴测图,如图 2-51 所示。

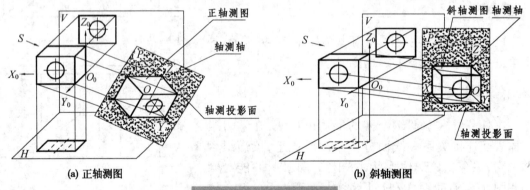

(a) 正轴测图   (b) 斜轴测图

图 2-51　轴测图的形成

轴测投影被选定的单一投影面 P,称为轴测投影面。直角坐标轴 O_0X_0、O_0Y_0、O_0Z_0 在轴测投影面上的投影 OX、OY、OZ 称为轴测投影轴,简称轴测轴。每两根轴测轴之间的夹角,如 $\angle XOY$、$\angle XOZ$、$\angle YOZ$ 称为轴间角。轴测轴上的线段长度与相应直角坐标轴上对应线段长度的比值称为轴向伸缩系数。OX、OY、OZ 轴上的轴向伸缩系数分别用 p_1、q_1、r_1 表示。为了便于画图,常将轴向伸缩系数简化,分别用 p、q、r 表示。

根据投射方向 S 与轴测投影面的相对位置不同,轴测图分为正轴测图和斜轴测图两类。

正轴测图指轴测投影方向垂直于轴测投影面的轴测图,如图 2-51(a)所示。

斜轴测图指轴测投影方向倾斜于轴测投影面的轴测图,如图 2-51(b)所示。

（2）轴测图的投影特性

由于轴测图是用平行投影法绘制的，所以具有以下平行投影的特性：

① 空间直角坐标轴投影成为轴测轴后，直角在轴测图中一般已变成不是90°相交，但是沿轴测轴确定长、宽、高三个坐标方向的性质不变。

② 物体上相互平行的线段，轴测投影仍互相平行；平行于坐标轴的线段，轴测投影仍平行于相应的轴测轴，且同一轴向所有线段的轴向伸缩系数相同。

③ 物体上不平行于轴测投影面的平面图形，在轴测图上变成原形的类似形。

画轴测图时，物体上凡平行于坐标轴的线段，可按其原尺寸乘以轴向伸缩系数，再沿着轴测轴方向定出其轴测图中的长度，这就是轴测图"轴测"二字的含义。但形体上不平行于坐标轴的线段，不能直接移到轴测图上，需要应用坐标法定出其两端点在轴测坐标系中的位置，然后再连成线段的轴测投影。

（3）轴测图的种类

如前所述，轴测图分为正轴测图和斜轴测图，每类按轴向伸缩系数是否相等又分别有下列三种不同的形式：

正轴测图 $\begin{cases} 正等轴测图(p=q=r) \\ 正二轴测图(p=r\neq q) \\ 正三轴测图(p\neq q\neq r) \end{cases}$

斜轴测图 $\begin{cases} 斜等轴测图(p=q=r) \\ 斜二轴测图(p=r\neq q) \\ 斜三轴测图(p\neq q\neq r) \end{cases}$

工程上常采用立体感较强、作图较简便的正等轴测图（简称正等测）和斜二轴测图（简称斜二测）。

2．正等轴测图

（1）轴间角和轴向伸缩系数

在正等轴测图中，物体空间直角坐标系的三根轴与轴测投影面的倾角相等，约为35°16′，投影后，轴间角$\angle XOY = \angle XOZ = \angle YOZ = 120°$，各轴向伸缩系数也均相等，即$p_1 = q_1 = r_1 = 0.82$，如图2-52（a）所示。

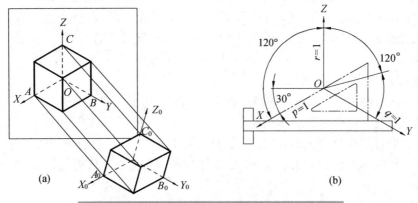

图2-52 正等轴测图的轴间角和轴向伸缩系数

作图时，将OZ轴画成铅垂线，OX、OY轴分别与水平线成30°角，如图2-52（b）所示。画正等轴测图时，物体长、宽、高三个方向的尺寸均要缩小为原来的82%。为了作图方便，通常采用简化的轴向伸缩系数，即 $p=q=r=1$，凡平行于轴测轴的线段，可直接按物体上相应线段的实际长度量取，不需换算。这样画出的正等轴测图，沿各轴向长度是原长的 $1/0.82=1.22$ 倍，但形状没有改变。

（2）平面体的正等轴测图画法

正等轴测图的基本作图方法是坐标法。作图时，先选定合适的坐标轴并画出轴测轴，再按立体表面上各顶点或线段端点的坐标，画出其轴测投影，然后连线完成轴测图。对于不完整的形体，通常先按完整形体画出，然后用切割的方法画出其不完整的部位。下面以六棱柱为例，介绍平面体的正等轴测图画法。

如图2-53（a）所示，正六棱柱的前后、左右对称，故将坐标原点 O 定在底面六边形的中心，以六边形的中心线为 O_0X_0 轴和 O_0Y_0 轴。这样便于直接定出顶面六边形各顶点的坐标，运用坐标法从顶面开始作图。

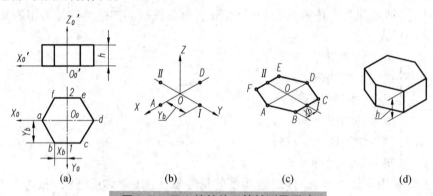

图2-53 正六棱柱的正等轴测图画法

作图步骤：

① 定出坐标原点及坐标轴[图2-53（a）]。

② 画轴测轴 OX、OY、OZ，由于 a、d 和 1、2 分别在 O_0X_0 轴和 O_0Y_0 轴上，可直接量取并在轴测轴 OX、OY 上定出 A、D 和 I、II[图2-53（b）]。

③ 过 I、II 作 OX 轴平行线，量得 BC 和 EF，并连成顶面六边形[图2-53（c）]。

④ 过点 A、B、C、D、E、F 沿 OZ 轴量取高度 h，得底面上各点，连接相关点，擦去多余作图线，描深，完成六棱柱正等轴测图[图2-53（d）]。轴测图中的不可见轮廓线一般不要求画出。

（3）圆的正等轴测图及其画法

立体上的圆一般位于坐标面或与坐标面平行的平面上，坐标面或其平行面上圆的正等测投影为椭圆。如图2-54所示为平行于各坐标平面的圆的正等测投影。从图2-54可以看出，三个平行于坐标面的圆的正等测投影为形状和大小完全相同的椭圆，但其长、短轴方向各不相同。为作图简便，一般采用简化轴向伸缩系数，椭圆长轴等于 $1.22d$，短轴等于 $0.7d$。

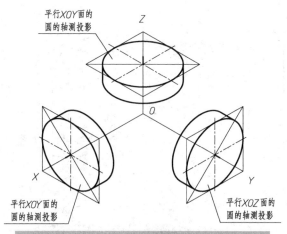

图 2-54　平行于各坐标面的圆的正等轴测图

椭圆常用的近似画法是菱形法,现以水平圆为例,说明其作图方法。

作图步骤:

① 选定坐标原点及坐标轴,作圆的外切正方形,得切点 a、b、c、d[图 2-55(a)]。

② 画轴测轴 OX、OY,沿轴向量取圆半径,定出四个切点 A、B、C、D,过四点分别作 OX、OY 轴的平行线,得外切正方形的轴测图(菱形),再作菱形的对角线[图 2-55(b)]。

③ 过 A、B、C、D 作菱形各边的垂线,得交点 1、2、3、4,即是画近似椭圆的四个圆心,1、2 就是菱形短对角线的顶点,3、4 在菱形的长对角线上[图 2-55(c)]。

④ 以 1、2 为圆心,1C 为半径作 CD 圆弧和 AB 圆弧,以 3、4 为圆心,3B 为半径作 BC 圆弧和 AD 圆弧,四个圆弧连成的就是近似椭圆[图 2-55(d)]。

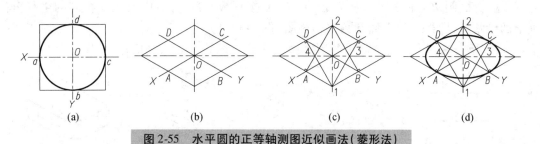

图 2-55　水平圆的正等轴测图近似画法(菱形法)

(4) 圆柱的正等轴测图画法

如图 2-56(a)所示,直立正圆柱的轴线垂直于水平面,上、下底为两个与水平面平行且大小相同的圆,在轴测图中均为椭圆。可按圆柱的直径 ϕ 和高 h 作出两个形状和大小相同、中心距为 h 的椭圆,再作两椭圆的公切线。

作图步骤:

① 选定坐标轴及坐标原点,画轴测轴,定上、下底中心,作出菱形[图 2-56(b)]。

② 画上下底椭圆[图 2-56(c)]。

③ 作两椭圆的公切线,擦去多余图线,描深,完成圆柱轴测图[图 2-56(d)]。

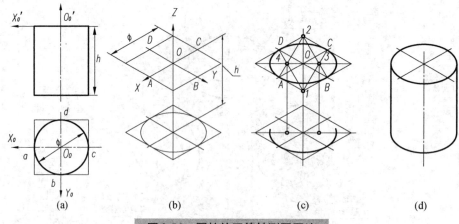

图 2-56 圆柱的正等轴测图画法

(5) 圆角的正等轴测图画法

平行于坐标面的圆角,实际上是平行于坐标面的圆的一部分,因此常见的 1/4 圆的圆角[图 2-57(a)所示],其正等轴测图是上述近似椭圆的四段圆弧中相应的一段。下面以图 2-57(a)所示的平板为例,说明其作图方法。

作图步骤:

① 画出平板的轴测图,并根据圆角的半径 R,按椭圆近似画法在平板上底面相应的棱线上作出切点 1、2 和 3、4[图 2-57(b)]。

② 过切点 1、2 分别作相应棱线的垂线,得交点 O_1。同样,过切点 3、4 作相应棱线的垂线,得交点 O_2。以 O_1 为圆心、$O_1 1$ 为半径,作 12 圆弧;以 O_2 为圆心、$O_2 3$ 为半径作 34 圆弧,即得平板上面圆角的轴测图。将圆心 O_1、O_2 下移平板厚度 h,再以与上面相同的半径分别画出两段圆弧,即得平板下面圆角的轴测图[图 2-57(c)]。

③ 平板右端作上、下圆弧的公切线,擦去多余作图线,描深,完成作图[图 2-57(d)]。

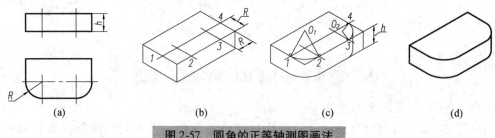

图 2-57 圆角的正等轴测图画法

3. 组合体及其正等轴测图画法

大多数机器零件,从形体的角度来分析,都可以看成是由一些基本的形体(柱、锥、球、环等)经过叠加、切割或穿孔等方式组合而成的。这种由两个或两个以上的基本形体所组成的复杂物体称为组合体。

组合体的组合方式有叠加和切割两种形式,而常见的是这两种形式的综合。如图 2-58 所示,图(a)是由圆柱和四棱柱经叠加而成的组合体,图(b)是由原始的四棱柱切去两个三棱柱和一个圆柱后形成的组合体,属于切割型,图(c)是既有叠加又有切割的综合组合形式。

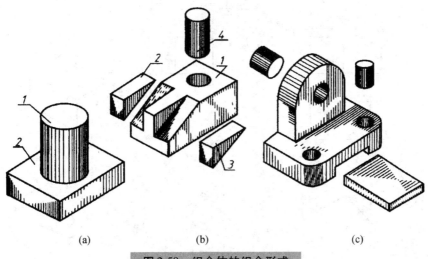

图 2-58 组合体的组合形式

画组合体的轴测图,根据组合体的组合方式,常用切割法、堆叠法或综合法作图。对于切割型组合体,先按完整形体画出,再用切割方法画出其不完整的部分,即切割法。对于叠加型组合体,可按各基本形体逐一叠加画出其轴测图,即堆叠法。对于既有切割又有叠加的组合体,则综合采用上述两种方法画轴测图,即综合法。

图 2-59(a)所示的垫块,从形体分析的角度,可看成由一个长方体经正垂面切去左上角,再由铅垂面切去左前角后得到。因此,作垫块轴测图时,可采用坐标法结合切割法作图,先作出长方体轴测图,再依次切去两个角。作图时应注意,截切后的斜面上与三根坐标轴均不平行的线段,在轴测图上不能直接从正投影图中量取,必须按坐标求出其端点,然后连接各点。

作图步骤:

① 选定坐标轴和坐标原点[图 2-59(a)]。

② 根据给出的尺寸 a、b、h 作出长方体的轴测图[图 2-59(b)]。

③ 根据尺寸 c、d,在与轴测轴平行的对应棱线上量取正垂面与长方体前面截交线的端点,连接两端点则形成该倾斜线的轴测图,然后连成平行四边形,得正垂面轴测图[图 2-59(c)]。

④ 同理,根据给出的尺寸 e、f 定出左下角铅垂面上倾斜线端点的位置,并连成四边形[图 2-59(d)]。

⑤ 擦去多余作图线,描深,完成轴测图[图 2-59(e)]。

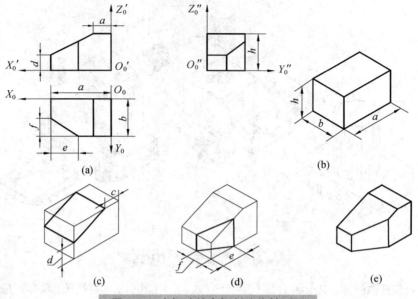

图 2-59　坐标法结合切割法作轴测图

4. 组合体的表面连接关系

组合体中的基本形体经过叠加、切割或穿孔后，形体的相邻表面都存在一定的连接关系。组合体表面间的连接关系有下列几种情况。

（1）平齐与不平齐

当组合体上相邻两基本体的表面不平齐时，在视图中应该有线隔开，如图 2-60（a）所示。当相邻两个基本体的表面互相平齐连接成一个面（共平面或共曲面）时，结合处没有分界线，在视图中不应有线隔开，如图 2-60（b）和图 2-60（c）所示。

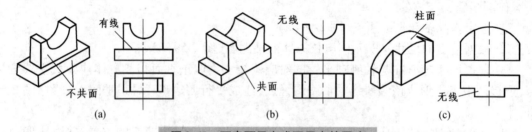

图 2-60　两表面平齐或不平齐的画法

（2）相切

当组合体上两个基本体表面相切时，其相切处是光滑过渡，所以在视图上相切处不应画出分界线，如图 2-61 所示。

当曲面与曲面相切时，是否画出分界线则要看两曲面的公切面（平面或圆柱面）是否垂直于投影面。如果公切面与投影面垂直，则在该投影面上相切处画线，否则不画线，如图 2-62 所示。

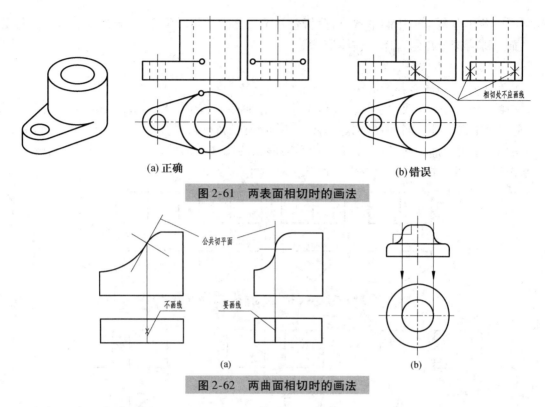

图 2-61 两表面相切时的画法

图 2-62 两曲面相切时的画法

（3）两表面相交

当两个基本体表面相交时，相交处会产生不同形式的交线，在视图中应画出这些交线（截交线或相贯线）的投影，如图 2-63 所示。

图 2-63 两表面相交时的画法

技能学习

1. 组合体读图的基本方法——形体分析法

假想将组合体分解为若干基本形体，分析它们的形状、相对位置、组合形式和表面间的连接关系，以便于进行画图、看图和标注尺寸，这种分析组合体的思维方法称为形体分析法。形体分析法是解决组合体绘图、读图和尺寸标注问题的基本方法。

运用形体分析法读组合体视图时，首先用"分线框、对投影"的方法，分析构成组合体的各基本形体。然后通过"识形体、定位置"，先找出反映每个基本体形体特征的视图，对照其他视图想象出各基本形体的形状,再分析各基本形体间的相对位置、组合形式和表面连接关系。最后综合想象出组合体的整体形状。

2. 读图的基本要领

(1) 几个视图联系起来看

一般情况下,一个或两个视图往往不能完全确定物体的形状。如图2-64所示的四组视图,它们的主视图都相同,但分别表示四种不同形状的物体;再如图2-65所示的三组视图,它们的主、左视图都相同,但表示了三种不同形状的物体。因此,读图时必须将几个视图联系起来进行分析,才能想象出物体的形状。

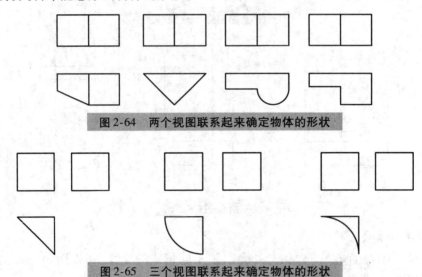

图2-64 两个视图联系起来确定物体的形状

图2-65 三个视图联系起来确定物体的形状

(2) 理解视图中图线、线框的含义

组合体三视图中的图线主要有粗实线、虚线和细点画线。分析视图中图线和线框的含义,是读图的基础。

① 视图中的粗实线和虚线(包括直线或曲线)可以表示:两表面(平面或曲面)交线的投影;回转面转向轮廓线的投影;具有积聚性的面(平面或柱面)的投影。

② 视图中的细点画线一般是对称中心线或回转体的轴线。

视图中图线的含义如图2-66所示。

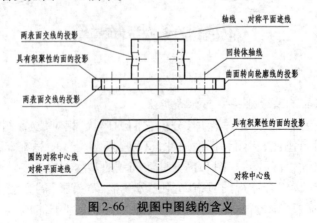

图2-66 视图中图线的含义

③ 视图中的封闭线框可以表示：单一面（平面或曲面）的投影；曲面及其相切面的投影；孔的投影，如图 2-67 所示。

④ 视图中两相邻的封闭线框[图 2-68（a）]，是物体上相交的或是同向错位的两个面的投影，其分界线则表示两表面交线或具有积聚性的第三表面的投影。如图 2-68（c）、（d）、（e）中线框 A 和 B、B 和 C 表示相交的两个面，如图 2-68（b）中 A 和 B、B 和 C 表示前后的两个面。

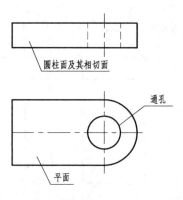

图 2-67　视图中线框的含义

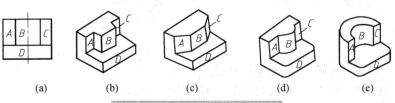

图 2-68　视图中线框的含义

（3）善于抓住形状特征和位置特征视图

最能清晰地表达物体的形状特征的视图，我们称之为形状特征视图；最能清晰地表达组合体的各形体之间相互位置关系的视图，我们称之为位置特征视图。一般主视图能较多反映组合体的整体形状特征，所以读图时常从主视图入手。如图 2-69 所示，从主视图看，封闭线框 Ⅰ 内有封闭线框 Ⅱ 和 Ⅲ，它们的形状特征比较明显，但相对位置不清楚。处于线框包围中的线框，可以表示凸起或凹进的表面，也可以表示通孔。从俯视图看，两者一个是凸起的，一个是孔，但不能确定哪个形体是凸起的，哪个形体是孔，而左视图却明显反映了位置特征。将主、左两个视图联系起来看，就能唯一判定组合体的形状。

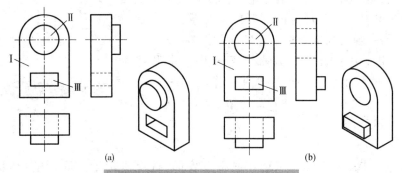

图 2-69　左视图为位置特征视图

（4）用图中虚、实线的变化区分各部分的相对位置关系

如图 2-70（a）中的三角形肋板与立板间的连接线在主视图上是实线，说明它们前面不共面，因此肋板在中间。图 2-70（b）中三角形肋板与立板及底板间的连接线在主视图上均为虚线，则表示它们前面共面，根据俯视图可确定，前后各有一块肋板。

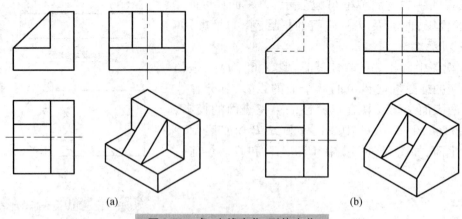

图 2-70 虚、实线变化,形体变化

 技能训练

运用形体分析法读轴承座主视图和俯视图,想象轴承座形状。

通过"分线框、对投影",可以初步看出轴承座由四部分叠加而成,由上而下分别为圆筒Ⅰ、支承板Ⅱ、肋板Ⅲ和底板Ⅳ,如图 2-71 所示。

联系已有视图,进一步分析各部分形体形状,以及它们之间的相对位置和表面连接关系。主视图反映了圆筒和支承板的主要形状特征,俯视图为底板的形状特征视图,肋板的形状特征在主视图和俯视图中反映不明显,需要综合起来想象。同时,主视图反映了各部分上下和左右的位置关系。从图中可以看出,轴承座结构左右对称,支承板的左右侧面都与圆筒的外圆柱面相切,肋板的左右侧面与圆筒的外圆柱面相交,底板的顶面与支承板、肋板的底面相互重合。从俯视图可以读出各部分的前后位置关系,支承板、底板的后侧面平齐,圆筒与支承板的后侧面不平齐。

为辅助读图,边读图边画出轴承座的正等轴测图,如图 2-72 所示。轴承座是综合型组合体。作轴测图时,按照其组合方式,先画主体的底板和圆筒,再加画支承板与圆筒相切、肋板与圆筒相交。

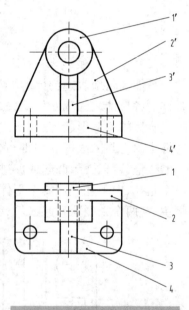

图 2-71 轴承座的组合方式

作图步骤:

① 为便于作图,将坐标原点选在底板上表面,选定坐标轴。底板的形状为长方体上带有圆孔和圆角。作图时,先画出底板长方体,按两个圆孔的位置画出两个圆孔,作出圆角[图 2-72(a)]。

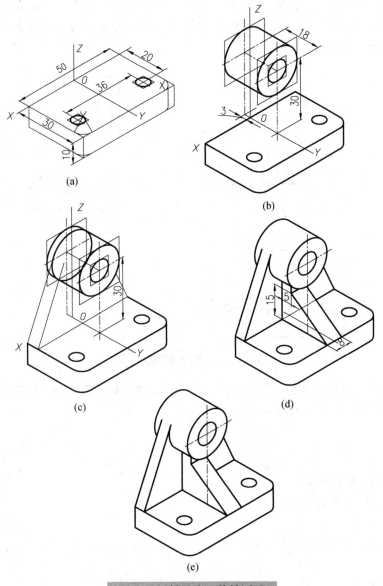

图 2-72 轴承座正等轴测图

② 画圆筒。按尺寸 40、3、18 定出圆筒轴线及其前后端面的位置,画出圆筒的轴测图。作图时可先画前面的椭圆,再画后面的椭圆[图 2-72(b)]。

③ 画支承板与圆筒相切。作图时要画出支承板前面与圆筒交线的可见部分[图 2-72(c)]。

④ 画肋板。肋板与圆筒的交线不可见,作图时可省略画出,但应注意定出肋板上两条平面交线的位置[图 2-72(d)]。

⑤ 擦去多余作图线,描深,完成作图。轴承座整体形状如图 2-72(e)所示。

步骤二:根据轴承座形状,补画左视图

绘制组合体视图时,仍采用形体分析法,按照轴承座的组合方式,先分别画出底板和圆筒的左视图,再画支承板左视图,最后画肋板左视图,如图 2-73 所示。画支承板时应注意根据主视图准确定出切点的位置,支承板侧面与圆筒相切处无界线。画肋板时应注意 $c''d''$ 交线取代圆柱上的一段轮廓素线。

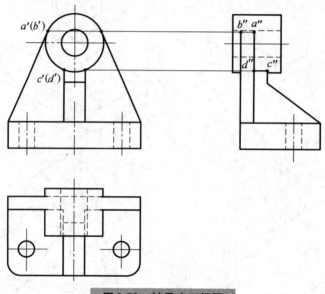

图 2-73 轴承座三视图

步骤三：运用形体分析法,对组合体进行尺寸分析,确定定形尺寸、定位尺寸、总体尺寸,并补出遗漏的尺寸

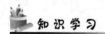

1. 组合体的尺寸种类

以如图 2-74(a)形体为例。

（1）定形尺寸

确定组合体各组成部分形状大小的尺寸,称定形尺寸。如图 2-74(b)所示的均为定形尺寸。

（2）定位尺寸

确定组合体各组成部分相对位置的尺寸,称定位尺寸。如图 2-74(c)中的尺寸均为定位尺寸。有时由于形体在视图中已能确定其相对位置,如平齐、对称居中,也可省略某方向的定位尺寸。

（3）总体尺寸

确定组合体外形的总长、总宽和总高尺寸,称为总体尺寸。如图 2-74(d)中总长 43、总宽 34、总高 42。组合体一般应注出长、宽、高三个方向的总体尺寸。

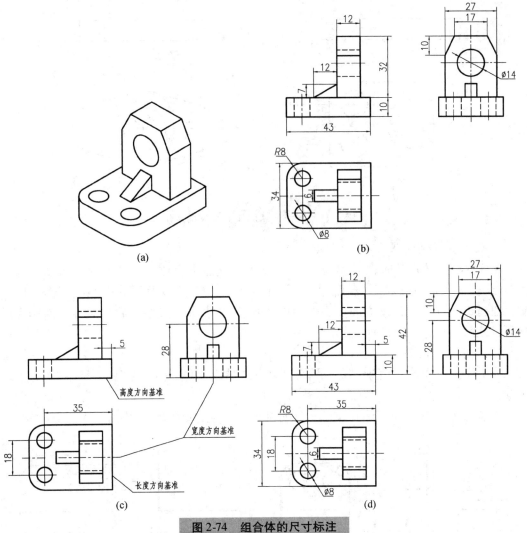

图 2-74 组合体的尺寸标注

注意:

① 如果组合体定形、定位尺寸已标注完整,再加注总体尺寸就会出现尺寸多余或重复。因此,加注总体尺寸的同时,应减去一个同方向的定形尺寸。如图 2-74(d)中标注总高尺寸 42,同时减去了图 2-74(b)中所注的立板高度 32。有时总体尺寸被某个形体的定形尺寸所取代,则不再标注,如总长尺寸 43、总宽尺寸 34 也是底板的定形尺寸。

② 当组合体的某一方向具有回转面结构时,一般只标注回转面轴线的定位尺寸和外端回转面的半径,不标注总体尺寸,如图 2-75 所示。

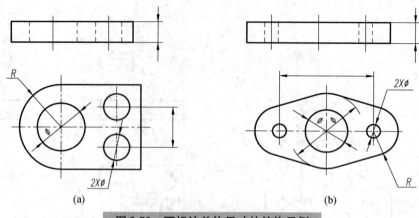

图 2-75 不标注总体尺寸的结构示例

2. 组合体的尺寸基准

在标注组合体尺寸时,必须考虑尺寸以哪里为起点去定位。标注尺寸的起点称为尺寸基准,组合体常选取其底面、端面、对称平面、回转体的轴线以及圆的中心线等作为尺寸基准。如图 2-74(c)中,高度方向以底面为尺寸基准,宽度方向选用前后的对称平面作为尺寸基准,长度方向以右端面为尺寸基准。

3. 尺寸布置的要求

为了保证所注尺寸清晰,除了严格遵守机械制图国家标准的规定外,还应注意以下几点:

① 定形尺寸应尽量标注在反映形体特征的视图上,如图 2-76 所示

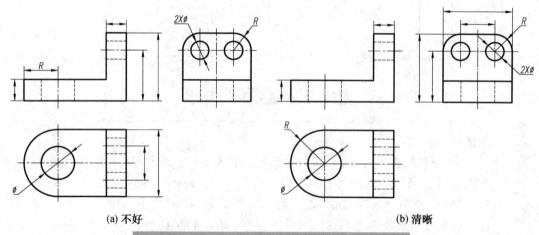

(a) 不好　　　　　　　　　　　　　　(b) 清晰

图 2-76 定形尺寸标注在反映形体特征的视图上

② 定位尺寸应尽量标注在反映形体间位置特征的视图上,同一形体的尺寸应尽量集中标注,如图 2-77 所示。

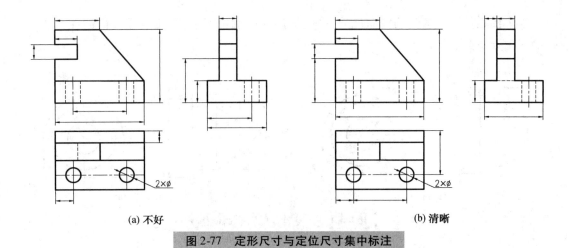

(a) 不好 (b) 清晰

图 2-77　定形尺寸与定位尺寸集中标注

③ 尽量将尺寸布置在视图外面，但当视图内有足够的地方能清晰地注写尺寸数字时，也允许注在视图内，如图 2-78 所示。

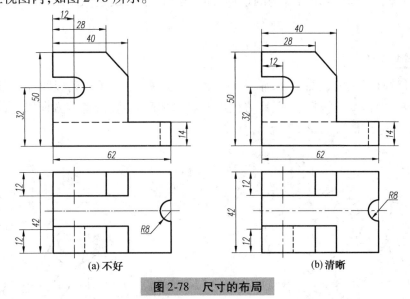

(a) 不好 (b) 清晰

图 2-78　尺寸的布局

④ 尺寸排列要整齐。同方向串联的尺寸，箭头应互相对齐，排在一条直线上；同方向并联的尺寸，小尺寸在内（靠近视图），大尺寸在外，依次向外分布，间隔要均匀，避免尺寸线与尺寸界线相交，如图 2-79 所示。

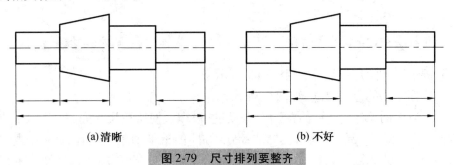

(a) 清晰 (b) 不好

图 2-79　尺寸排列要整齐

⑤ 同轴的圆柱、圆锥的径向尺寸,一般标注在非圆视图上,圆弧半径应标注在投影为圆弧的视图上,如图 2-80 所示。

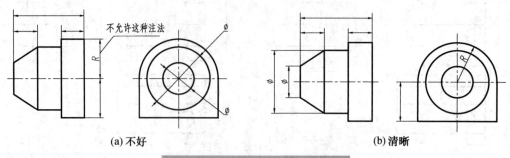

(a) 不好　　　　　　　　　　　　　　(b) 清晰

图 2-80　直径、半径的尺寸标注

4. 组合体的尺寸标注方法

形体分析法是标注组合体尺寸的基本方法。标注组合体尺寸时,应先对组合体进行形体分析,选择基准,再标注出各部分的定形尺寸、定位尺寸,最后标注总体尺寸,并进行调整核对。

技能训练

① 通过读轴承座的视图可知,轴承座由圆筒、支承板、肋板和底板四部分叠加而成,如图 2-81 所示。根据其结构特点,长度方向以左右对称面为基准,宽度方向以背面为基准,高度方向以底面为基准,如图 2-82 所示。

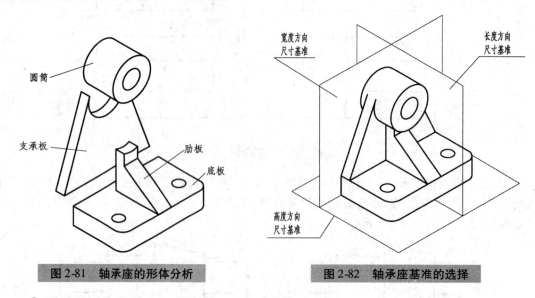

图 2-81　轴承座的形体分析　　　　图 2-82　轴承座基准的选择

② 分析各形体的定形尺寸,如图 2-83 所示。
③ 分析各形体的定位尺寸,如图 2-84 所示。
④ 补出遗漏的尺寸,标注总体尺寸,全面进行核对,使所注尺寸完整、正确、清晰。轴承座总长与底板的长度一致,不能重复标注;高度方向因上端面是回转体,因此只标注圆筒高度方向的定位尺寸和定形尺寸,不再标注总高;总宽由底板宽度方向的定形尺寸和圆筒宽度

方向的定位尺寸确定,不再标注。完整的尺寸标注如图 2-85 所示。

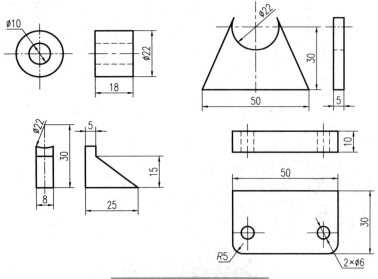

图 2-83　各形体定形尺寸

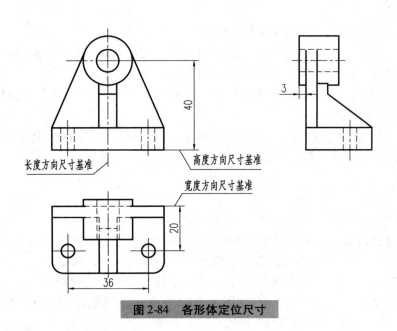

图 2-84　各形体定位尺寸

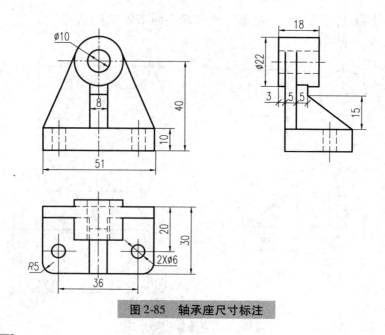

图 2-85 轴承座尺寸标注

> **回顾与总结**

① 形体分析法是解决组合体绘图、读图和尺寸标注问题的基本方法。

② 读图时应注意将几个视图结合起来看,善于抓住形状特征和位置特征视图,理解视图中图线、线框的含义,善于运用形体分析法读图。

③ 学会运用画轴测图的方法帮助进行读图的思考,把轴测图的徒手绘制作为进行空间想象力培养的辅助手段。

④ 尺寸标注也应建立在形体分析的基础上,注意分析尺寸标注的基准选择,正确标注定位尺寸是尺寸标注的关键,使得尺寸标注做到完整、正确、清晰。

> **知识拓展**

(一)组合体读图的基本方法——线面分析法

组合体读图的基本方法主要是形体分析法,对于形状比较复杂的组合体,在运用形体分析法的同时,还常用线面分析法来帮助想象和读懂不易看明白的局部形状。

构成物体的各个表面,不论其形状如何,它们的投影如果不具有积聚性,一般都是一个封闭线框。运用线面分析法读图时,应将视图中的一个线框看作物体上的一个面(平面或曲面)的投影,利用投影关系,在其他视图上找到对应的图形(线框或线),再分析这个面的投影特性(实形性、积聚性、类似性),确定这些面的形状和位置,最后综合想象出物体的整体形状。

下面以图 2-86 所示压板的三视图为例,具体说明线面分析法读图的方法和步骤。

1. 形体分析看大概

从图 2-86(a)三个视图的外形轮廓看,除缺几个角外,均属矩形,结合图中的虚线,可以想象压板是由长方体经多个平面切割和挖孔、槽后而成。进一步分析,从主视图看,长方体的左上方切去一个角;俯视图的长方形缺两个角,说明长方体左端前后各切去一块;左视图的长方形也缺两个角,说明长方体的下部前后各切去一块。此外,从主、俯视图可以看出,压板中间偏右挖了一个圆柱形阶梯孔。

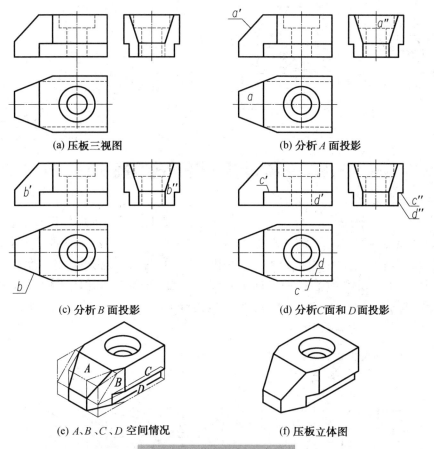

图 2-86 线面分析法读图

2. 线面分析看细节

通过以上分析,对物体的整体形状有了初步了解,但要真正看懂视图,必须进一步作线面分析。如图 2-86(b) 所示,俯视图上的线框 a 在主视图中的对应投影只能是斜线 a',因此可判断 A 面为正垂面,它的水平投影与侧面投影是类似形线框,即长方体的左上方是被正垂面切割而成。用同样的方法,继续分析 B、C、D 面的投影,如图 2-86(c)、(d) 所示,可判断 B 面为铅垂面,长方体的左端被前后对称的两个铅垂面切割而成,C 面为水平面,D 面为正平面。长方体被平面切割的情况如图 2-86(e) 所示。

3. 综合起来想整体

压板的形状如图 2-86(f) 所示。

(二) 斜二等轴测图

1. 轴间角和轴向伸缩系数

将形体放置成使它的一个坐标平面平行于轴测投影面,然后用斜投影的方法向轴测投影面进行投影,得到斜二等轴测图,简称斜二测。图 2-87 所示是国家标准中的一种斜二轴测图。XOZ 坐标平面平行于轴测投影面,所以轴测轴 OX、OZ 分别为水平方向和铅垂方向,OX、OZ 轴的轴向伸缩系数 $p_1 = r_1 = 1$,轴测轴 OY 与水平线成 45°角,其轴向伸缩系数 $q_1 = $

0.5，轴间角 $\angle ZOX = 90°$，$\angle XOY = \angle YOZ = 135°$。

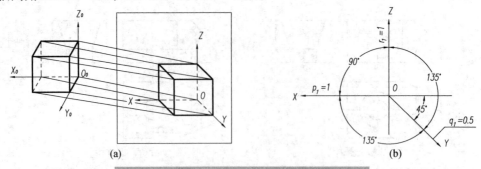

图 2-87　斜二测图及轴间角与轴向伸缩系数

2．斜二测画法

在斜二测图中，物体上平行于 XOZ 坐标平面的直线和平面图形均反映实长和实形，当形体正面有圆和圆弧时，画图简单方便。所以，当物体上有较多的圆或曲线平行于 XOZ 坐标平面时，采用斜二测作图比较方便。下面用一典型的图例来说明斜二测画法。

图 2-88(a)所示形体只在同一方向上有圆和圆弧，作斜二测比较方便。这些圆和圆弧分别在该形体的前、后端面和台阶面上，所以应先定出这三个面上的圆和圆弧。

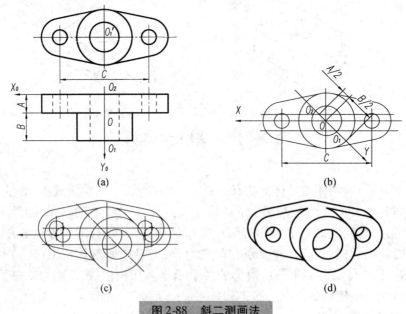

图 2-88　斜二测画法

作图步骤：

① 将原点 O 定在该形体的台阶面上，作出轴测轴，画出台阶面的正面形状，如图 2-88(b)所示。

② 根据尺寸 A、B 定出前、后端面上各圆及圆弧的圆心，分别画出三个面上的圆和圆弧，作各端面的公切线，即形体的外轮廓线。注意两个在后端面上的圆孔的可见部分圆弧不要漏画，如图 2-88(c)所示。

③ 擦去多余作图线，描深，完成作图，如图 2-88(d)所示。

> **拓展训练**

训练1 已知支承架的主视图和俯视图,求作左视图[图2-89(a)]。

① 形体分析。在主视图上将支承架分成三个线框,按投影关系找出各线框在俯视图上的对应投影,线框1是长方形立板,其后部自上而下开一通槽,通槽大小与底板后部缺口大小一致,中部有一圆孔;线框2是一个带通孔的U型柱体;线框3是带圆角的长方形底板,后部有矩形缺口,底部有槽。

② 补画左视图。根据以上分析可想象出该物体是由三部分简单叠加而成,依次画出这些形体的主视图,如图2-89(b)、(c)、(d)所示,最后检查加深,完成全图,如图2-89(f)所示。

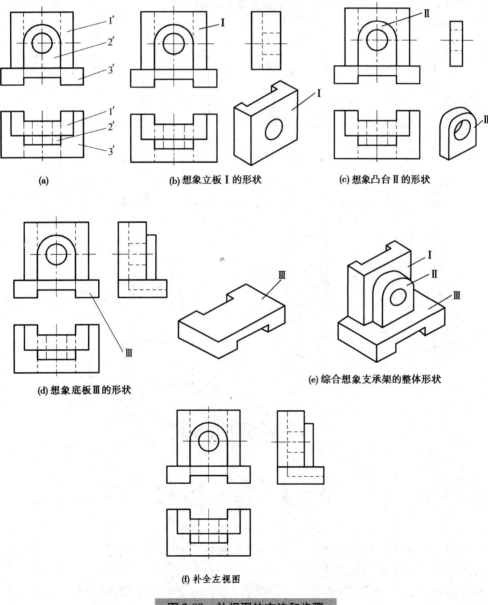

图2-89 补视图的方法和步骤

训练 2 补画视图中所缺的线条(图 2-90)。

补线条一般要求我们运用线、面、交线等投影知识,分析大面积线框,如图 2-90 所示主视图,它只有一个线框,如果正确的话,说明该组合体从前往后看,前面只有一个面,但从左视图可知,该组合体前面不是一个面,而是有两个面(一个侧垂面、一个正平面),这样可判断在主视图上缺线(侧垂面与正平面的交线),然后根据线、面的投影特性,画出这两个平面的三视图,如图 2-91(a)所示;同理,在左视图上也缺一条交线(不可见),如图 2-91(b)所示;最后补全三视图上的缺线,如图 2-91(c)所示。

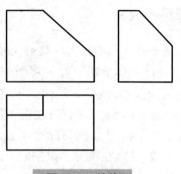

图 2-90 补线

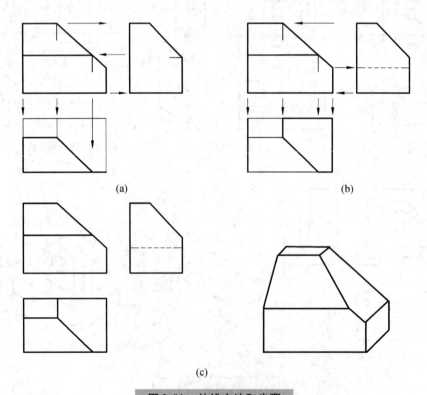

图 2-91 补线方法和步骤

任务 3 连接座的测绘

▶知识点:机件的表达方法——基本视图、局部视图、斜视图;零件图的尺寸标注,零件图的技术要求——表面结构要求。

▶技能点:学会进行零件表达方案的选择;学会徒手绘制草图;学会用量具进行零件测量;学会选择基准进行尺寸标注;能够标注简单的技术要求。

任务要求

如图 2-92 所示为连接座,该零件的材料为 45 号钢,零件穿孔处表面结构要求为 *Ra*6.3,斜板表面的表面结构要求为 *Ra*3.2,其余表面为 *Ra*12.5。对该零件进行测绘,绘制草图和零件工作图,标注尺寸和技术要求。

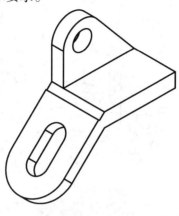

图 2-92 连接座零件

任务分析

本任务要求对连接座零件进行结构分析,学习基本视图、斜视图、局部视图的表达方法,运用视图的绘制方法来表达这类具有倾斜结构的零件。复习草图的绘制方法,进一步熟悉零件尺寸和技术要求的标注方法。

任务实施

步骤一:分析连接座零件的结构,绘制该零件的草图

本零件为板状零件,带有一倾斜结构,并在零件上方有一竖板;斜板上有长孔,竖板上有圆孔。针对这种带有倾斜结构的零件,进行表达时要采用斜视图、局部视图的表达方法。

知识学习

1. 基本视图

用六面体的六个面作为基本投影面,如图 2-93(a)所示。将机件放置于六面体内,采用正投影法分别向六个基本投影面投射,即得六个基本视图。六个基本视图的名称及投射方向规定如下:

主视图——由前向后投射所得的视图;
俯视图——由上向下投射所得的视图;
左视图——由左向右投射所得的视图;
右视图——由右向左投射所得的视图;
仰视图——由下向上投射所得的视图;
后视图——由后向前投射所得的视图。

六个基本投影面的展开如图2-93(b)所示,即正面不动,将其余投影面展开与正投影面共面。展开后六个基本视图的位置关系如图2-93(c)所示。

在同一张图纸内,按图2-93(c)配置基本视图时,一律不注视图的名称。

六个基本视图仍符合"长对正、高平齐、宽相等"的投影关系。

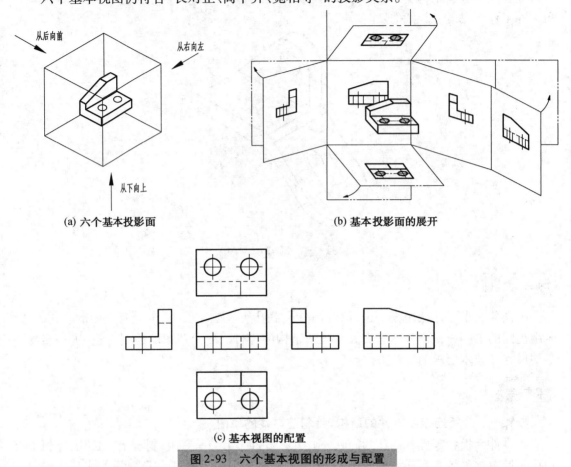

图2-93 六个基本视图的形成与配置

2. 向视图

向视图是可以自由配置的视图。为便于看图,在视图的上方用大写拉丁字母标注该向视图的名称,在相应的视图附近用箭头指明投影方向,并注上相同的字母,如图2-94所示。

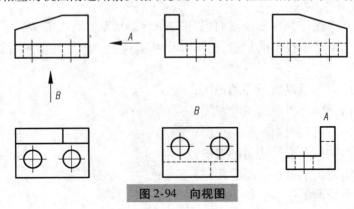

图2-94 向视图

3. 局部视图

为了能清楚地表达机件的某一部分，可将这一局部形状向基本投影面投影，所得视图称为局部视图。如图 2-95 所示，主、俯视图已将机件的主体结构表示清楚，尚缺左右两个凸缘的结构需要表达。但又没有必要画出左视图，故采用 A 向、B 向两个局部视图，这样，突出了表达重点，又不重复主体结构形状，达到了图面简洁的目的。

局部视图的画法及标注：

① 局部视图的断裂边界以波浪线表示。当所表示的局部结构是完整的，其外部轮廓线又成封闭时，波浪线可省略不画，如图 2-95 中的 B 视图。

② 局部视图可按向视图的形式配置并标注。

③ 局部视图也可按基本视图的位置配置，并可省略标注，如图 2-95 中的 A 视图。

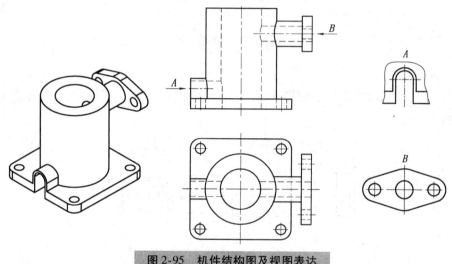

图 2-95　机件结构图及视图表达

4. 斜视图

如图 2-96(a)所示的机件，具有倾斜部分，在基本视图中不能反映该部分实形，这时可选用一个新的投影面，使它与机件上倾斜部分主要表面平行，然后将倾斜部分向该投影面投影，就可以得到反映该部分实形的视图。这种将机件向不平行于任何基本投影面的平面投影所得到的视图称为斜视图。

斜视图的画法及标注：

① 斜视图一般只表达倾斜部分的局部形状，其余部分不必全部画出，可用波浪线断开，如图 2-96(b)所示。当倾斜结构自成封闭图形时，不必画出波浪线。

② 斜视图通常按向视图的配置形式配置并标注，必要时也允许将斜视图旋转配置。旋转符号的箭头表示旋转方向，表示该视图名称的大写拉丁字母应靠近符号的箭头端，如图 2-96(c)所示，也允许将旋转角度标注在字母后，如图 2-96(d)所示。

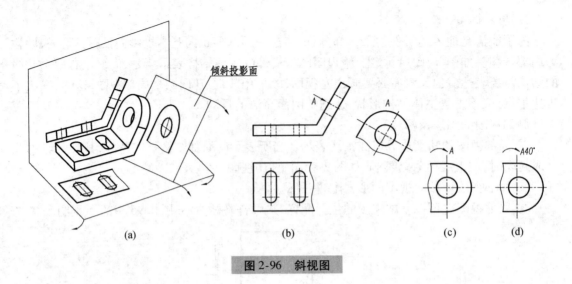

图 2-96　斜视图

5. 局部放大图

将机件的部分结构用大于原图形所采用的比例画出的图形,称为局部放大图,如图 2-97 所示。

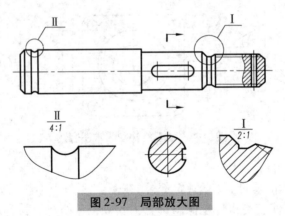

图 2-97　局部放大图

（1）画法

局部放大图可以画成视图、剖视图和断面图,它与被放大部分的表达方法无关,且与原图形所采用的比例无关。局部放大图应尽量配置在被放大部位的附近。

（2）标注

画局部放大图时,须用细实线圈出被放大的部位,并在局部放大图上方标明放大的比例,同时有几处被放大时,须用罗马数字依次标明被放大的部位,并在局部放大图上方标出相应的罗马数字和所用的比例。

 技能学习

确定连接座表达方案,绘制草图。

该连接座带有倾斜结构,主视图方向可以选择反映该零件主要形状和位置结构的方向,如图 2-98 所示。

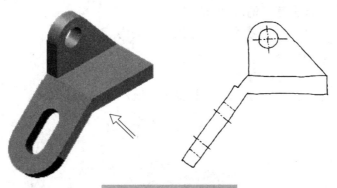

图 2-98 主视图方向

该零件主视图将零件主要结构表达出来,但倾斜板实形和水平板实形没有表达清楚,可采用斜视图 A 表达斜板和局部视图表达水平板结构,左视图表达竖板的位置,可采用局部剖视,如图 2-99 所示。

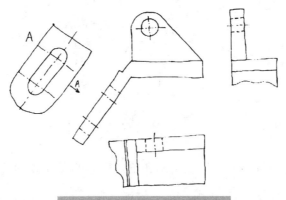

图 2-99 连接座的表达(一)

该零件上与倾斜板相连的部位有一个尺寸较小的槽,在主视图中表达不清楚,因此采用局部放大图来表达,如图 2-100 所示。

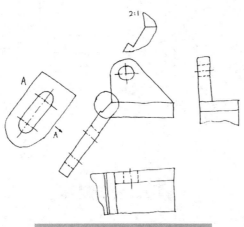

图 2-100 连接座的表达(二)

步骤二：测量连接座零件的尺寸，标注在草图上

复习任务1中关于尺寸测量及尺寸标注的有关内容。

 技能训练

① 选择基准，标注尺寸。先选择如图2-101所示基准。

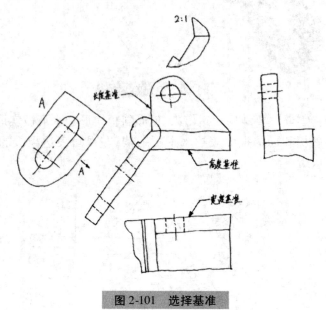

图2-101 选择基准

根据形体分析，针对各个部分标注定形和定位尺寸的尺寸线，如图2-102所示。

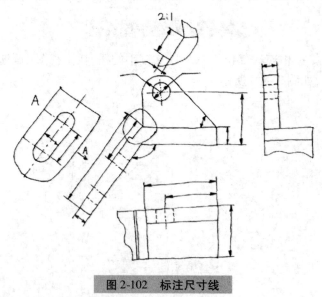

图2-102 标注尺寸线

② 测量连接座零件的尺寸，标注在草图上。采用游标卡尺、钢直尺以及内卡、外卡、角度仪等测量工具，将相应尺寸标注在草图上，如图2-103所示。

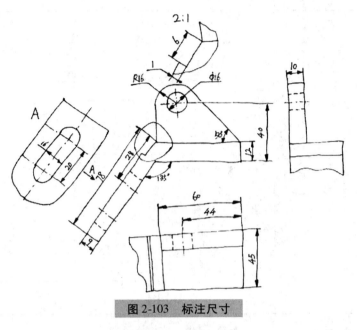

图 2-103 标注尺寸

③ 标注技术要求。该零件穿孔处表面结构要求为 $Ra6.3$,斜板表面的表面结构要求为 $Ra3.2$,其余表面为 $Ra12.5$。复习表面结构要求的标注方法。将该零件的表面结构要求标注在图样上,如图 2-104 所示。

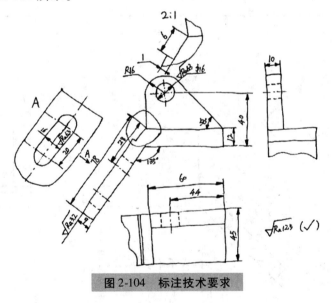

图 2-104 标注技术要求

④ 填写标题栏,完成草图,如图 2-105 所示。

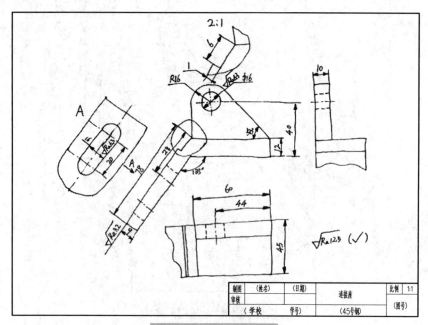

图 2-105 完成草图

步骤三：绘制连接座的零件工作图

检查草图，修改错误。利用尺规进行正规作图，如图 2-106 所示。

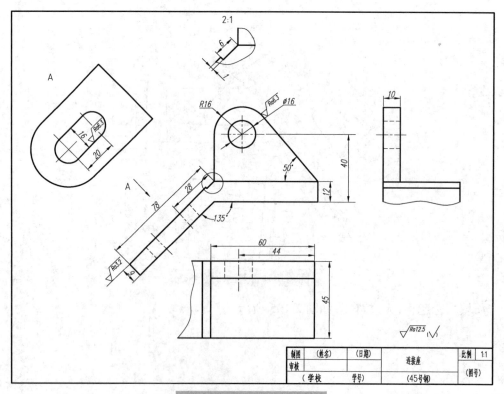

图 2-106 连接座零件图

> 回顾与总结

本任务通过对连接座零件的测绘,复习了零件测绘的基本方法和过程,学习了运用基本视图、向视图、局部视图、斜视图、局部放大图表达零件结构的一般方法。

① 视图选择的基本原则:选择能够表达零件主要结构和位置特征的方向作为主视图的投影方向;其他视图补充表达主视图没有表达清楚的结构,可以根据零件结构特征适当选择向视图、斜视图及局部视图。

② 零件上各结构的尺寸应该标注在反映该结构最清晰的图上。

③ 完整的零件图应该包括:一组视图、完整的尺寸、技术要求、标题栏。

任务4 座体零件的测绘

▶知识点:机件的表达方法——剖视图;零件图的尺寸标注;零件图的技术要求——表面结构要求。

▶技能点:学会绘制剖视图,并懂得剖视图的标注方法;学会徒手绘制草图;学会用量具进行零件测量;学会选择基准进行尺寸标注;能够标注简单的技术要求。

> 任务要求

如图2-107所示,座体零件材料为HT150铸铁,采用铸造工艺加工形成毛坯,对毛坯进行进一步加工:制作光孔、阶梯孔及凹槽。光孔内表面的表面结构要求为 $Ra3.2$,阶梯孔内表面的表面结构要求为 $Ra6.3$,竖板、底板表面及槽内表面的表面结构要求为 $Ra12.5$。对该零件进行测绘,绘制零件草图及零件图,标注相应的尺寸和技术要求。

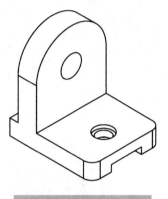

图2-107 座体结构图

> 任务分析

本任务要求对座体零件进行结构分析,复习表达方法的综合运用,学习采用剖视图的方法来表达具有内部结构的零件。复习草图的绘制方法,进一步熟悉零件尺寸和技术要求的标注方法。了解铸造零件的工艺结构。

> 任务实施

步骤一:分析座体零件的结构,绘制座体零件的草图

本零件由带有阶梯孔和凹槽的底板及带有穿孔的竖板组成,这种具有孔、凹槽结构的零件,表达时要兼顾内外结构,采用剖视的表达方法表达内孔和凹槽的结构。

> 知识学习

1. 剖视图的形成

如图2-108所示,假想用剖切面剖开机件,将处于观察者和剖切面之间的部分移去,而将其余部分向投影面投影所得到的图形称为剖视图,简称剖视。

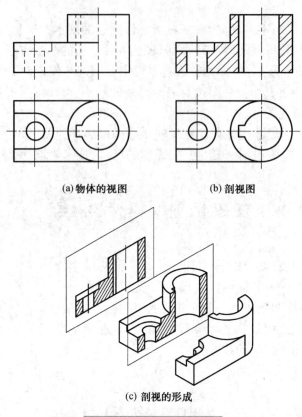

(a) 物体的视图　　　(b) 剖视图

(c) 剖视的形成

图 2-108　剖视的概念

2. 剖视图的画法

① 剖切面一般应平行于投影面并通过内部孔、槽的对称中心平面或轴线。

② 剖切面后面的可见部分应全部画出,不得遗漏,如图 2-109 所示。

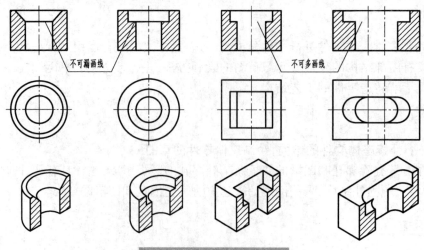

图 2-109　剖视图的画法

③ 在剖视图中已经表达清楚的结构,其虚线一般省略不画。

④ 画剖视图时,在机件与剖切面相接触的剖面区域内应画上剖面符号,以便区别机件的实体与空心部分。

⑤ 不同材料的剖面符号见表 2-13。金属材料的剖面符号用与图形主要轮廓线或剖面区域的对称线成 45°且平行的细实线绘制,如图 2-110 所示。

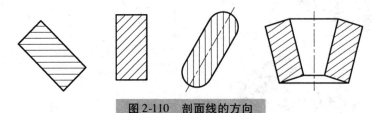

图 2-110　剖面线的方向

表 2-13　材料的剖面符号

金属材料(已有规定剖面符号者除外)		型砂、填砂、粉末冶金、砂轮、陶瓷刀片、硬质合金刀片等		木材纵剖面	
非金属材料(已有规定剖面符号者除外)		钢筋混凝土		木材横剖面	
转子、电枢、变压器和电抗器等的叠钢片		玻璃及供观察用的其他透明材料		液体	
绕圈绕组元件		砖		木质胶合板(不分层数)	
混凝土		基础周围的泥土		格网(筛网、过滤网)	

3. 剖视图的标注

为了便于看图,画剖视图时应将剖切位置、投影方向和剖视图的名称标注在相应的视图上。标注内容一般有以下三个方面:

剖切符号:表示剖切面的位置,在剖切面的起、迄和转折处画上短粗实线(线宽 1 ~ 1.5b,长度 5 ~ 10 mm),并尽可能不与图形的轮廓线相交。

箭头:表示剖切后的投影方向,画在剖切符号的两端,且与剖切符号垂直。

剖视的名称:在剖视图的上方用大写拉丁字母标出剖视图的名称"X-X",在剖切符号处注上同样的字母,并尽可能水平书写。

剖视图的标注如图 2-111 所示。

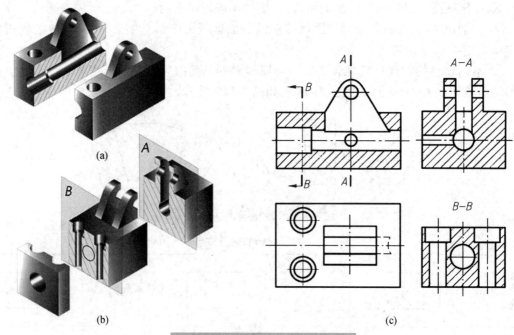

图 2-111 剖视图的配置与标注

下列情况下,剖视图的标注可以简化或省略:

① 当剖视图按投影关系配置,中间又没有其他图形隔开时,可省略箭头,如图 2-111(c)所示。

② 当单一剖切面通过机件的对称平面或基本对称平面,且剖视图按投影关系配置,中间又没有其他图形隔开时,可省略标注。

4. 画剖视图的注意点

① 剖视图只是假想地将机件剖开,实际机件并没有缺少,因此,某个视图画成剖视图后,其他视图不受影响,仍按完整机件画出。

② 作图前,应弄清剖切后的情况。哪些部分移走了?哪些部分留下了?哪些部分切着了?切着部分的截面形状是什么样的?因此,以先标注后画图为宜。

③ 画剖面线时,同一机械图样上的同一金属零件的剖面线方向和间隙应一致。剖面线的间隔应根据剖面区域的大小而定。

 技能训练

确定座体零件的表达方法,绘制座体零件的草图。

座体是带有阶梯孔、光孔和凹槽的零件,在表达时应重点表达该零件内部结构,并兼顾表达其外形。根据零件结构特征,选择如图 2-112 所示方向作为表达座体零件的主视图方向。

将机件沿左右对称中心面剖切,如图 2-113(a)所示,则主视图为全剖视图,如图 2-113(b)所示。

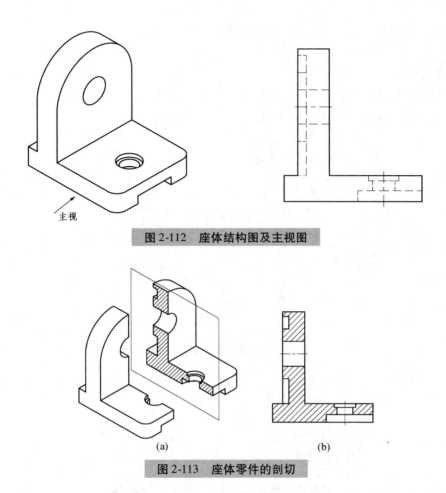

图 2-112 座体结构图及主视图

图 2-113 座体零件的剖切

该座体零件的主视图选择全剖视图,表达零件内部结构,其外形结构分别由俯视图和左视图表示,草图如图 2-114 所示。

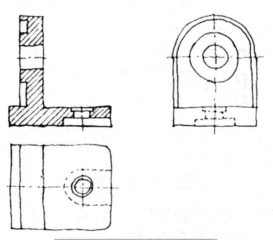

图 2-114 座体的表达方法

该零件为前后对称机件,主视图的剖切位置在前后对称中心面上,所以剖视图的标注可以省略。

步骤二：测量座体零件的尺寸，标注在草图上

 技能训练

复习任务1中关于零件的尺寸测量和尺寸标注的知识。

① 选择基准，标注尺寸线。选择如图2-115所示基准。

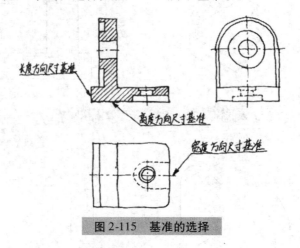

图2-115 基准的选择

根据形体分析，针对各个部分标注定形和定位尺寸的尺寸线，如图2-116所示。

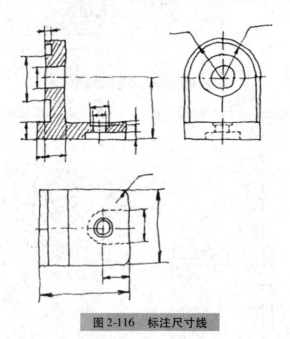

图2-116 标注尺寸线

② 测量座体零件的尺寸，标注在草图上。采用游标卡尺、钢直尺以及内卡、外卡等测量工具，将相应尺寸标注在草图上，如图2-117所示。

③ 标注技术要求。该零件光孔内表面的表面结构要求为 $Ra3.2$，阶梯孔内表面的表面结构要求为 $Ra6.3$，竖板及底板表面以及槽内表面的表面结构要求为 $Ra12.5$，其余表面为非加工面。复习表面结构要求的标注方法，将该零件的表面结构要求标注在图样上，如

图 2-118 所示。

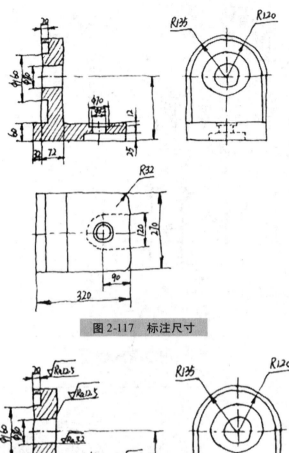

图 2-117 标注尺寸

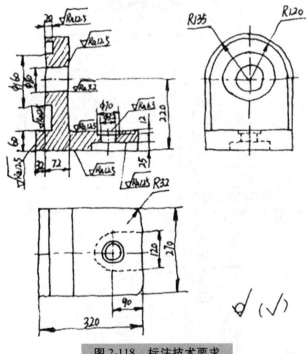

图 2-118 标注技术要求

④ 填写标题栏,完成草图,如图 2-119 所示。

步骤三:绘制座体零件的零件工作图

检查草图,修改错误。利用尺规进行正规作图,如图 2-120 所示。

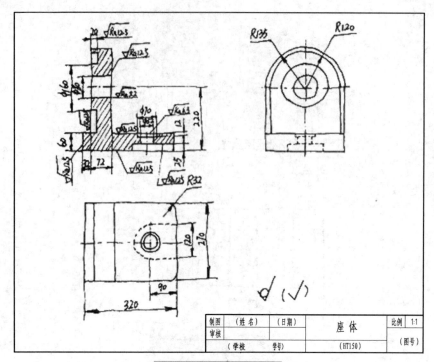

图 2-119　完成草图

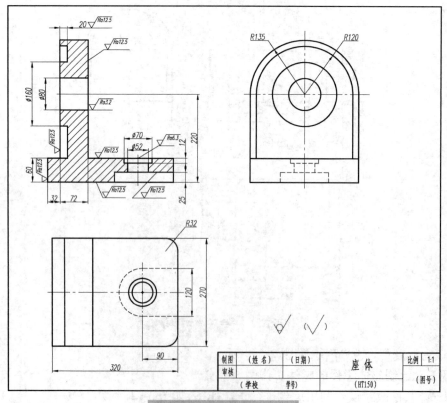

图 2-120　座体的零件图

> 回顾与总结

本任务通过对座体零件的测绘,复习了零件测绘的基本方法和过程,学习了运用剖视图表达零件内部结构的一般方法。

1. 剖视图的画法

剖切位置的选择、剖面符号的用法、剖切断面的画法、剖视图的标注等均为机件表示法中的重要环节,在绘制剖视图时尤其应注意剖切面后面的结构的投影,防止漏线;在剖视图中表达清楚的部分,在其他视图中可以省略,如图 2-121(a)所示,竖板上的光孔与凹槽在主视图中通过剖切表达清楚了,在俯视图中可以省略;视图中表达外部形状的虚线应保留,如图 2-121(b)所示,底板上凹槽的形状在主视图中表达不清晰,俯视图中使用虚线表达该凹槽的真实形状。

2. 灵活进行剖视图的标注

针对不同机件的结构,判断机件的对称性,明确剖切面的具体位置,采用灵活的剖切方法,能够省略的剖视标注一律省略。

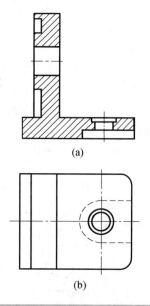

图 2-121 剖视图中的虚线

> 知识拓展

铸造零件的工艺结构

1. 拔模斜度

用铸造的方法制造零件毛坯时,为了便于在型砂中取出模型,一般起模方向的内外壁上应有适当斜度,称为拔模斜度,一般为 3°~5°。拔模斜度在图上可以不标注,也不一定画出,如图 2-122 所示。必要时,可以在技术要求中用文字说明。

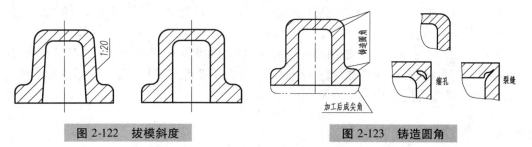

图 2-122 拔模斜度　　　　图 2-123 铸造圆角

2. 铸造圆角

在铸件毛坯各表面相交的转角处,都有铸造圆角,如图 2-123 所示。这样既能方便起模,又能防止浇铸铁水时将砂型转角冲坏,还可以避免铸件在冷却时产生裂缝或缩孔。铸造圆角的大小一般为 R3~R5,铸造圆角在图上一般不标注,常集中注写在技术要求中。当有一个表面加工后圆角被切去,此时应画成尖角。

3. 壁厚

在浇铸零件时,为了避免各部分因冷却速度的不同而产生缩孔或裂缝,铸件各部分壁厚应尽量均匀,在不同壁厚处应使厚壁与薄壁逐渐过渡,如图 2-124 所示。

图 2-124　铸件壁厚

4. 过渡线

由于两个非切削表面相交处一般均做成圆角过渡,所以两表面的交线就变得不明显,这种交线称为过渡线。当过渡线的投影和面的投影重合时,按面的投影绘制;当过渡线的投影不与面的投影重合时,过渡线按其理论交线的投影绘出,但线的两端要与其他轮廓线断开,如图 2-125 所示。

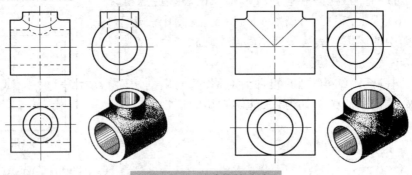

图 2-125　过渡线的画法

任务 5　阶梯轴的测绘

▶知识点:曲面立体的投影,机件的表达方法——断面图、局部剖视图,螺纹的基本知识——外螺纹。

▶技能点:熟练掌握草图绘制的一般方法;学会轴类零件的表达方案的确定;学会用量具进行零件测量;学会选择基准,按照零件加工的顺序进行尺寸标注;能够标注简单的技术要求,了解轴类零件的结构。

任务要求

如图 2-126 所示,零件为轴类零件,材料为 45 号钢。该零件在车床上加工而成,具有机械加工零件的工艺结构。该零件带有键槽的轴颈,表面结构要求为 $Ra1.6$ μm,尺寸公差要求为 ±0.008 mm,键槽的表面结构要求为 $Ra6.3$ μm;其两侧较小的轴颈表面结构要求为 $Ra3.2$ μm,相对于带键槽轴的轴线的表面圆跳动的公差值为 0.04 μm,该两轴颈处与轴承相配合有尺寸公差的要求 $_{-0.087}^{-0.025}$ mm;右端方轴颈表面结构要求为 $Ra6.3$ μm,其两侧的槽为工艺槽,右侧工艺槽的表面结构要求为 $Ra6.3$ μm,最右端外螺纹的中径和顶径公差带代号为 6g;该轴件加工完成后除螺纹结构外其他部位还要进行表面热处理,使得其硬度达到 45~50HRC,并做发蓝处理。

简单零件的测绘及图样识读 模块 2

图 2-126　阶梯轴结构图

任务分析

本零件要求对阶梯轴进行测绘,需要学习回转体的投影方法——圆柱的投影、圆柱的截交线及相贯线;轴类零件的表达方法——局部剖视、移出断面、简化画法等,确定该零件的表达方案;懂得机械加工零件的工艺结构,能够标注简单的技术要求,学会零件图中的尺寸标注方法。

任务实施

步骤一:分析阶梯轴的结构,确定该轴的表达方法,绘制阶梯轴的草图

结构分析,如图 2-127 所示。

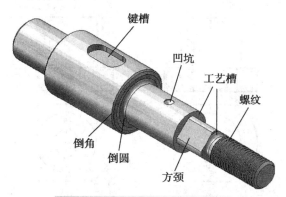

图 2-127　阶梯轴结构分析图

该轴由五段直径不同的轴颈组成,轴上的键槽、螺纹、轴肩、凹坑等是轴类零件常见的结构,其中键槽的作用是用于键连接,螺纹用于轴上零件的轴向并紧和固定,轴肩用于轴上零件的轴向定位,凹坑则用于轴上零件的轴向固定;而轴上的倒角、倒圆、工艺槽等为机加工零件的典型工艺结构,目的是为了零件装配方便、加工方便和减少加工应力等。

知识学习

(一)局部剖视图

用剖切面局部地剖开机件所得到的剖视图,称为局部剖视图,如图 2-128 所示。

103

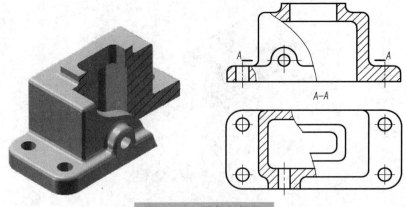

图 2-128 局部剖视图

局部剖视图的标注与全剖视图相同,剖切位置明显的单一剖切面的局部剖视图,一律省略标注。

（1）局部剖视图适用的情况

① 机件仅有部分内形需要表达,不必或不宜采用全剖视图时。

② 不对称物体既要表达内形又要保留外形时。

③ 内外形结构均要表达的对称机件,但其轮廓线与对称中心线重合,不宜采用半剖视图时（图 2-129）。

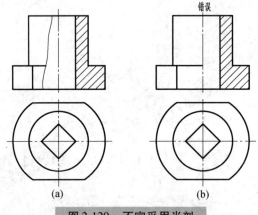

图 2-129 不宜采用半剖

（2）局部剖视图的画法

① 局部剖视图中,视图和剖视的分界线为波浪线。

② 波浪线不应与图形上其他图线重合,不能画在轮廓线的延长线上,也不可以画到实体以外,如遇到通孔、通槽等结构,波浪线应在该处断开,如图 2-130 所示。

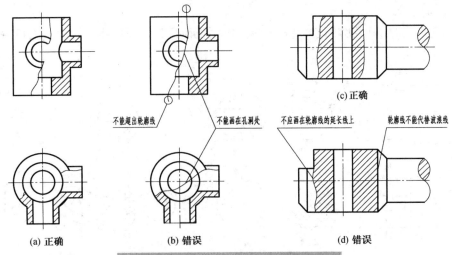

图 2-130 局部剖视图中波浪线的画法

（二）断面图

假想用剖切面将机件的某处切断，仅画出剖切面与机件接触部分的图形，称为断面图，简称断面，如图 2-131 所示。

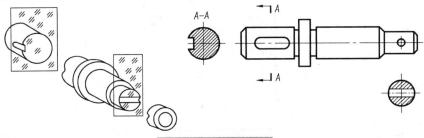

图 2-131 断面图

断面图与剖视图的区别：断面图仅画出机件被剖切断面的形状，而剖视图除画出剖切处断面的形状外，剖切平面后面的其他可见轮廓也要画出，如图 2-132 所示。

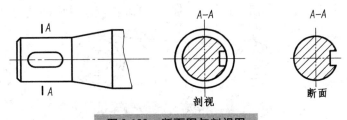

图 2-132 断面图与剖视图

按配置位置不同，断面图分为移出断面和重合断面两种。

1．移出断面

画在视图外面的断面，称为移出断面。

（1）画法

移出断面的轮廓线用粗实线绘制，如图 2-131 所示。

当剖切平面通过由回转面形成的孔或凹坑的轴线时，这些结构应按剖视绘制，如

图 2-133(a)所示。

当剖切面通过非圆孔会导致完全分离的两个断面图时,则这些结构也应按剖视绘制,如图 2-133(b)所示。

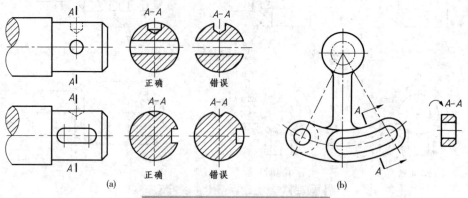

图 2-133 按剖视绘制的断面图

为了表达断面的实形,剖切平面应与机件的主要轮廓线垂直,必要时可采用两个(或多个)相交的剖切面剖开机件,这种移出断面图中间应断开,如图 2-134 所示。

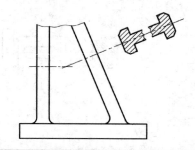

图 2-134 两个相交的剖切平面剖切的移出断面

(2) 配置

移出断面一般配置在剖切符号的延长线上,也可按投影关系配置,必要时也允许将移出断面配置在其他适当位置,当断面图形对称时,也可画在视图的中断处,如图 2-135 所示。

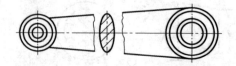

图 2-135 移出断面配置在视图中断处

(3) 标注

移出断面的标注见表 2-14。

表 2-14 移出断面的配置与标注

配置在剖切符号延长线上对称的移出断面		省略标注
配置在剖切符号延长线上不对称的移出断面		省略字母
按投影关系配置的移出断面		省略箭头
配置在其他位置对称的移出断面		省略箭头
配置在其他位置不对称的移出断面		标注完整

2. 重合断面

画在视图轮廓线之内的断面图,称为重合断面。

(1) 画法

重合断面图的轮廓线用细实线绘制。当视图中的轮廓线与重合断面图形重合时,视图中的轮廓线仍应连续画出,不可间断,如图 2-136 所示。

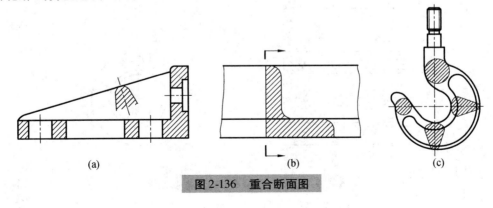

图 2-136 重合断面图

(2）标注

对称的重合断面图不必标注,不对称的重合断面图需画出剖切符号和箭头,字母可省略,如图 2-136（b）所示。

（四）简化画法

机件上的较小结构,如在一个图形中已表达清楚,其他图形可简化或省略,如图 2-137 所示。

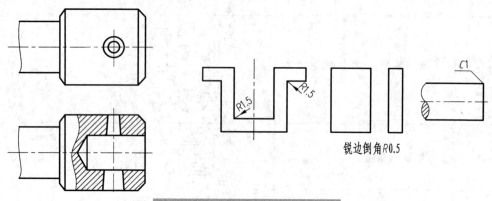

图 2-137　较小结构的简化画法

当图形不能充分表示平面时,可用平面符号（相交的两条细实线）表示,如图 2-138 所示。

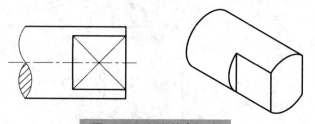

图 2-138　平面的表示法

采用第三角投影的简化画法,如图 2-139 所示。

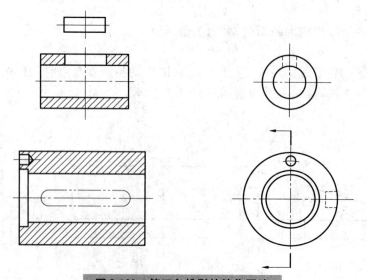

图 2-139　第三角投影的简化画法

（五）机械加工零件的工艺结构

1. 圆角和倒角

阶梯的轴和孔，为了在轴肩、孔肩处避免应力集中，常以圆角过渡。轴和孔的端面上加工成45°或其他度数的倒角，其目的是为了便于安装和操作安全。轴、孔的标准倒角和圆角的尺寸可由 GB/T 6403.4—2008 查得，其尺寸标注方法如图 2-140 所示。零件上倒角尺寸全部相同且为45°时，可在图样右上角注明"全部倒角 Cx（x 为倒角的轴向尺寸）"；当零件倒角尺寸无一定要求时，则可在技术要求中注明"锐边倒钝"。

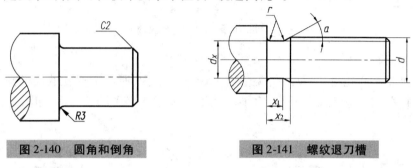

图 2-140　圆角和倒角　　　图 2-141　螺纹退刀槽

2. 退刀槽和越程槽

在切削加工中，为保护加工刀具和刀具方便退出，以及装配时两零件表面能紧密接触，一般在零件的加工表面的台肩处先加工出退刀槽或越程槽。常见的有螺纹退刀槽（图 2-141）、砂轮越程槽、刨削越程槽等。图中的数据可从标准中查取。

退刀槽的尺寸标注形式，一般可按"槽宽×直径"或"槽宽×槽深"标注。砂轮越程槽一般用局部放大图画出，尺寸标注如图 2-142 所示。

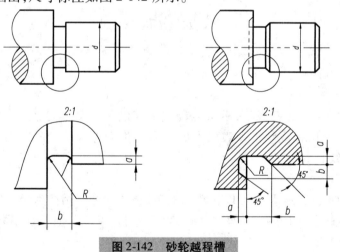

图 2-142　砂轮越程槽

3. 凸台与凹坑

零件上与其他零件接触或配合的表面一般应切削加工。为了减少加工面、保持良好的接触和配合，常在接触面处设计凸台或凹坑。同一平面上的凸台，应尽量同高，以便于加工，如图 2-143 所示。

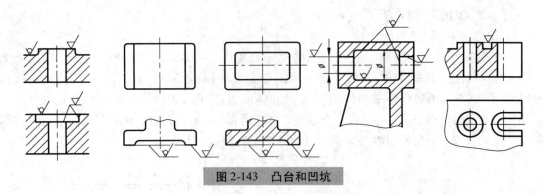

图 2-143 凸台和凹坑

4. 钻孔结构

用钻头加工不通孔时,由于钻头尖部有 120°的圆锥面,所以不通孔的底部总有一个 120°的圆锥面。扩孔加工也将在直径不等的两柱面孔之间留下 120°的圆锥面,如图 2-144 所示。

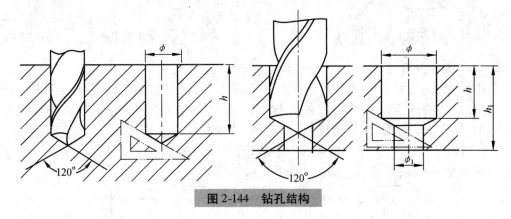

图 2-144 钻孔结构

(六) 螺纹

1. 螺纹的基本知识

(1) 螺纹的形成

螺纹是在圆柱或圆锥表面上,沿着螺旋线形成的具有规定牙型(三角形、梯形或矩形等)的连续凸起。在圆柱或圆锥外表面形成的螺纹称为外螺纹,在圆柱或圆锥内表面形成的螺纹称为内螺纹。

(2) 螺纹的加工

形成螺纹的加工方法很多,可以在车床上车削螺纹;可以用搓丝板(滚压)加工螺纹;可以用板牙加工螺纹;可以用丝锥攻丝加工内螺纹。用丝锥攻丝时,应先用钻头钻孔,再用丝锥攻丝,如图 2-145 所示。

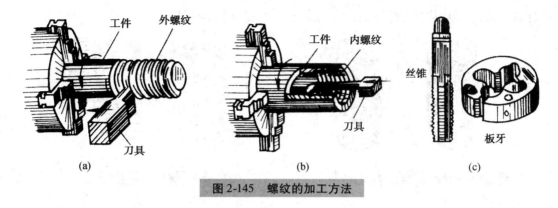

图 2-145 螺纹的加工方法

（3）螺纹五要素

在车削螺纹时需要知道下列五个结构要素：

① 牙型。通过螺纹轴线断面上的螺纹轮廓形状称为螺纹牙型。常见的螺纹牙型有三角形、梯形、锯齿形和矩形。其中，矩形螺纹尚未标准化，其余牙型的螺纹均为标准螺纹。

② 直径。螺纹的直径有大径、小径和中径（图 2-146）。

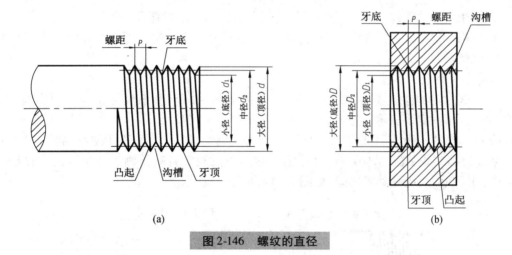

图 2-146 螺纹的直径

大径是指与外螺纹牙顶或内螺纹牙底相切的假想圆柱或圆锥的直径（即螺纹的最大直径），内、外螺纹的大径分别用 D 和 d 表示，是螺纹的公称直径。

小径是指与外螺纹牙底或内螺纹牙顶相切的假想圆柱或圆锥的直径。内、外螺纹的小径分别用 D_1 和 d_1 表示。

中径是指母线通过牙型上沟槽和凸起宽度相等处的假想圆柱或圆锥的直径。内、外螺纹的中径分别用 D_2 和 d_2 表示。

③ 线数。螺纹有单线和多线之分。沿一条螺旋线形成的螺纹为单线螺纹；沿两条或两条以上螺旋线形成的螺纹为双线或多线螺纹，如图 2-147 所示。

④ 螺距和导程。螺纹上相邻两牙在中径线上对应两点间的轴向距离称为螺距（P）；沿同一条螺旋线形成的螺纹，相邻两牙在中径线上对应两点间的轴向距离称为导程（L），如图 2-147 所示。对于单线螺纹，$L=P$；对于线数为 n 的多线螺纹，$L=n\times P$。

⑤ 旋向。螺纹有右旋和左旋两种，判别方法如图 2-148 所示。右旋用右手，左旋用左

手,四指为旋向,大拇指为螺纹前进方向。工程上常用右旋螺纹。

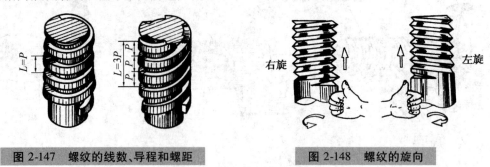

图 2-147 螺纹的线数、导程和螺距　　　　图 2-148 螺纹的旋向

（4）螺纹分类

螺纹按用途可分为四类。

① 紧固连接用螺纹：简称紧固螺纹,用来连接零件的连接螺纹,如应用最广的普通螺纹。

② 传动用螺纹：简称传动螺纹,用来传递动力和运动的螺纹,如梯形螺纹、锯齿形螺纹和矩形螺纹等。

③ 管用螺纹：简称管螺纹,如55°非密封管螺纹、55°密封管螺纹等。

④ 专门用途螺纹：简称专用螺纹,如自攻螺钉用螺纹、木螺钉螺纹和气瓶专用螺纹等。

2. 螺纹的规定画法

（1）单个螺纹的画法

① 外螺纹的画法。如图 2-149 所示,螺纹的牙顶（大径）和螺纹终止线用粗实线表示；牙底（小径）用细实线表示。通常,小径按大径的 0.85 倍画出,即 $d_1 \approx 0.85d$。在平行于螺纹轴线的视图中,表示牙底的细实线应画入倒角或倒圆部分。在垂直于螺纹轴线的视图中,表示牙底的细实线只画约 3/4 圈,此时螺纹的倒角按规定省略不画。在螺纹的剖视图（或断面图）中,剖面线应画到粗实线,如图 2-149(b)、(c)所示。

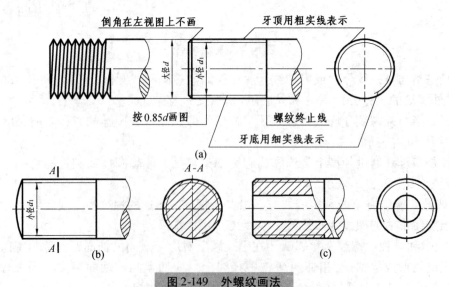

图 2-149 外螺纹画法

② 内螺纹的画法。在视图中，内螺纹若不可见，所有图线均用虚线绘制。

a. 在剖视图中，对于穿通的螺纹，如图 2-150 所示，螺纹的牙顶（小径）及螺纹终止线用粗实线表示；牙底（大径）用细实线表示，剖面线画到粗实线处。在投影为圆的视图中，表示牙底的细实线圆只画约 3/4 圈，倒角圆省略不画。对于不穿通的螺孔，应分别画出钻孔深度 H 和螺纹长度 L（图 2-151），钻孔深度比螺纹深度深 $0.2\sim0.5D$（D 为螺孔大径）。

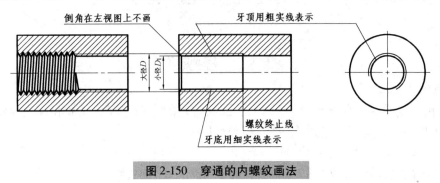

图 2-150　穿通的内螺纹画法

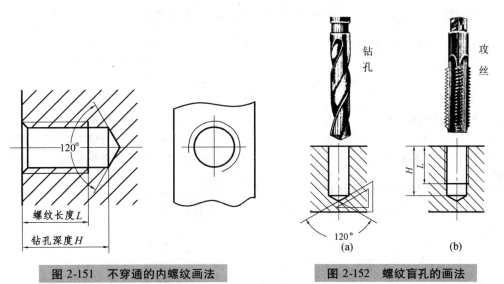

图 2-151　不穿通的内螺纹画法　　　图 2-152　螺纹盲孔的画法

b. 不钻通的小直径螺纹孔（也叫螺纹盲孔），一般制造的工序是先用钻头钻孔，如图 2-152（a）所示，然后用丝锥在孔的内壁攻出螺纹，如图 2-152（b）所示。由于钻头端部是 118°的锥面，所以钻孔底部也是一个 118°的锥面，画图时简化为 120°。

c. 盲孔的螺纹部分的长度 L 包括螺尾在内，其尺寸可在 GB/T 3—1997 中查出。

（2）旋合螺纹的画法

内、外螺纹总是成对使用的，只有当内、外螺纹的五个结构要素完全一致时，才能正常地旋合，如图 2-153 所示。内、外螺纹旋合后，旋合部分按外螺纹画，其余部分仍按各自的画法表示。必须注意，表示大、小径的粗实线和细实线应分别对齐。

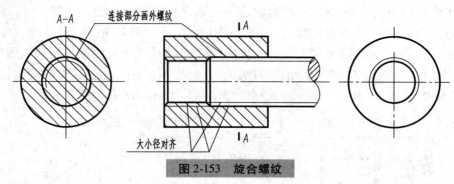

图 2-153 旋合螺纹

3. 螺纹的标注

螺纹按规定画法简化画出后,在图上不能反映它的牙型、螺距、线数和旋向等结构要素,因此,必须按规定的标记在螺纹大径中进行标注。

(1) 常见标准螺纹的螺纹代号

① 普通螺纹、梯形螺纹和锯齿形螺纹的螺纹标记的结构为:

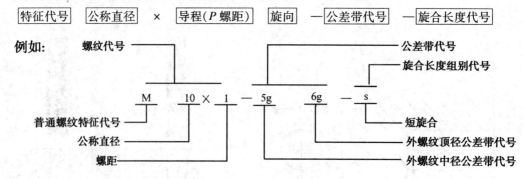

② 管螺纹的螺纹标记的构成为:

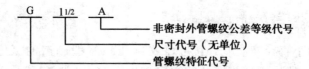

(2) 注写螺纹标记时的注意点

① 普通螺纹的螺距有粗牙和细牙两种,粗牙螺距不标注,细牙必须注出螺距。

② 左旋螺纹要注写 LH,右旋螺纹不注。

③ 螺纹公差带代号包括中径和顶径公差带代号,如 5g、6g,前者表示中径公差带代号,后者表示顶径公差带代号。如果中径与顶径公差代号相同,则只标注一个代号。

④ 普通螺纹的旋合长度规定为短(S)、中(N)、长(L)三组,中等旋合长度(N)不必标注。

⑤ 55°非密封管螺纹的内螺纹和 55°密封管螺纹的内、外螺纹仅一种公差等级,公差等级代号省略不注,如 R_{c1}。55°非密封管螺纹的外管螺纹有 A、B 两种公差等级,螺纹公差等

级代号标注在尺寸代号之后,如 G1½ A—LH。

(3) 常用螺纹的标注示例(表 2-15)

表 2-15 常用螺纹的标注示例

螺纹类别		特征代号	标注示例	说 明
连接螺纹	普通螺纹	M	粗牙 M10-6g / M10-6H	粗牙普通螺纹,公称直径 10,螺距 1.5(查表获得),右旋;外螺纹中径和顶径公差带代号都是 6g;内螺纹中径和顶径公差带代号都是 6H;中等旋合长度。
			细牙 M8×1LH-6g / M8×1LH-7H	细牙普通螺纹,公称直径 8,螺距 1,左旋;外螺纹中径和顶径公差带代号都是 6g;内螺纹中径和顶径公差带代号都是 7H;中等旋合长度。
	管螺纹	G	55°非密封管螺纹 G1A / G3/4	55°非密封管螺纹,外管螺纹的尺寸代号为 1,公差等级为 A 级;内管螺纹的尺寸代号为 3/4。内螺纹公差等级只有一种,省略不标注。
			55°密封管螺纹 R₂1/2 / Rc3/4-LH	55°密封管螺纹,特征代号 R₂ 为圆锥外螺纹,尺寸代号为 1/2,右旋,与圆锥内螺纹配合;特征代号 Rc 为圆锥内螺纹,尺寸代号为 3/4,左旋;公差等级只有一种,省略不标注。Rp 是圆柱内螺纹的特征代号,与其配合的圆锥外螺纹的特征代号为 R₁。
传动螺纹	梯形螺纹	Tr	Tr40×7-7e	梯形外螺纹,公称直径 40,单线,螺距 7,右旋;中径公差带代号 7e;中等旋合长度。
	锯齿形螺纹	B	B32×6-7e	锯齿形外螺纹,公称直径 32,单线,螺距 6,右旋;中径公差带代号 7e;中等旋合长度。

技能训练

确定阶梯轴的表达方法，绘制草图

零件的视图选择，应在分析零件结构形状特点的基础上，选用适当的表达方法表达零件各部分的结构形状。为了能完整、清晰地表达出零件的结构形状，应详细考虑主视图的选择和视图等问题。视图选择的基本原则是：在完整、清晰地表达零件内外形状的前提下，尽量减少图形数量，以便于画图和看图。主视图是零件图中的核心，主视图的选择恰当与否将影响到其他视图的投射方向、位置、数量，以及看图、绘图是否方便。因此，在选择主视图时，要考虑以下原则：

① 形状特征原则。以最能反映出零件的形状和结构特征及各形体间的相互位置关系的方向作为主视图的投射方向。

② 位置原则。零件的位置原则包括工作位置原则和加工位置原则。

工作位置原则：工作位置是指零件装配在机器或部件中工作时的位置。主视图应尽量符合零件在机器上的工作位置，这样容易想象零件在机器或部件中的作用，也便于装配时按图对照零件的安放位置。

加工位置原则：零件在机械加工时主要工序的位置或加工前在毛坯上画线时的主要位置。主视图应符合加工位置原则，这样便于对照图样进行生产。

根据零件表达的位置原则，确定将该轴的加工位置作为投影位置，即轴线水平放置，如图 2-154 所示。

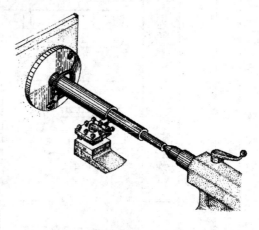

图 2-154　轴线水平放置图

通过结构分析，我们知道轴上具有键槽、凹坑、螺纹、倒角、倒圆、方颈及工艺槽等结构，主视图选择轴线水平方向，采用局部剖视表达键槽和凹坑，如图 2-155 所示。

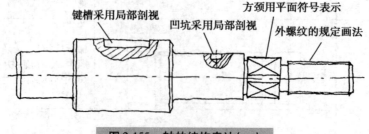

图 2-155　轴的结构表达（一）

在图中键槽的形状和深度、方颈的结构以及螺纹左侧工艺槽的结构均未表达清楚，因此需要选择断面图、局部放大图及第三角的简化画法来补充表达轴上的结构。该轴的草图表达如图 2-156 所示。

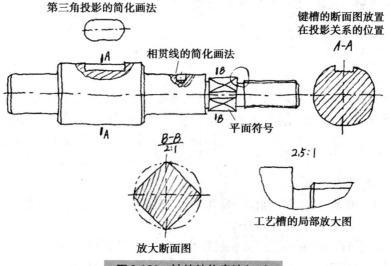

图2-156 轴的结构表达(二)

注：

① 在绘制移出断面图时注意图形的对称性和断面图的放置部位，标注要正确。

② 局部放大图的表达方法可以根据表达需要进行选择，放大的倍数也可以根据需要进行选择。

③ 其他视图的选择原则是：配合主视图，在完整、清晰地表达出零件结构形状的前提下，尽可能减少视图的数量。配置其他视图时应注意以下四点：

先选用基本视图表达零件的外部形状，并在基本视图上作适当的剖视、断面，以表达零件的内部结构；

所选视图应表达主视图中还没有表达清楚的部分，并且有其重点表达内容。各个视图相互配合、互相补充，表达内容尽量避免重复；

对尚未表达清楚的局部形状和细小结构，补充必要的局部视图和局部放大图；

能采用省略、简化方法表达的地方要尽量采用省略和简化方法。

④ 零件的制造缺陷如砂眼、气孔、刀痕以及长期使用所产生的磨损等，测绘时不应画出，应予以修正。

⑤ 零件上的工艺结构，如铸造圆角、倒角、倒圆角、凸台、凹坑、工艺槽、中心孔等都必须画出，不得省略。

步骤二：测量阶梯轴的尺寸，标注在草图上

知识学习

零件图的尺寸标注

零件图上标注的尺寸是制造和检验零件的重要依据。因此，零件图上标注的尺寸除要正确、完整、清晰外，还必须使标注的尺寸既符合零件的设计要求，又便于制造和检验。要做到标注尺寸合理，需要较多机械设计和机器制造方面的知识。下面介绍一些合理标注尺寸的基本知识。

1. 合理选择尺寸基准

零件在设计、制造、检验时，标注或定位尺寸的起点为尺寸基准。根据基准的作用不同，分为设计基准、工艺基准、测量基准等。

设计基准：设计时确定零件表面在机器中的位置所依据的点、线、面。

工艺基准：加工制造时，确定零件在机床或夹具中的位置所依据的点、线、面。

测量基准：测量某些尺寸时，确定零件在量具中的位置所依据的点、线、面。

零件的长、宽、高三个方向都有一个主要尺寸基准，在同一方向还有辅助基准，如图 2-157 所示。标注尺寸时要合理地选择尺寸基准，从基准出发标注定位、定形尺寸。选择尺寸基准应考虑零件的结构特点、工作性能和设计要求，以及零件的制造和测量等方面的基准要求。

主要基准应与设计基准和工艺基准重合，工艺基准应与设计基准重合，这一原则称为"基准重合原则"。当工艺基准与设计基准不重合时，主要基准要与设计基准重合。

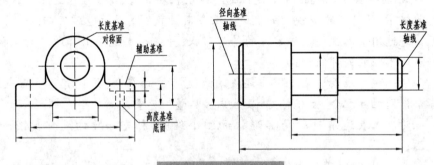

图 2-157　尺寸基准

常用的基准为设计基准或工艺基准的点、线、面，如图 2-157 所示零件的制造和测量等方面的基准要求。

基准面：有底板的安装面、重要的端面、装配结合面、零件的对称平面等。

基准线：有回转体的轴线等。

2. 重要的尺寸应直接注出

制造好的零件存在着尺寸误差，为了使零件的重要尺寸不受其他尺寸公差的影响，应在零件图中直接注出重要尺寸。同是一个零件，由于尺寸注法不同，最后加工出来的零件的尺寸，就会有不同的结果。

图 2-158 为坐标注法。标注的尺寸从一个基准出发，其轴肩到基准面的尺寸精度，不受

其他尺寸影响,这是坐标注法的优点。A、B 段的轴长尺寸分别受两个尺寸误差的影响。很明显,这两段尺寸应是不重要的尺寸。

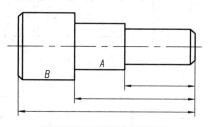

图 2-158 坐标注法

图 2-159 为链状注法。标注的尺寸依次注成链状,每段轴长的尺寸误差不受其他尺寸影响,这是链状注法的优点,但轴的总长受三段轴长误差的影响。

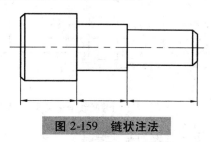

图 2-159 链状注法

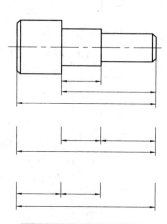

图 2-160 综合注法

图 2-160 为综合注法。它具有坐标注法和链状注法两种优点,因此零件的尺寸常采用综合注法,并根据零件设计和制造工艺的要求有多种标注形式。

3. 不能注成封闭尺寸链

如图 2-161(a)所示,尺寸是同一方向串联并头尾相接组成封闭的图形,称为封闭尺寸链。因为尺寸 A 比较重要,而尺寸 A 受到尺寸 B、C 的影响而难以保证,所以不能注成封闭尺寸链。解决的办法:可将不重要的尺寸 B 去掉,那么尺寸 A 就不受尺寸 C 的影响,A、C 尺寸的误差都可积累到不注尺寸的部位上,如图 2-161(b)所示。

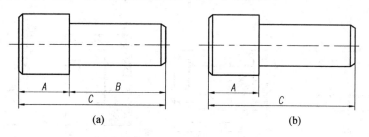

(a)　　　　　　　　　　(b)

图 2-161 不注封闭尺寸链法

4. 尺寸标注应符合加工顺序和便于测量

按照零件的加工顺序标注尺寸,便于看图和测量,有利于保证加工精度,如图 2-162 所示。

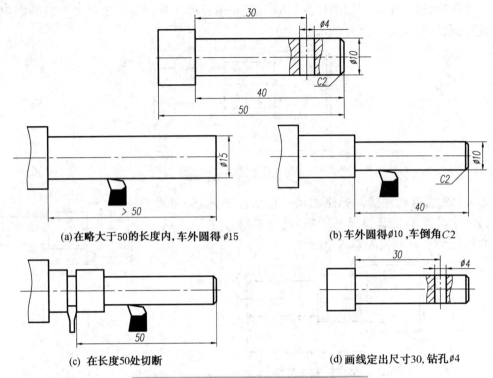

图 2-162 零件结构尺寸以及加工顺序图

考虑便于制造和测量,根据图 2-163、图 2-164 进行尺寸标注。

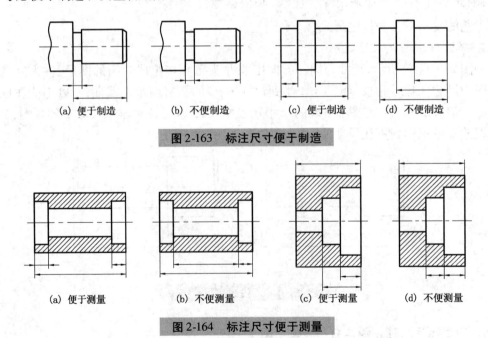

图 2-163 标注尺寸便于制造

图 2-164 标注尺寸便于测量

技能学习

复习任务 1 中常用测量工具的使用方法及测量方法。

学习外螺纹的测量方法。可用游标卡尺测量大径,用螺纹规测得螺距,或用钢直尺测得几个螺距后,取其平均值。然后根据测得的大径和螺距查对螺纹标准,最后确定所测螺纹的规格,如图 2-165 所示。

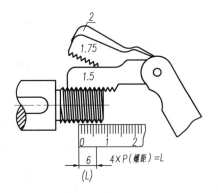

图 2-165 外螺纹测量方法

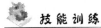 **技能训练**

1. 选择基准,标注尺寸线

该轴类零件为传动轴,带键槽的轴颈处与传动齿轮相配合,其右轴肩可以选为轴向的主要基准,用来确定键槽和凹坑的定位基准,而零件的右端面作为加工和测量轴向尺寸的第一辅助基准,如图 2-166 所示。

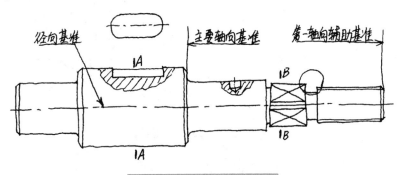

图 2-166 轴上尺寸基准

由设计与制造的要求,可根据加工顺序确定各部位尺寸,标注尺寸线,如图 2-167 所示。

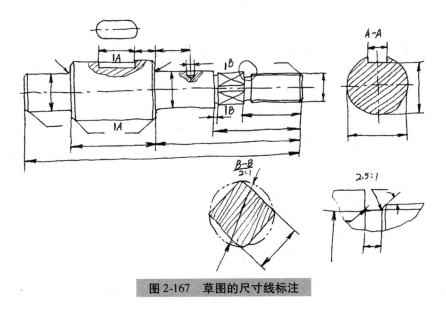

图 2-167 草图的尺寸线标注

2. 测量轴的尺寸，标注在草图上

使用游标卡尺测量螺纹的大径：$d = 21.96$ mm。

使用钢直尺测量 6 个螺距的距离：$6P = 15.2$ mm，则 $P = 2.53$ mm。

根据测量结果，大径 $d = 21.96$ mm，螺距 $P = 2.53$ mm，查附表螺纹标准参数，得公称直径 $d = 22$ mm，螺距 $P = 2.5$ mm，为普通粗牙螺纹，标记为 M22 $-$ 6g。

采用游标卡尺、钢直尺以及内卡、外卡等测量工具测量轴上其余尺寸，并将相应尺寸标注在草图上，如图 2-168 所示。

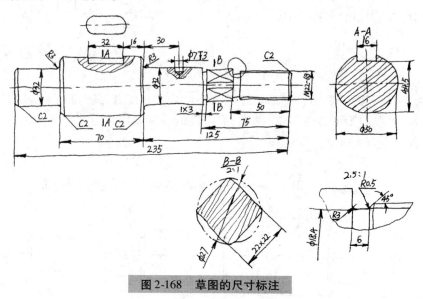

图 2-168　草图的尺寸标注

注意：

测量尺寸时应在画好视图、注全尺寸界线和尺寸线后集中进行，切忌画一个尺寸，测量一个尺寸，填写一个尺寸数字。

步骤三：根据阶梯轴的技术要求，标注相应的技术要求

知识学习

1. 零件图上的技术要求

技术要求是制造和检验时应该达到的标准。它主要包括表面结构要求、尺寸极限与公差配合、表面形状公差和位置公差、表面处理、热处理、检验等要求。技术要求的标注一般应采用规定的代号、符号、数字和字母等标注在图上。需要文字说明的，可在图样右下方空白处注写。如图 2-169 所示为技术要求标注完整的零件图样。

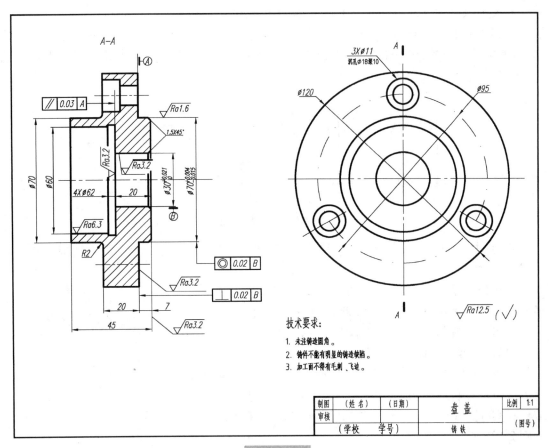

图 2-169

2. 尺寸公差与配合

(1) 极限与配合的概念

在成批或大量生产中,要求零件具有互换性,即当装配一台机器或部件时,只要在一批相同规格的零件中任取一件装配到机器或部件上,不需修配加工就能满足性能要求。零件在制造过程中其尺寸不可能做得绝对准确,只能根据尺寸的重要程度对其规定允许误差范围,即公差要求。互换性原则在机器制造中的应用,大大简化了零件、部件的制造和装配过程,使产品的生产周期显著缩短,不但提高了劳动生产率,降低了生产成本,便于维修,而且保证了产品质量的稳定性。

(2) 公差的有关术语和定义

① 基本尺寸:零件设计时,根据性能和工艺要求,通过必要的计算和实验确定的尺寸,如图 2-170 中的 $\phi50$。

② 极限尺寸:允许零件实际尺寸变化的两个极限值。实际尺寸应位于其中,也可达到极限尺寸。两个极限值中,大的一个称最大极限尺寸,小的一个称最小极限尺寸,如图 2-170 中孔的最大极限尺寸为 $\phi50.007$,最小极限尺寸为 $\phi49.982$。

③ 尺寸偏差:某一尺寸(实际尺寸、极限尺寸等)减去基本尺寸所得的代数差,其中上偏差和下偏差称极限偏差。

最大极限尺寸 – 基本尺寸 = 上偏差;最小极限尺寸 – 基本尺寸 = 下偏差。

孔和轴的上偏差分别以 ES 和 es 表示;孔和轴的下偏差分别以 EI 和 ei 表示。需要指出:偏差可能是正的,也可能是负的,甚至可能是零。如图 2-170 所示中孔直径的上偏差为 +0.007,下偏差为 -0.018。

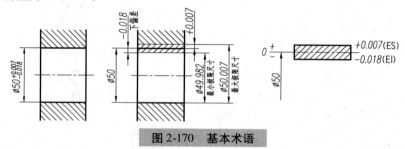

图 2-170　基本术语

④ 尺寸公差(简称公差):允许尺寸的变动量,可表示为尺寸公差 = 最大极限尺寸 – 最小极限尺寸。

尺寸公差是一个没有符号的绝对值。图 2-170 中孔直径的尺寸公差为 $\phi50.007 - \phi49.982 = 0.025$。

⑤ 零线:在极限与配合图解中,表示基本尺寸的一条直线,以其为基准确定偏差和公差。

⑥ 公差带:在公差带图解中,由代表上偏差和下偏差或最大极限尺寸和最小极限尺寸的两条直线所限定的一个区域。在实际工作中,常将示意图抽象简化为公差带示意图,如图 2-171 所示。

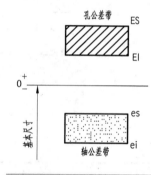

图 2-171　公差带示意图

(3) 配合

配合是基本尺寸相同,相互结合的孔、轴公差带之间的关系。根据使用要求不同,孔和轴装配可能出现不同的松紧程度,由此国家标准规定配合分为三类:间隙配合、过盈配合和过渡配合。

① 间隙配合指任取一对基本尺寸相同的轴和孔相配,当孔的尺寸减轴的尺寸为正或零时的配合。此时孔的公差带在轴的公差带之上,如图 2-172 所示。

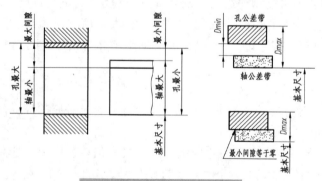

图 2-172　间隙配合公差带

② 过盈配合指任取一对基本尺寸相同的轴和孔相配,当孔的尺寸减轴的尺寸为负或零时的配合。此时轴的公差带在孔的公差带之上,如图 2-173 所示。

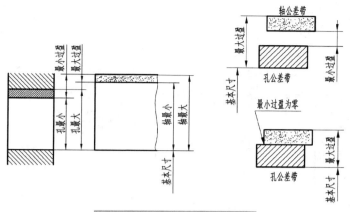

图2-173 过盈配合公差带

③ 过渡配合指任取一对基本尺寸相同的轴和孔相配,当孔的尺寸减轴的尺寸可能为正也可能为负时的配合。此时孔的公差带和轴的公差带相互重叠,如图2-174所示。

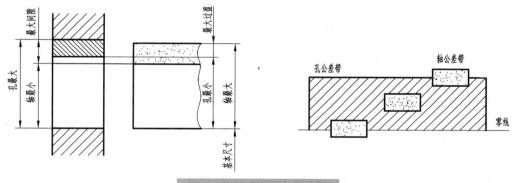

图2-174 过渡配合公差带

(4)标准公差(IT)和基本偏差

GB/T 1800.2—2009 中规定,公差带是由标准公差和基本偏差组成的。标准公差确定公差带的大小,基本偏差确定公差带的位置。

① 标准公差。公差是国标中用来确定公差带大小的标准化数值。国家标准中标准公差按基本尺寸范围和标准公差等级确定,分20个级别,即 IT01、IT0、IT1 至 IT18。随着公差等级的增大,尺寸的精确程度依次降低,公差数值依次增大,其中 IT01 级精度最高,IT18 级最低。对一定的基本尺寸而言,公差等级越高,公差数值越小,尺寸精度越高。属于同一公差等级的公差数值,基本尺寸越大,对应的公差数值越大,但被认为具有同等的精确程度。

② 基本偏差。基本偏差是确定公差带相对零线位置的那个极限偏差,它可以是上偏差或下偏差,一般指靠近零线的那个偏差。当公差带在零线上方时,基本偏差为下偏差;反之,则为上偏差。国家标准规定了孔、轴基本偏差代号各有28个。大写字母代表孔的基本偏差代号,A~H 为下偏差,J~ZC 为上偏差,JS 对称于零线,其基本偏差为 +IT/2 或 -IT/2;小写字母代表轴的基本偏差代号,a~h 为上偏差,j~zc 为下偏差,js 对称于零线,其基本偏差为 +IT/2 或 -IT/2,如图2-175所示。基本偏差数值可从国家标准和有关手册中查得。

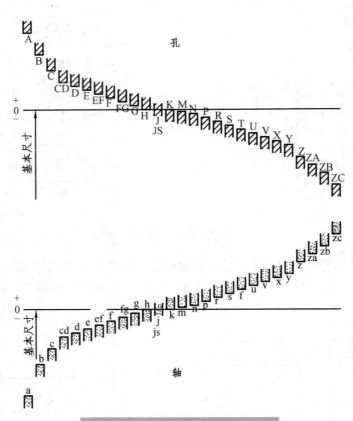

图 2-175 孔和轴的基本偏差系列

（5）配合制

在制造配合的零件时，如果孔和轴两者都可以任意变动，则情况变化极多，不便于零件的设计和制造。使其中一种零件基本偏差固定，通过改变另一种零件的基本偏差来获得各种不同性质配合的制度称为配合制。

国家标准规定配合制度有基孔制配合和基轴制配合。基孔制配合是基本偏差为一定的孔公差带与不同基本偏差的轴公差带构成各种配合的制度。

基孔制配合中的孔称基准孔，用基本偏差代号"H"表示，其下偏差为零。如轴承内孔与轴的配合就属于基孔制。基孔制配合中的轴称配合件。

基轴制配合是基本偏差为一定的轴公差带与不同基本偏差的孔公差带构成各种配合的一种制度。基轴制配合中的轴称基准轴，用基本偏差代号"h"表示，其上偏差为零。如轴承外圈直径与箱体孔的配合就属于基轴制配合。基轴制配合中的孔称配合件。

（6）极限与配合的查表及标注

① 公差带代号。公差带代号，如 H8，表示基本偏差代号为 H，公差等级为 8 级的孔公差带代号；f7 表示基本偏差代号为 f，公差等级为 7 级的轴公差带代号。

当基本尺寸和公差带代号确定时，可根据附录"孔、轴极限偏差"表查得极限偏差值。

例1 已知孔的基本尺寸为 $\phi50$，公差等级为 8 级，基本偏差代号为 H，写出公差带代号，并查出极限偏差值。

解 由公差带代号定义，公差带代号为 $\phi50H8$。

由孔极限偏差表查得：上偏差值为 +0.039 mm，下偏差值为 0，孔的尺寸可写为 $\phi50^{+0.039}_{0}$ 或 $\phi50H8(^{+0.039}_{0})$。

用公差带示意图表示如图 2-176 所示。

例 2 已知轴的基本尺寸为 $\phi50$，公差等级为 7 级，基本偏差代号为 f，写出公差带代号，并查出极限偏差值。

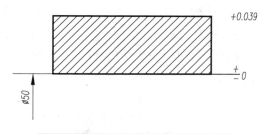

图 2-176 H8 孔的公差带示意图

解 公差带代号为 $\phi50f7$。

由轴的极限偏差表查得：上偏差为 -0.025 mm，下偏差为 -0.050 mm，轴的尺寸可写为 $\phi50^{-0.025}_{-0.050}$ 或 $\phi50f7(^{-0.025}_{-0.050})$，公差带示意图如图 2-177 所示。

② 配合代号。配合代号用孔、轴公差带代号组成的分数式表示，分子表示孔的公差带代号，分母表示轴

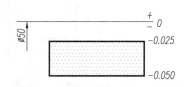

图 2-177 $\phi50f7$ 的公差带示意图

的公差带代号，如 $\dfrac{H8}{f7}$、$\dfrac{H9}{h9}$、$\dfrac{P7}{h6}$ 等，也可写成 H8/f7、H9/h9、P7/h6 的形式。

显而易见，在配合代号中有"H"者为基孔制配合；有"h"者为基轴制配合。

例 1 基本尺寸为 $\phi50$ 的基孔制配合，孔的公差等级为 8 级，轴的基本偏差为 f，公差等级为 7 级，试写出它们的基本尺寸和配合代号。

解 根据配合代号的组成写为 $\phi50\dfrac{H8}{f7}$ 或 $\phi50H8/f7$。

由基本偏差系列图查出孔、轴极限偏差值，可得此配合为间隙配合。

例 2 已知配合代号为 $\phi40K7/h6$，试说明配合代号的含义。

解 根据公差带代号及配合代号的组成，可知：$\phi40K7/h6$ 表示基本尺寸为 40、公差等级为 6 级的基准轴与基本偏差为 K、公差等级为 7 级的孔形成的基轴制过渡配合。

③ 极限与配合在图样中的标注。极限与配合在零件图中标注线性尺寸的公差有三种形式，如图 2-178 所示。图(a)只注公差带代号；图(b)只注写上、下偏差数值，上、下偏差的

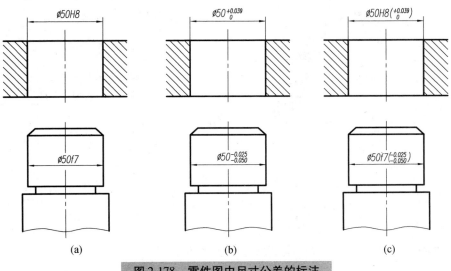

图 2-178 零件图中尺寸公差的标注

字高为尺寸数字高度的三分之二,且下偏差的数字与尺寸数字在同一水平线上,在零件图中此种注法居多;图(c)既注公差带代号,又注上、下偏差数值,但偏差数值加注括号。

在装配图中标注线性尺寸配合代号时,按分子为孔的公差带代号、分母为轴的公差带代号的形式标注,如图 2-179 所示。

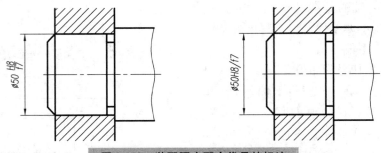

图 2-179 装配图中配合代号的标注

3. 形位公差的标注方法

形状和位置公差简称形位公差,是指零件的实际形状和实际位置对理想形状和理想位置的允许变动量。

对于一般零件,如果没有标注形位公差,其形位公差可用尺寸公差加以限制,但是对于某些精度较高的零件,在零件图中不仅规定尺寸公差,而且还规定形位公差,因此形位公差也是评定产品质量的重要指标。

(1)形位公差代号、基准代号

形位公差代号包括:形位公差符号、形位公差框格及指引线、形位公差数值、基准符号等。表 2-16 列出了形位公差各特征项目的符号。

表 2-16 形位公差各项目的符号

公差	特征项目	符号	公差	特征项目	名称	符号
形状	直线度	—	位置	定向	平行度	∥
					垂直度	⊥
					倾斜度	∠
	平面度	▱		定位	同轴(同心)度	◎
	圆度	○			对称度	=
	圆柱度	⌭			位置度	⌖
形状或位置	线轮廓度	⌒		跳动	圆跳动	↗
	面轮廓度	⌓			全跳动	⌰

图 2-180 表示形位公差代号、基准代号的表示方法。

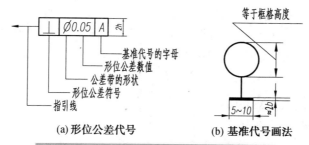

图 2-180 形位公差代号、基准代号的内容

（2）形位公差标注示例

标注形位公差时，指引线的箭头要指向被测要素的轮廓线或其延长线上；当被测要素是轴线时，指引线的箭头应与该要素尺寸线的箭头对齐。指引线箭头所指方向，是公差带的宽度方向或直径方向。基准要素是轴线时，要将基准符号与该要素的尺寸线对齐。

图 2-181（a）的标注，表示 ϕd 圆柱表面的任意素线的直线度公差为 0.02。

图 2-181（b）的标注，表示 ϕd 圆柱体轴线的直线度公差为 $\phi 0.02$。

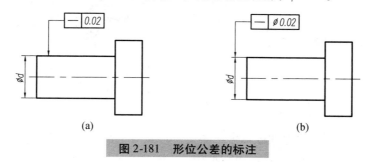

图 2-181 形位公差的标注

图 2-182（a）的标注，表示被测左端面对于 ϕd 轴线的垂直度公差为 0.05。

图 2-182（b）的标注，表示 ϕd 孔的轴线对于底面的平行度公差为 0.03。

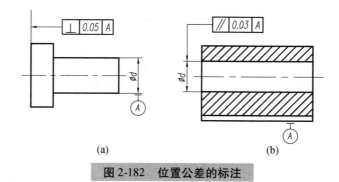

图 2-182 位置公差的标注

技能训练

该零件带有键槽的轴颈表面结构要求为 $Ra1.6\ \mu m$，尺寸公差要求为 ± 0.008 mm，键槽的表面结构要求为 $Ra6.3\ \mu m$，尺寸公差要求为 $^{+0.018}_{-0.061}$ mm；其两侧较小的轴颈表面结构要求为 $Ra3.2\ \mu m$，相对于带键槽轴的轴线的表面圆跳动的公差值为 $0.04\ \mu m$，该两轴颈处与轴

承相配合的尺寸公差的要求为 $^{+0.025}_{-0.087}$ mm；右端方轴颈表面结构要求为 Ra6.3 μm，其两侧的槽为工艺槽，右侧工艺槽的表面结构要求为 Ra6.3 μm，最右端外螺纹的中径和顶径公差带代号都为 6 g；该轴机加工完成后除螺纹结构外其他部位还要进行表面热处理，使得其硬度达到 45~50HRC，并做发蓝处理，如图 2-183 所示。

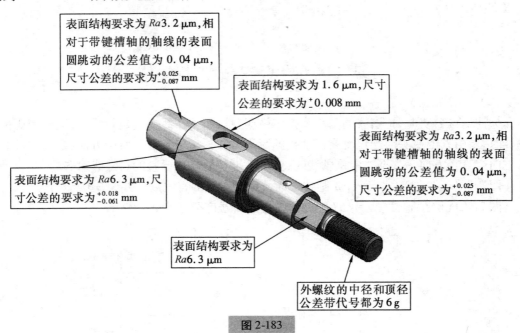

图 2-183

根据零件技术要求，分步骤进行标注。

① 标注表面结构要求，如图 2-184 所示。

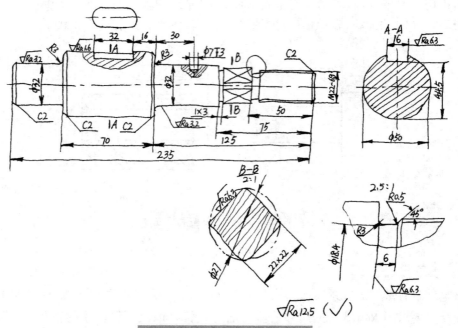

图 2-184　标注表面结构要求

② 标注尺寸公差要求,如图2-185所示。

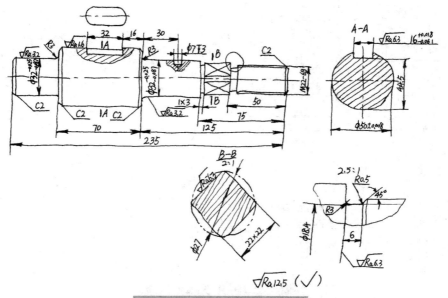

图2-185 标注尺寸公差要求

③ 标注形位公差要求,如图2-186所示。

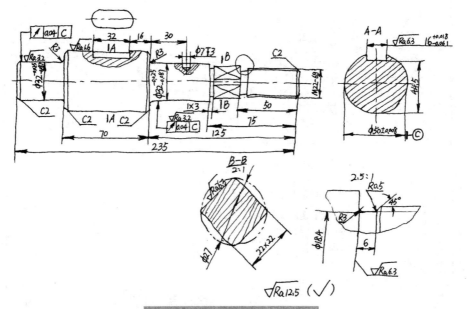

图2-186 标注形位公差要求

④ 标注文字技术要求,如图2-187所示。

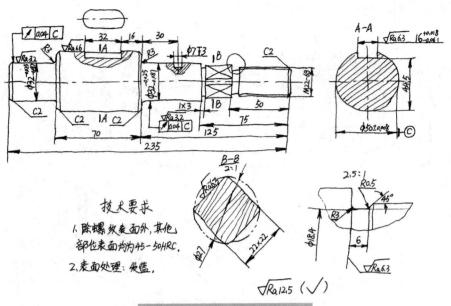

图 2-187　标注文字技术要求

⑤ 填写标题栏，如图 2-188 所示。

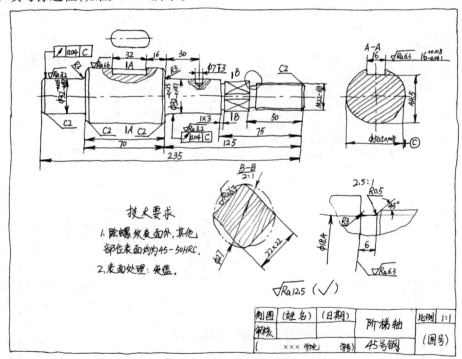

图 2-188　完成草图

步骤四：绘制阶梯轴的零件工作图

利用尺规进行正规作图，标注尺寸和技术要求，如图 2-189 所示。

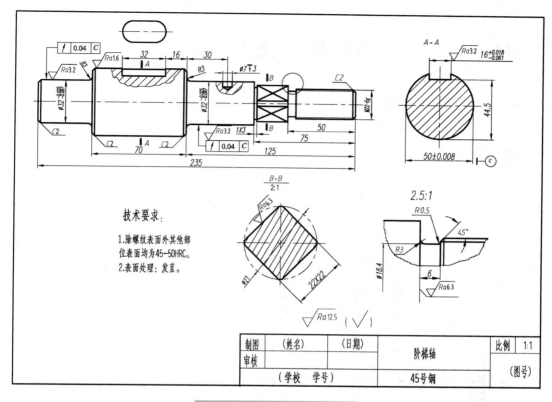

图 2-189　轴零件的工作图

回顾与总结

本任务通过阶梯轴的测绘，学习了曲面立体的投影及曲面立体截交线的画法、局部剖视图的画法、移出断面图的画法与标注、零件图上尺寸和技术要求的标注方法等知识；学会了运用机件的表示法来综合表达机件的方法，了解了机械加工零件的典型工艺结构；能够按照满足设计和工艺要求来标注轴类零件的尺寸，按照零件文字技术要求标注零件图上的技术要求。

① 轴、套类零件的视图选择：主视图按加工位置使轴线水平放置，一般只需一个基本视图，另加断面图及局部放大图等。根据具体结构确定采用断面图、局部放大图、局部剖视图的位置和数量，用较少的图清晰表达。

② 在进行视图表达的同时尽量采用简化画法，本任务中采用了三处简化画法：用第三角投影的画法表达键槽形状、用平面符号表达方颈表面、凹坑处相贯线简化画法。

③ 尺寸标注中注意满足设计与工艺要求，合理选择基准，按照加工顺序标注尺寸。

④ 常用结构要素的尺寸测绘时可根据有关标准或设计手册对照测绘实物的具体情况，取定标准中的系列值。常用结构要素一般均已标准化，如中心孔、T形槽、滚花、倒角、圆角、螺纹退刀槽、砂轮越程槽、键槽等。本任务中螺纹的倒角和退刀槽（工艺槽）的尺寸可由附表19、附表20中查取标准数值。

任务6　读懂三通管的零件图

▶知识点：圆柱与圆柱相贯的相贯线、机件的表达方法——全剖、半剖。
▶技能点：学会零件图的分析与识读。

任务要求

读懂三通管的零件图（图2-190）。

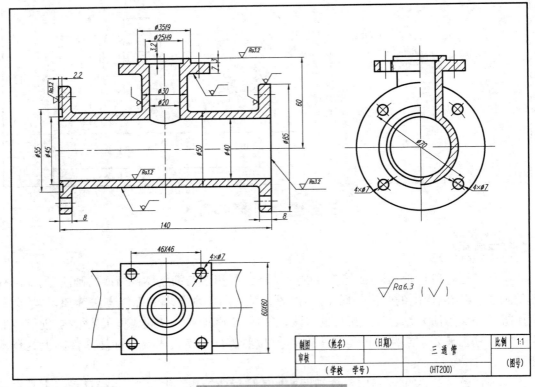

图2-190　三通管零件图

任务分析

本任务要求对三通管的零件图进行分析与识读，学习全剖、半剖的表达方法，掌握读零件图的方法和步骤，复习圆柱与圆柱相贯的相贯线，想象出零件的结构，熟悉零件尺寸和技术要求的标注方法。

任务实施

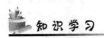

按机件被剖开的范围不同，剖视图可分为全剖视图、半剖视图和局部剖视图三种。以下

介绍全剖视图和半剖视图。

1. 全剖视图

用剖切面完全地剖开机件所得的剖视图，称为全剖视图。当机件的外形比较简单（或外形已在其他视图上表达清楚），而内部结构较复杂时，常采用全剖视图表达机件的内部结构形状。如图 2-190 所示，以及任务 4 中的座体零件，其主视图采用的是全剖视图。

全剖视图当剖切平面通过机件的对称面且按投影关系配置、中间又无其他图形隔开时，可省略标注。

2. 半剖视图

当机件具有对称平面时，在垂直于对称平面的投影面上投影所得到的图形，可以对称中心线为界，一半画成剖视，另一半画成视图，这样的剖视图称为半剖视图。如图 2-191 所示，机件的主、俯视图都是半剖视图。

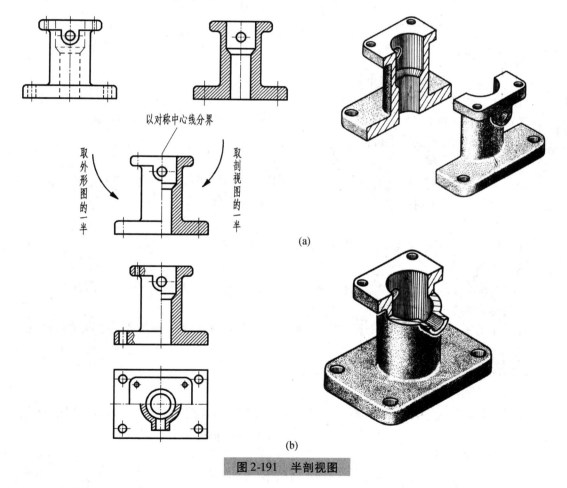

图 2-191 半剖视图

半剖视图主要用于内、外形状需在同一图上兼顾表达的对称机件。当机件的形状接近对称，且不对称部分已表达清楚时，也可画成半剖视图，如图 2-192 所示。半剖视图的标注方法及省略标注的原则与全剖视图相同。

画半剖视图应注意：

① 半个剖视图与半个视图之间的分界线应是细点画线，不能是其他任何图线。

② 机件的内部结构在半剖视图中已表达清楚,则另一半表达外形的视图一般不画出虚线,如图2-191、图2-192所示。

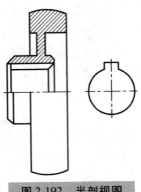

图2-192 半剖视图

 技能学习

读零件图的方法和步骤如下:
(1) 概括了解
首先从零件图的标题栏了解零件的名称、材料、绘图比例等,然后通过装配图或其他途径了解零件的作用、与其他零件的装配关系。
(2) 分析视图、读懂零件的结构和形状
分析零件采用的表达方法,如选用的视图剖切面位置及投射方向等,按照形体分析等方法,利用各视图的投影对应关系,想象出零件的结构和形状。
(3) 分析尺寸
确定各方向的尺寸基准,了解各部分结构的定形和定位尺寸。
(4) 了解技术要求
了解各配合表面的尺寸公差、有关的形位公差、各表面的粗糙度、极限与配合等要求。
(5) 综合起来想整体
将看懂的零件的结构、形状、所注尺寸及技术要求等内容综合起来,想象出零件的全貌。

 技能训练

1. 概括了解
如图2-193所示零件为三通管,材料是灰铸铁,毛坯为铸造毛坯。三通管通常用于管道连接,一般主体为圆柱与圆柱相贯和孔与孔相贯的结构,端部常有连接法兰。
2. 视图选择分析
三通管采用了三个视图表达,主视图采用全剖视图,是按工作位置和特征原则选择的,左视图为半剖视图,俯视图采用了局部视图。主视图反映了零件由两部分相贯而成的主要结构特征和孔与孔相贯的内部结构形状,同时表达了左右两端连接法兰的厚度和三通管上方法兰的厚度及其顶部的凸台结构。三通管具有对称性,所以左视图采用半剖视图,表达了左右两端圆柱形法兰的形状和四个孔的分布情况。这些孔均为通孔,是在主视图中表达的,需注意的是,对于回转体上均匀分布的肋、轮辐、孔等结构,若不处于剖切平面上时,应将这些结构旋转到剖切平面上画出。在主视图中显示,左端还有一处结构,结合左视图,该结构为一环形槽,左视图表达了其形状,主视图中表达了其深度。俯视图主要表达了三通管上方连接法兰的形状和四个孔的分布。综合三个视图,三通管的结构形状如图2-193所示。

3. 尺寸标注分析

三通管前后和左右都具有对称性,以其正交的两条轴线为基准,主要结构相对位置确定。图中尺寸多为定形尺寸。主视图中标注了各轴、孔、左右两端圆柱法兰、上部凸台的直径尺寸,长度尺寸140,左右圆柱法兰的厚度尺寸8,左端环形槽的定形尺寸$\phi 45$、$\phi 55$和深度尺寸2.2,以上端面为辅助基准标注上部凸台高度3、法兰厚度7,60为主要基准与辅助基准的联系尺寸。左视图中标注了左右两端法兰上各孔的定形尺寸$\phi 7$和定位尺寸$\phi 70$。俯视图表达了三通管上方连接法兰的形状和四个孔的分布,在图中标注了法兰的定形尺寸60×60、四孔的定位尺寸46×46和定形尺寸$\phi 7$。

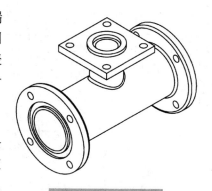

图2-193 三通管

4. 技术要求分析

$\phi 40$孔和各连接端面的表面结构要求为$Ra3.2$,其余各加工表面的表面结构要求为$Ra6.3$,铸造毛坯各表面相交的转角处应有铸造圆角,半径为$R2$。$\phi 35$凸台和$\phi 25$沉孔的尺寸公差分别为f9和H9。

回顾与总结

本任务通过对三通管零件图的分析与识读,学习了全剖、半剖、局部剖视图的表达方法,介绍了读零件图的方法和步骤,进一步熟悉了零件尺寸和技术要求的标注方法。

① 完整的零件图包括:一组视图、完整的尺寸、技术要求、标题栏。读零件图时,应通过概括了解、分析视图,读懂零件的结构和形状,分析尺寸、了解技术要求,最后综合起来想象出零件的全貌。

② 通过三通管的读图掌握圆柱的相贯线的画法。

③ 知道全剖、半剖视图的具体使用场合,并能进行准确的表达。

④ 零件上各结构的尺寸应该标注在反映该结构最清晰的图上。

任务7 读懂端盖的零件图

▶知识点:机件的表达方法——旋转剖、阶梯剖、复合剖。

▶技能点:学会零件图的分析与识读,重点是表达方法的选用与尺寸标注。

任务分析

本任务要求对端盖零件的零件图(图2-194)进行分析与识读,学习旋转剖、阶梯剖、复合剖的表达方法,通过对零件图视图和尺寸标注的分析,想象端盖零件的结构,掌握表达方法的综合运用和盘盖类零件的一般表达方法,进一步熟悉零件尺寸的标注方法。

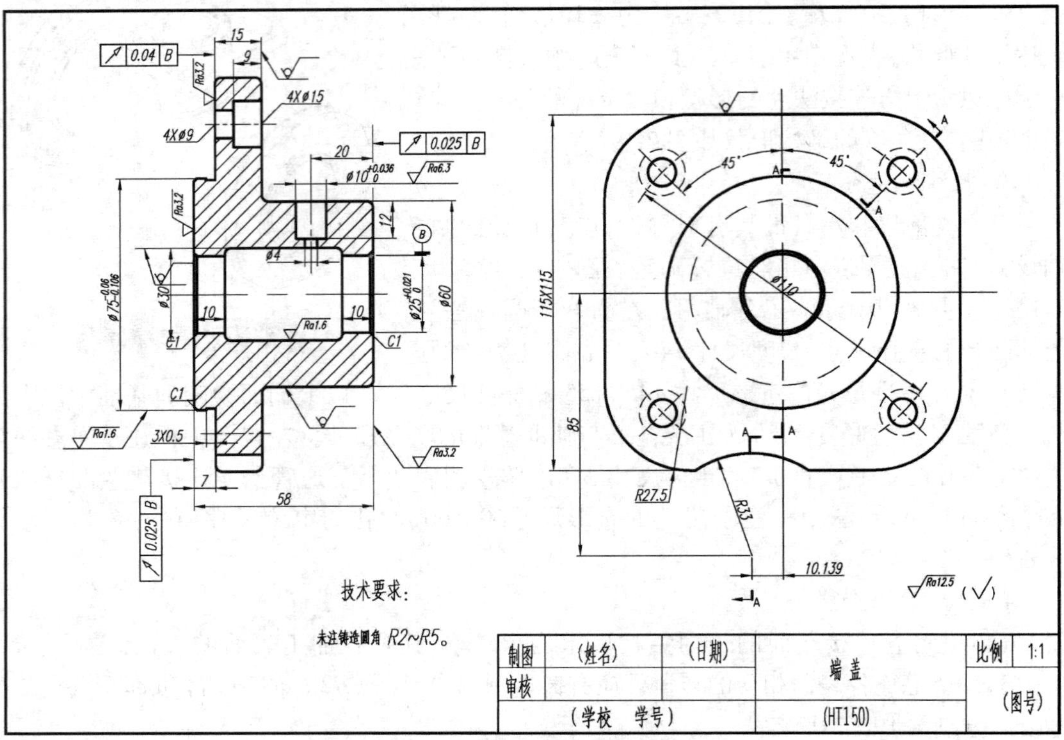

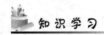

图 2-194　端盖零件图

任务实施

知识学习

剖视图的剖切方法

由于机件内部结构形状不同,国家标准规定可以选用单一剖切面、几个平行的剖切面、几个相交的剖切面以及组合的剖切面剖开机件。上述剖切方法根据需要都可以用全剖视图、半剖视图和局部剖视图来表达。

1. 单一剖切面

当机件的内部结构位于一个剖切面上时,可选用单一剖切面剖开机件。单一剖切面可以是单一的平面或柱面。单一剖切面一般为投影面平行面,在任务 6 中介绍的全剖视图、半剖视图和局部剖视图的例子都是采用平行于基本投影面的单一剖切面剖开机件。

当机件具有倾斜的内部结构形状时,也可采用一个与倾斜部分的主要结构平行且垂直于某一基本投影面的单一剖切面剖切机件并投影(称为斜剖),即可得到该部分内部结构的实形。必要时,允许将图形旋转放正,并加注旋转符号,如图 2-195 所示。

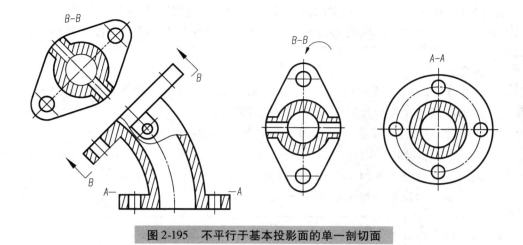

图 2-195　不平行于基本投影面的单一剖切面

单一剖切面还包括单一圆柱剖切面,如图 2-196 所示。采用柱面剖切时,机件的剖视图应按展开方式绘制。

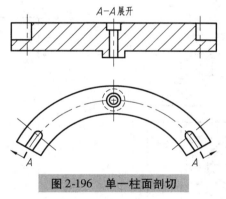

图 2-196　单一柱面剖切

2. 几个平行的剖切面(阶梯剖)

用几个平行的剖切平面剖开机件,可以用来表示机件上分布在几个相互平行平面上的内部结构形状,如图 2-197 所示。

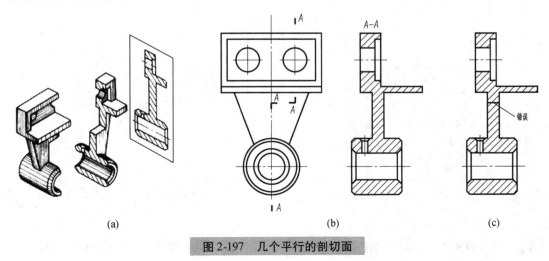

图 2-197　几个平行的剖切面

标注这种剖视图时,须在剖切面的起、迄和转折处画上剖切符号,并标上字母。当转折处位置较小时,可省略字母。当剖视图按投影关系配置,中间又没有其他图形隔开时,可省略箭头。

> **注意:**
> ① 因为剖切是假想的,所以在剖视图上不应画出剖切平面转折的界线,且转折面必须与选定的投影面垂直,如图2-197所示。
> ② 剖切符号不能与图形轮廓线重合,如图2-198所示。
> ③ 剖视图中不应出现不完整的结构要素,如图2-199所示。仅当两个要素在图形上具有公共对称中心线或轴线时,方可各剖一半,合并成一个剖视图,此时应以对称中心线或轴线为分界线,如图2-200所示。

3. 几个相交的剖切面(旋转剖)

用几个相交的剖切面(交线垂直于某一基本投影面)剖开机件,可以用来表达具有明显回转轴线的机件分布在几个相交平面上的内部结构形状。标注方法如图2-201所示,应标注完整。

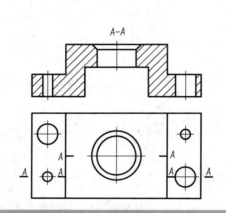

图2-198 剖切面的转折处与轮廓线重合

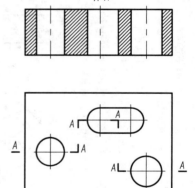

图2-199 结构要素的错误画法

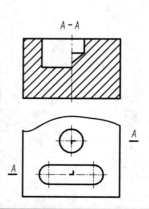

图2-200 具有公共对称中心线的剖面线画法

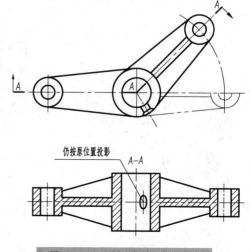

图2-201 两相交的剖切平面

注意：

① 画这种剖视图时，先假想按剖切位置剖开机件，然后将倾斜剖切平面剖开的结构及其有关部分旋转到与选定的投影面平行后再进行投影，剖切平面后面的其他结构一般仍按原位置投影，如图 2-202 所示。

② 当剖切后产生不完整要素时，应将此部分结构按不剖绘制，如图 2-203 所示。

③ 标注中的箭头仅表示投影方向，与倾斜部分的旋转无关。

④ 几个相交的剖切面可以是几个相交的平面，也可以是几个相交的平面和柱面的组合，如图 2-203 所示。

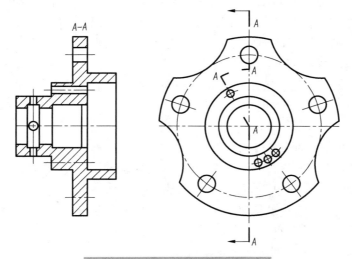

图 2-202　几个相交的剖切平面

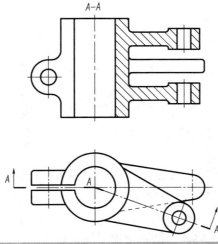

图 2-203　剖切后产生不完整要素按不剖绘制

4. 组合的剖切平面（复合剖）

当机件的内部结构形状较多，单用阶梯剖或旋转剖仍不能表达清楚时，可以用组合的剖切平面剖开机件，这种剖切方法称为复合剖。

技能训练

1. 概括了解

如图 2-204 所示零件为一端盖，属于盘盖类零件，材料为灰铸铁。盘盖类零件的结构形状特点是轴向尺寸小而径向尺寸较大，零件的主体多数是由共轴回转体构成，也有主体形状是矩形，并在径向分布有螺孔或光孔、销孔、轮辐等结构。

2. 视图选择分析

端盖零件采用了两个视图表达。主视图中零件按加工位置放置，采用 A−A 复合全剖视图，表达了端盖的轴向结构形状特征。通过分析视图可以得知，该零件是以回转体为主、带有通孔的零件，两端有轴孔 φ25，中间空刀处有油杯孔。主视图同时表达了端盖板厚度和沉头孔深度、左端定心圆柱面直径 φ75 及其厚度。左视图表达了端盖径向结构形状特征，是大圆角方形结构，等分布四个沉头孔，其下方板厚处偏移中心线挖掉 R33 的柱面。端盖立体图如图 2-204 所示。

3. 尺寸标注分析

端盖主视图的左端面为零件的长度方向尺寸基准，从基准出发注出尺寸 7、58、10。油杯孔的定位尺寸 20、端盖板厚度尺寸 15、沉头孔深度尺寸 9 等，都是根据结构工艺要求从

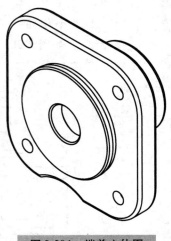

图 2-204　端盖立体图

各自的辅助基准注出。轴孔等直径尺寸，都是以轴线为基准注出的。在左视图中，以中心线分别为零件的宽度、高度方向尺寸基准，从基准出发标注了端盖的定形尺寸 115×115、定位尺寸 85、φ110、10、45°、R33、R27.5 是定形尺寸。

4. 技术要求分析

（读者自行完成）

回顾与总结

本任务通过对端盖零件图的分析与识读，学习了运用旋转剖、阶梯剖表达零件结构的一般方法，进一步学习了读零件图的方法和步骤，复习了零件尺寸的标注方法。

① 视图选择的基本原则：选择能够表达零件主要结构和位置特征的方向作为主视图的投影方向，其他视图补充表达主视图没有表达清楚的结构，并注意各种表达方法的综合运用。

② 端盖类零件一般选择两个视图表达，一个是轴向的剖视图，另一个是径向视图。

③ 剖视图的种类有全剖视图、半剖视图、局部剖视图。全剖视图用于内部结构复杂、外形简单的机件；半剖视图用于对称的机件，视图部分表达机件的外形，剖视部分表达机件的内部结构；局部剖视图用于外形较为复杂而内部结构也较复杂的机件，可以根据机件的具体结构确定剖切范围的大小，兼顾表达机件的外形。

④ 机件的表达方法的综合运用，需要对机件的用途、机件的内外结构进行充分的分析，学会将机件的表示法的基本知识融会贯通，遵循视图选择的基本原则，多看、多想、多思考。

模块 3

典型部件的测绘

 学习目标

知识目标:懂得部件的测绘过程,知道装配图的内容和表达方法,学会螺纹连接件的连接画法、键连接和销连接的画法、单个齿轮和齿轮啮合的画法、滚动轴承的规定画法等,能够运用投影规律绘制部件的装配图,懂得装配图尺寸标注的一般方法;懂得部件的各种装配工艺结构,知道装配图中技术要求的基本内容;学会部件测绘的一般方法和步骤。

能力目标:能够进行简单部件的测绘,学会绘制装配示意图,能够确定部件的拆装顺序,使用工具对部件进行拆装,会使用测量工具进行零件各种尺寸的测量;学会绘制零件草图;学会分析部件的装配结构,选择正确的表达方法,确定部件装配图的表达方案,能够运用机件的表达方法绘制部件的装配图;学会标注装配图的尺寸和一般的技术要求;熟练掌握零件测绘的方法,学会分析不同结构的零件,确定零件的表达方案,学会根据草图和装配图拆画零件图。

素质目标:学会分析问题、解决问题的一般方法,养成认真细致的工作作风,培养一定的空间想象能力,提高自身的实际动手能力,学会与人合作,认真对待每个实际工作中的细节。

 任务　齿轮油泵的测绘

▶知识点:装配的概念、装配示意图的画法、常见装配结构分析、螺纹连接的画法、键连接的画法、销连接的画法、齿轮啮合的画法、轴承(滚动轴承)的画法、装配图的规定画法和特殊画法。

任务要求

对如图 3-1 所示齿轮油泵进行测绘。要求分析该齿轮油泵的结构特点;了解油泵中各个零件间的连接关系;弄清齿轮油泵的工作原理;学习其中螺纹连接件的连接画法、齿轮的单个和啮合画法、键连接和销连接的画法、装配图的规定画法以及特殊画法;绘制齿轮油泵的装配示意图;确定齿轮油泵的拆卸顺序,绘制各零件草图;确定齿轮油泵装配图的表达方案,绘制齿轮油泵的装配图;根据草图和装配图绘制齿轮油泵的零件工作图。

任务分析

齿轮油泵是机器润滑系统中的一个部件,主要作用是将润滑油压入机器运转部位的各个零件间,使其内部做相对运动的零件接触面之间产生油膜,从而降低零件间的摩擦和减少磨损,确保各运动零件如轴承、齿轮等正常工作。

图 3-1 齿轮油泵

知识学习

部件测绘概述

1. 测绘的意义和作用

根据已有的产品、部件或零件进行绘制、测量,并整理画出装配图和零件工作图的过程,称为"测绘"。在生产实际中,新产品设计(仿制)需要测绘同类产品的部分或全部零件供设计时参考;设备维修时,某个零件损坏,在无备件又无图样的情况下,也需要对损坏的零件进行测绘,画出图样,并可根据图样制作新的零件用于修配。"测绘技术"是工程技术人员必须掌握的一项重要的基本技能。

2. 零部件测绘的方法和步骤流程

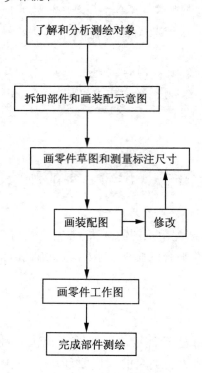

144

任务实施

步骤一：了解齿轮油泵的结构及工作原理，分析该部件中存在的装配结构，学习各种装配结构的相关知识

知识学习

（一）齿轮油泵的结构分析与工作原理

如图 3-2 所示，齿轮油泵泵体内可容纳一对齿数相等的齿轮，其中一个是主动齿轮轴，该轴一端外伸，伸出部分称为"轴伸"，轴伸处装传动齿轮，并用平键连接，轴向使用螺母并紧防松，以承受和传递外来的动力。另一个是从动齿轮轴，与主动齿轮轴啮合做旋转运动。泵体的左右有端盖，端盖与泵体用螺钉连接，它们之间装有垫片，既可调整齿轮与泵体间的轴向间隙，又可防止漏油。传动齿轮轴右端与右端盖轴孔相配处有填料，用压紧螺母通过压盖将其压紧，以防漏油。

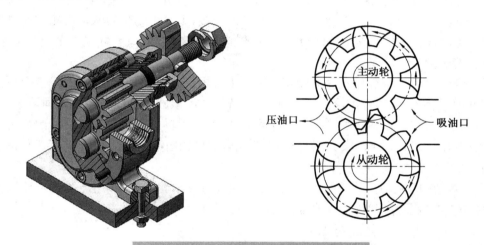

图 3-2　齿轮油泵轴侧装配图和工作原理

泵体的前后各有一个管螺纹的螺孔，一个是吸油孔，另一个是出油孔。当外部动力通过传动齿轮传递给传动齿轮轴，并带动从动齿轮轴按图中箭头方向旋转时，两齿轮啮合区右边的油被轮齿带走，压力降低，形成负压，油池中的油在大气压力作用下被吸入。随着齿轮的转动，齿槽中的油不断被带到齿轮啮合区的左边，形成高压油，然后从出油孔将油压出，通过管路将油输送到需要润滑的部位。整个油泵通过螺栓与机器设备的连接处相连。

在齿轮油泵中具有如图 3-3 所示的装配结构。

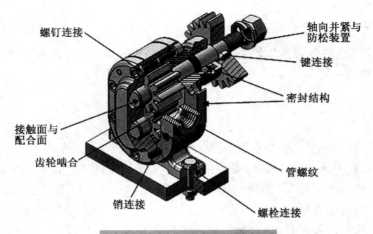

图 3-3　齿轮油泵装配结构图

根据以上分析,齿轮油泵中零件间的连接方式、装配关系等装配结构如下:

① 连接方式:泵体与泵盖通过销和螺钉定位连接,主动齿轮轴与从动齿轮轴通过两齿轮端面与左右端盖内侧面接触并定位,主动齿轮轴伸出端上的传动齿轮是由平键与轴连接,并通过弹簧垫圈和螺母固定。

② 配合关系:两齿轮轴在左右端盖的轴孔中有相对运动(轴颈在轴孔中旋转),所以应该选用间隙配合;一对啮合齿轮在泵体内快速旋转,两齿顶圆与泵体内腔也是间隙配合;轴套的外圆柱面与右端盖轴孔虽然没有相对运动,但考虑到拆卸方便,选用间隙配合;传动齿轮的内孔与主动齿轮轴之间没有相对运动,右端有螺母轴向锁紧,所以可以选择较松的过渡配合(或较紧的间隙配合)。

③ 密封结构:主动齿轮轴的伸出端有密封圈,通过轴套压紧,并用压紧螺母压紧而密封;泵体与左右端盖连接时,垫片被压紧,也起密封作用。

(二)齿轮油泵的装配结构画法

通过分析齿轮油泵中的装配结构,学习各种装配结构的相关知识及画法(螺纹连接件的连接、齿轮啮合、键连接、销连接、接触面与配合面、密封结构、轴向并紧防松结构)。

1. 齿轮啮合

本任务中所提到的齿轮为直齿圆柱齿轮,用于两平行轴之间的传动,如图 3-4 所示。

(1) 直齿圆柱齿轮的几何要素及尺寸关系(图 3-5)

① 齿顶圆:通过轮齿顶部的圆,其直径用 d_a 表示。

② 齿根圆:通过轮齿根部的圆,其直径用 d_f 表示。

③ 分度圆:用来均匀分齿,确定齿厚和齿间的大小的假想圆。对于标准圆柱直齿齿轮,是一个约定的假想圆,在该圆上,齿厚 s 等于齿槽宽 e (s 和 e 均指弧长)。分度圆直径用 d 表示,它是设计、制造齿轮时计算各部分尺寸的基准圆。

④ 齿距:分度圆上相邻两齿廓对应点之间的弧长,用 p 表示,$p = e + s$。

⑤ 齿高:轮齿在齿顶圆与齿根圆之间的径向距离,用 h 表示。

齿顶圆与分度圆之间的径向距离为齿顶高,用 h_a 表示;齿根圆与分度圆之间的径向距离为齿根高,用 h_f 表示。齿高 $h = h_a + h_f$。

图 3-4　直齿圆柱齿轮传动

图 3-5　齿轮各部分名称

⑥ 中心距：两啮合齿轮轴线之间的距离，用 a 表示，如图 3-6(a)所以。

⑦ 节圆：如图 3-6(a)所示，两齿轮啮合时，在中心连线上，两齿廓的接触点 K 称为节点，分别以 O_1、O_2 为圆心，过节点 K 所作的两个圆称为节圆，其直径分别用 d_1、d_2 表示。一对标准齿轮按理论位置安装时，节圆和分度圆相重合。

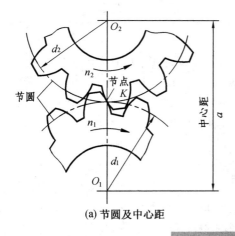

(a) 节圆及中心距

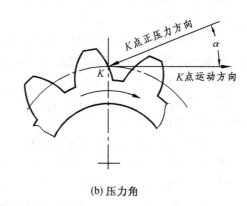

(b) 压力角

图 3-6　节圆、中心距及压力角

（2）直齿圆柱齿轮的基本参数

① 齿数 z：齿轮上轮齿的个数。

② 模数 m：齿轮的分度圆周长 $\pi d = zp$，则 $d = \dfrac{p}{\pi}z$。令 $\dfrac{p}{\pi} = m$，则 m 称为齿轮的模数，$d = mz$。所以模数是齿距 p 与圆周率 π 的比值，即 $m = \dfrac{p}{\pi}$，单位为 mm。

模数是齿轮设计、加工中十分重要的参数，模数好比衣服的号码，模数大，轮齿就大，因而齿轮的承载能力也大。为了便于设计和制造，模数已经标准化。我国规定的标准模数值见表 3-1。

表3-1　渐开线圆柱齿轮模数(GB/T 1357—2008)

第一系列	1	1.25	1.5	2	2.5	3	4	5	6	8	10	12	16	20	25	32	40	50
第二系列	1.75	2.25	2.75	(3.25)	3.5	(3.75)	4.5	5.5	(6.5)	7	9	(11)	14	18	22	28	36	45

③ 压力角 α：齿轮转动时，分度圆上点 K 的运动方向(分度圆的切线方向)和正压力方向(渐开线的法线方向)所夹的锐角称为压力角。压力角用 α 表示，如图3-6(b)所示。根据 GB/T 1356—2001 的规定，我国采用的标准压力角 α 为 20°。两标准直齿圆柱齿轮正确啮合传动的条件是模数 m 和压力角 α 相等。

齿轮的基本参数 z、m、α 确定以后，齿轮各部分尺寸可按表3-2中的公式计算。

表3-2　直齿圆柱齿轮各部分尺寸计算公式

名　称	代　号	计算公式
齿顶高	h_a	$h_a = m$
齿根高	h_f	$h_f = 1.25m$
齿高	h	$h = 2.25m$
分度圆直径	d	$d = mz$
齿顶圆直径	d_a	$d_a = m(z + 2)$
齿根圆直径	d_f	$d_f = m(z - 2.5)$
中心距	a	$a = \frac{1}{2}(d_1 + d_2) = \frac{1}{2}m(z_1 + z_2)$

(3) 单个圆柱齿轮的画法

齿轮上的轮齿是多次重复出现的结构，在投影为圆的视图上，齿顶圆用粗实线表示，分度圆用细点画线表示，齿根圆用细实线表示或省略不画。GB/T 4459.2—2003 对齿轮的非圆视图的画法做了如下规定：

① 在外形图中，齿顶线用粗实线表示；分度线用细点画线表示；齿根线画细实线或省略不画，如图3-7(a)所示。

② 在剖视图中，齿根线用粗实线表示，齿顶线和分度线的画法与外形图中一致。轮齿部分不画剖面线。对于直齿，一般采用全剖，如图3-7(b)所示；对于斜齿或人字齿的圆柱齿轮，可用三条与齿线一致的细实线表示。齿线是分度圆柱面与齿面的交线。斜齿一般采用半剖，如图3-7(c)所示；人字齿一般采用局部剖，如图3-7(d)所示。齿轮的其他结构，按投影画出。

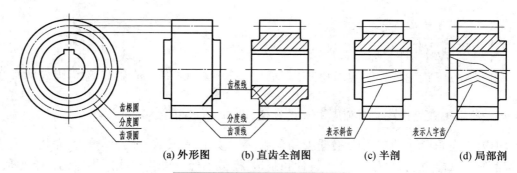

(a) 外形图　　(b) 直齿全剖图　　(c) 半剖　　(d) 局部剖

图3-7　单个圆柱齿轮的画法

齿轮零件图,除用视图表达形状外,还需根据生产要求,完整、合理地注出尺寸。轮齿部分只注出齿顶圆直径、分度圆直径及齿宽,齿根圆直径不注。在零件图的右上角,注出模数、齿数、压力角和精度等。直齿圆柱齿轮零件图如图3-8所示。

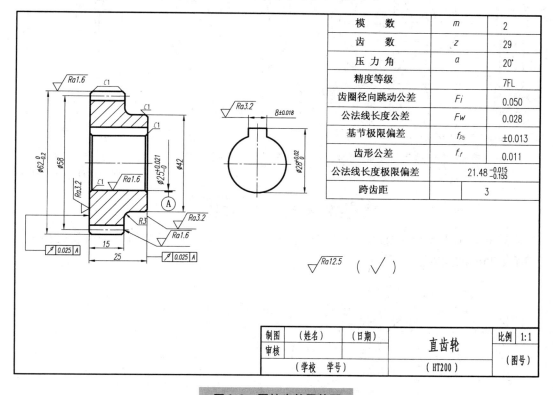

图3-8　圆柱齿轮零件图

（4）两圆柱齿轮啮合的画法

两标准齿轮互相啮合时,两轮分度圆处于相切的位置,此时分度圆又称为节圆。两齿轮的啮合画法,关键是啮合区的画法,其他部分仍按单个齿轮的画法规定绘制。啮合区的画法规定如下:

① 外形画法。在投影为圆的视图中,两齿轮的节圆相切。啮合区内的齿顶圆均画粗实线,如图3-9(a)所示;也可以省略不画,如图3-9(b)所示。在投影为非圆的外形视图中,啮合区的齿顶线和齿根线不必画出,节线画成粗实线,如图3-9(c)所示。

② 剖视画法。在非圆投影的剖视图中,两轮节线重合,画细点画线,齿根线画粗实线。齿顶线的画法是将一个轮的轮齿作为可见画成粗实线,另一个轮的轮齿被遮住部分画成虚线,如图3-9(a)所示。该虚线也可省略不画。

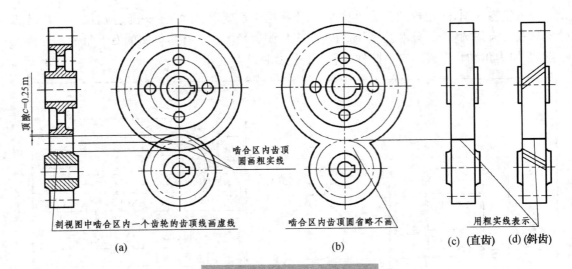

图 3-9 圆柱齿轮的啮合画法

图 3-10 所示为齿轮啮合区的放大画法。其中一个齿轮的齿顶与另一个齿轮的齿根之间应有 0.25m 的间隙。

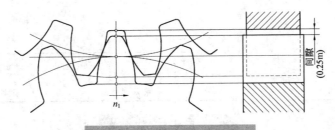

图 3-10 齿轮啮合区的投影

（5）齿轮与齿条啮合的画法

当齿轮的直径无限大时，齿轮就成为齿条，如图 3-11 所示。此时，齿顶圆、分度圆、齿根圆和齿廓曲线（渐开线）都成为直线。齿轮与齿条相啮合时，齿轮旋转，齿条则做直线运动。齿条的模数和齿形角应与相啮合的齿轮的模数和齿形角相同。

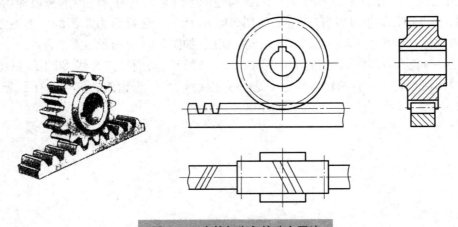

图 3-11 齿轮与齿条的啮合画法

齿轮和齿条啮合的画法与两圆柱齿轮啮合的画法基本相同,如图 3-11 所示。在主视图中,齿轮的节圆与齿条的节线应相切。在全剖的左视图中,应将啮合区内的齿顶线之一画成粗实线,另一轮齿被遮部分画成虚线或省略不画。

2. 螺纹紧固件的连接形式及其装配画法

螺纹紧固件(图 3-12)的连接形式很多,常用的有螺栓连接、双头螺柱连接和螺钉连接三种(图 3-13)。螺纹紧固件通常都是标准件,在有关标准中可以查得结构型式和全部尺寸。

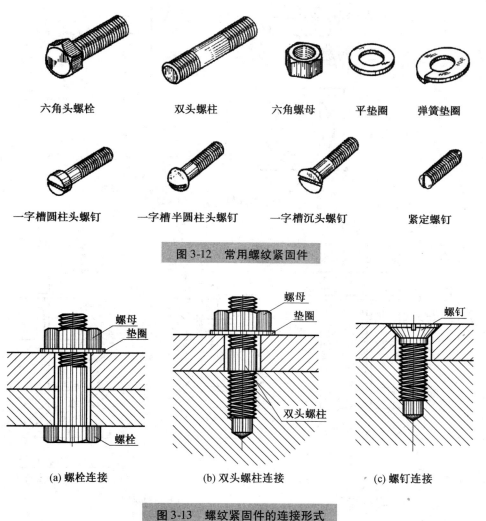

图 3-12 常用螺纹紧固件

(a) 螺栓连接　　(b) 双头螺柱连接　　(c) 螺钉连接

图 3-13 螺纹紧固件的连接形式

为作图方便,画图时,一般不按实际尺寸作图,而是采用按比例画出的简化画法。在螺纹紧固件装配的简化画法中,不穿通的螺纹孔可以不画出钻孔深度,而是按螺纹深度(不包括螺尾)画出,如图 3-14 和 3-15 所示。

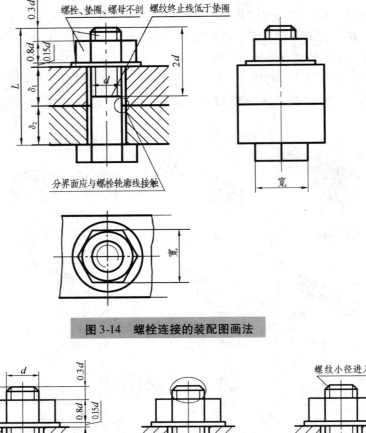

图 3-14 螺栓连接的装配图画法

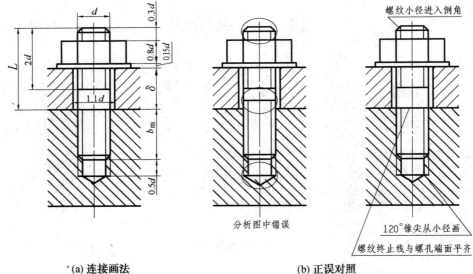

(a) 连接画法   (b) 正误对照

图 3-15 螺柱连接的装配图画法

图 3-16 为螺栓、螺母和垫圈的比例画法,除螺栓的公称长度 L 需要计算,并查有关标准选定标准值外,其余各部分尺寸都按与螺纹公称直径 d(或 D)成一定比例确定。

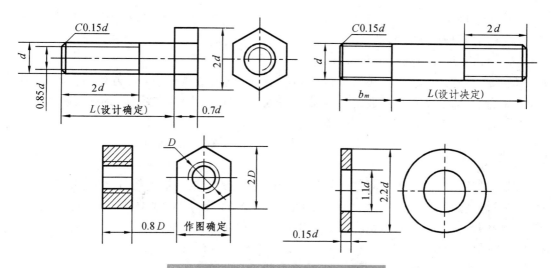

图 3-16　螺栓、螺母、垫圈的比例画法

（1）螺栓连接

螺栓是由带有螺纹的圆柱杆和棱柱形的头部组成的。它的种类很多，根据头部形状可分为方头螺栓、六角头螺栓等。适用于连接两个不太厚的并能钻成通孔的零件。连接时将螺栓穿过被连接两零件的光孔（孔径比螺栓大径略大，一般可按 1.1d 画出），套上垫圈，然后用螺母紧固。垫圈的作用是保护被连接零件表面不受损坏并使受力均匀。如图 3-14 所示为螺栓连接的装配图画法示意图。

画螺栓连接装配图时应注意以下几点：

① 螺栓的公称长度 L 按下式计算：

$L \geqslant \delta_1 + \delta_2 + 0.15d(\text{垫圈厚}) + 0.8d(\text{螺母厚}) + 0.3d(\text{螺栓顶端露出高度})$

按上式计算出的长度，查螺栓标准 GB/T 5782—2000，选取略大于计算值的公称长度 L。

② 在剖视图中，当剖切平面通过螺栓轴线时，螺栓、螺母、垫圈均按不剖绘制。

③ 相邻两零件的表面接触时，画一条粗实线作为分界线，不接触表面画两条线。

④ 相邻两零件的剖面线方向相反。

⑤ 螺栓的螺纹终止线必须画在垫圈之下，否则螺母可能拧不紧。

（2）螺柱连接

螺柱两端都制有螺纹，一端用以旋入被连接零件的螺孔内，此端称为旋入端；另一端的螺纹用螺母紧固，此端称为紧固端。适用于被连接零件之一由于太厚或不宜钻成通孔的场合。连接时，旋入端全部旋入被连接零件之一的螺孔内，紧固端穿过另一个被连接零件的通孔，套上垫圈，再用螺母拧紧。如图 3-15(a)、图 3-15(b) 所示为螺柱连接的装配图画法及正误对照。

画螺柱连接的装配图时应注意以下几点：

① 螺柱的公称长度 L 按下式计算：

$L \geqslant \delta + 0.15d(\text{垫圈厚}) + 0.8d(\text{螺母厚}) + 0.3d(\text{螺柱顶端露出高度})$

按上式计算出的长度，查螺柱标准 GB/T 897—1988，选取略大于计算值的公称长度 L。

② 在剖视图中，当剖切平面通过螺柱轴线时，螺柱、螺母、垫圈均按不剖绘制。

③ 相邻两零件的表面接触时,画一条粗实线作为分界线。旋入端按旋合螺纹画;紧固端的画法与螺栓画法一样。

④ 相邻两零件的剖面线方向相反。

⑤ 旋入端长度 b_m 与被旋入零件的材料有关,钢或青铜:$b_m = d$;铸铁:$b_m = 1.25d$ 或 $1.5d$;铝合金:$b_m = 2d$。为保证连接牢固,应使旋入端完全旋入螺纹孔中,即在装配图上旋入端的螺纹终止线与螺纹孔口端面平齐。

⑥ 被连接零件上的螺孔深度应稍大于 b_m,一般取螺纹长度加 $0.5d$。

(3) 螺钉连接

螺钉适用于受力不大的零件之间,且不经常拆卸的连接。被连接件之一为不通的螺纹孔,另一被连接件制出比螺钉大径稍大的光孔。螺钉连接的装配图画法,其旋入端与螺柱相同,被连接板孔口画法与螺栓相同,如图 3-17(a)、(b) 所示。螺钉与螺柱连接相比,螺柱连接可以补偿螺钉连接的缺点,它在拆卸时,只需拧松上端螺母,因此不会损坏被连接件上的内螺纹。根据其头部的形状不同,螺钉有多种形式。

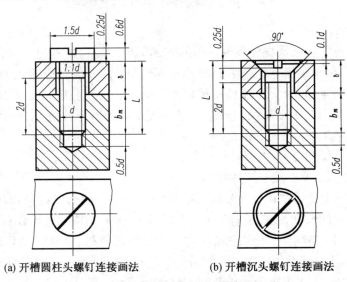

(a) 开槽圆柱头螺钉连接画法　　(b) 开槽沉头螺钉连接画法

图 3-17　螺钉连接的装配图画法

画螺钉连接装配图时应注意以下几点:

① 螺钉的公称长度 L 按下式计算:

$L \geq \delta + b_m$

按上式计算出的长度,查标准,选取略大于计算值的公称长度 L。

② 在剖视图中,当剖切平面通过螺钉轴线时,螺钉按不剖绘制。

③ 相邻两零件的表面接触时,画一条粗实线作为分界线。旋入端按旋合螺纹画;紧固端的画法与螺栓画法一样。

④ 相邻两零件的剖面线方向相反。

⑤ 旋入端长度 b_m 与螺柱旋入端相同。为保证连接牢固,应使螺钉的螺纹长度大于螺钉的旋合螺纹长度;被连接件的螺纹长度大于螺纹旋合长度,即装入螺钉后,螺钉上的螺纹终止线必须高出旋入端零件的上端面。

⑥ 圆柱头开槽螺钉头部的槽在投影为圆的视图上不按投影关系绘制,可按图3-17(a)所示画成与水平线成45°的加粗实线,线宽为粗实线的2倍。

图3-18所示为紧定螺钉连接的装配图画法。紧定螺钉通常起固定两个零件相对位置的作用,不致产生位移或脱落现象。使用时,螺钉拧入一个零件的螺纹孔中,并将其尾端压在另一个零件的凹坑或插入另一个零件的小孔中。

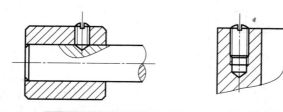

图3-18 紧定螺钉连接的装配图画法

3. 键连接

键连接是一种可拆连接。键用于连接轴和轴上的转动零件,如齿轮、皮带轮等。键使轴和轴上的转动零件一同旋转,而不产生相对转动,以达到传递扭矩的目的。键一般分为常用普通平键和花键两大类。一般在重载的情况下,广泛采用花键。

键是标准件,常用的键有普通平键、半圆键、钩头楔键等,它们的型式和规定标记如表3-3所示。

表3-3 键的结构型式及其标记示例

名 称	普通平键			半圆键
结构型式及规格尺寸	A型	B型	C型	
标记示例	键 5×20 GB/T 1096—2003	键 B5×20 GB/T 1096—2003	键 C5×20 GB/T 1096—2003	键 6×25 GB/T 1099—2003
说 明	圆头普通平键,$b=5$ mm,$L=20$ mm,标记中省略"A"	平头普通平键,$b=5$ mm,$L=20$ mm	半圆头普通平键,$b=5$ mm,$L=20$ mm	半圆键,$b=6$ mm,$h=10$ mm,$d_1=25$ mm

注:表内图中省略了倒角。

普通平键有三种结构型式:A型(圆头)、B型(平头)、C型(单圆头)。本节仅介绍应用最多的A型普通平键及其连接画法。

(1) A型普通平键连接的画法

要画好平键连接图,首先应了解键槽的加工方法。如图3-19所示为键槽的一种加工方法示意图。轮毂上的键槽一般用插刀或拉刀在插床或拉床上加工而成[图3-19(a)],因此,槽孔必须开通。而轴上的键槽是由指状铣刀在立式铣床上加工而成[图3-19(b)]，铣刀直径与平键宽度相同。键安装时，先把平键放入轴的键槽内，其键槽长度与平键等长，使键不在轴上移位。键的长度应小于或等于轮毂的长度。

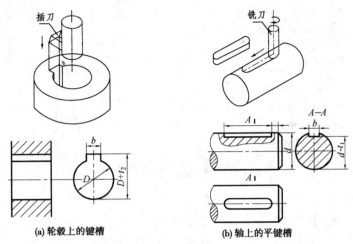

(a) 轮毂上的键槽　　　　　　　　(b) 轴上的平键槽

图 3-19　键槽的加工和尺寸标注

普通平键的工作面是两个侧面，在绘制普通平键的连接图时，平键两侧面与轮毂和轴键槽侧面因紧密接触，只画一条粗实线。但平键顶面与轮毂的槽顶没有接触，应留出间隙。

图 3-20 是普通平键连接的装配图画法。主视图中键被剖切面纵向剖切，键按不剖处理。为了表示键在轴上的装配情况，采用了局部剖视，键长与轴上键槽等长，画一条线；左视图中键被剖切面横向剖切，键要画剖面线（与轮毂的剖面线方向一致，但间隔不等）。在左视图中由于平键两个侧面是其工作表面，键的两个侧面分别与轴的键槽和轮毂的两个侧面配合，键的底面与轴的键槽底面接触，画一条线。而键的顶面不与轮毂键槽底面接触，在主视图和左视图中都要画两条线。

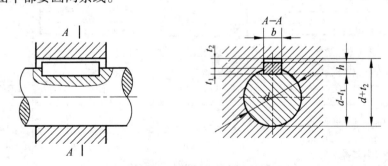

图 3-20　普通平键连接装配图

（2）A 型普通平键键槽的画法及尺寸标注

因为键是标准件，所以一般不必画出零件图，但要画出零件上与键相配合的键槽，如图 3-19 所示。键槽的宽度 b 可根据轴的直径 d 查表确定，轴上的槽深 t 和轮毂上的槽深 t_1 可从键的标准（见附表）中查得。

(3) A 型普通平键的标记

例如：键 18×100　GB/T 1096—2003

表示 $b = 18$ mm, $h = 11$ mm, $l = 100$ mm 的 A 型普通平键（A 型普通平键的型号 A 可省略不注）。

4. 销连接

销也是标准件，主要用于零件间的连接和定位，并可传递不大的载荷。常用的销有圆柱销、圆锥销和开口销。开口销用在带孔螺栓和带槽螺母上，将其插入槽形螺母的槽口和穿过带孔螺栓的孔，并将销的尾部叉开，以防止螺母与螺栓松脱。

圆柱销、圆锥销和开口销的主要尺寸、标记和连接画法如表 3-4 所示。

表 3-4　销的种类、型式、标记和连接画法

名称及标准	主要尺寸	标记	连接画法
圆柱销 GB/T 119.1—2000		销 GB/T 119.1—2000 $Ad \times l$	
圆锥销 GB/T 117—2000		销 GB/T 117—2000 $Ad \times l$	
开口销 GB/T 91—2000		销 GB/T 91—2000 $d \times l$	

5. 常见装配结构

在进行装配体设计与装配时，应考虑装配结构的合理性，以保证机器和部件的性能，连接可靠，便于零件拆装。

(1) 接触面与配合面结构的合理性

① 两个零件在同一方向上有一个接触面和配合面，如图 3-21 所示。

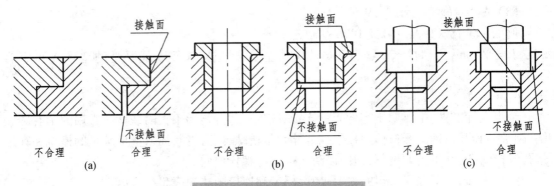

图 3-21 常见装配结构(一)

② 为保证轴肩端面与孔端面接触,可在轴肩处加工出工艺槽,或在孔的端面加工出倒角,如图 3-22 所示。

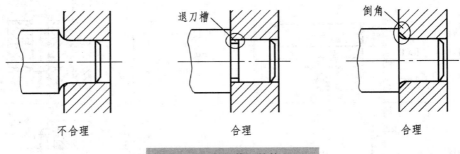

图 3-22 常见装配结构(二)

(2) 密封装置

为防止机器或部件内部的液体或气体向外渗漏,同时也避免外部的灰尘、杂质等侵入,必须采用密封装置。如图 3-23 所示为典型的密封装置,通过压盖或螺母将填料压紧而起防漏作用。

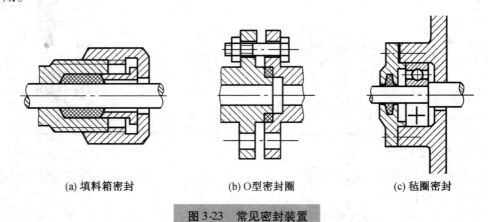

图 3-23 常见密封装置

本任务中采用的为用压紧螺母通过压盖将填料压紧的填料箱密封的方式。

(3) 并紧与防松装置

机器或部件在工作时,由于受到震动或冲击,有些紧固件可能产生松动。为了防止轴上零件松动或紧固件松动,在轴上零件装配时或某些装置中需采用并紧与防松结构,如图3-24所示。

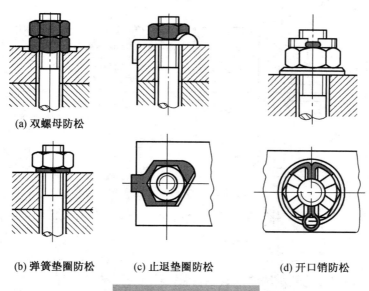

(a) 双螺母防松

(b) 弹簧垫圈防松　　(c) 止退垫圈防松　　(d) 开口销防松

图3-24　常见防松装置

本任务中采用的是弹簧垫圈防松、螺母轴向并紧的装置。

（4）中心孔

中心孔是轴类零件上使用频率很高的结构要素。常用的标准中心孔有四种型式:A、B、C、R,如图3-25所示,结构与尺寸见附表13。

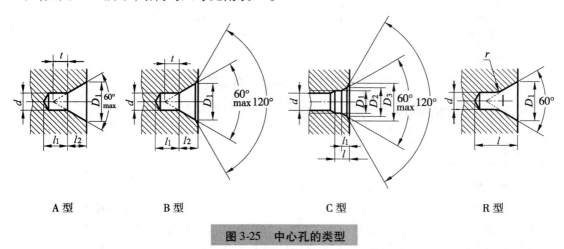

A型　　　　B型　　　　　C型　　　　　R型

图3-25　中心孔的类型

测绘时应根据实物和该表确定中心孔的型式和尺寸。中心孔在图样中的表示法应按表3-5的规定,用符号和标记给出要求。

表 3-5　中心孔的符号和表示法示例（摘自 GB/T 4459.5—1999）

要　求	符　号	表示法示例	说　明
在完工的零件上要求保留中心孔		GB/T 4459.5—B2.5/8	采用 B 型中心孔 $d=2.5$ mm，$D_1=8$ mm，在完工的零件上要求保留
在完工的零件上可以保留中心孔		GB/T 4459.5—A4/8.5	采用 A 型中心孔 $d=4$ mm，$D_1=8.5$ mm，在完工的零件上是否保留都可以
在完工的零件上不允许保留中心孔		GB/T 4459.5—A1.6/3.35	采用 A 型中心孔 $d=1.6$ mm，$D_1=3.35$ mm，在完工的零件上不允许保留

除表中的几种中心孔表示法之外，也可将标记中的标准编号移至型式、尺寸的下方，如图 3-26(a)、(b)所示。在不致引起误解时，也可省略标准编号，如图 3-26(c)所示。

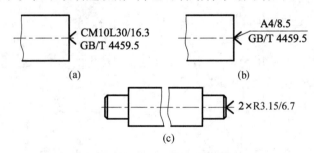

图 3-26　中心孔的表示方法

步骤二：画装配示意图，拆卸齿轮油泵

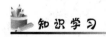

学习装配示意图的基本知识，学会绘制齿轮油泵装配示意图。

为了便于部件拆装后装配复原和指导绘制装配图，在拆卸零件的同时，画出部件的装配示意图，并编上序号，记录零件的名称、数量、装配关系和拆卸顺序。装配示意图是用简单的线条和机构运用常用的简图符号（见附表 1）所画成的各零件的相互关系和大致轮廓。它的作用是指明有哪些零件以及它们装在什么地方，以便将拆散的零件按原样重新装配起来，同时也可供画装配图时参考。

画装配示意图时需注意以下几点：

① 画装配示意图时，仅用简单的符号和线条表达部件中各零件的大致形状和装配关系，如轴类零件用特粗线（2d）表示。通常仅画出相当于一个投射方向的图形，其上尽可能集中反映全部零件。若表达不清，可增加图形，但图形间仍应符合投影规律。

② 将被测绘的部件假想成透明体,既画出外形轮廓,又画出外部及内部零件间的装配关系。

③ 相邻两零件的接触面之间最好留出空隙,以便区分零件。零件中的通孔可画成开口,以便清楚表达装配关系。

④ 装配示意图中的零件按拆卸次序编号,并注明零件名称、数量、材料等。不同位置的同一种零件只编一个号。由于标准件不必画出零件草图,因此,只要测得几个主要尺寸,从相应的标准中查出规定标记,将这些标准件的名称、数量和规定标记注写在装配示意图上或列表说明。

⑤ 有些零件(如轴、轴承、齿轮、弹簧等)应参照国家标准 GB/T 4460—2013 中的规定符号表示(见附表1)。若无规定符号则该零件用单线条画出其大致轮廓,以显示其形体的基本特征。

如图 3-27 所示为齿轮油泵的装配示意图。

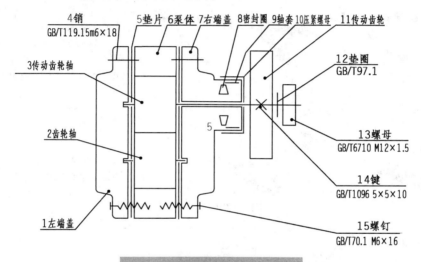

图 3-27　齿轮油泵装配示意图

技能学习

了解拆卸工具的种类和使用方法,学会确定齿轮油泵的拆装顺序。

1. 拆卸工具介绍

在拆卸部件时,应在分析装配体结构特点的基础上,选用合适的工具逐步拆卸,保证不损坏零件和影响精度。表 3-6 为常用的拆卸工具。

表3-6 常用拆卸工具

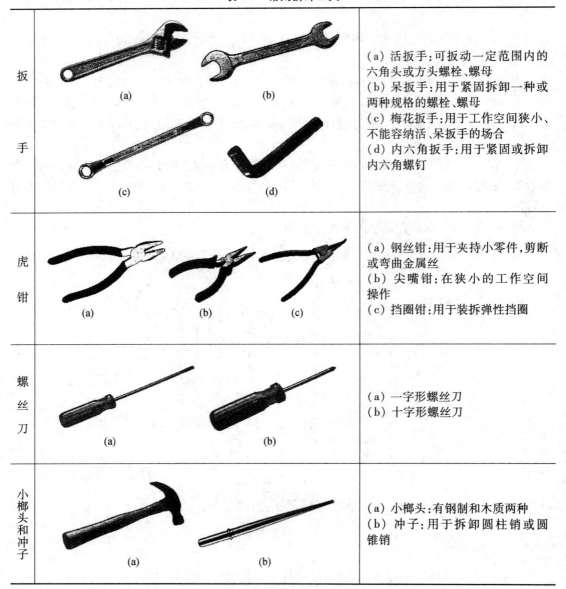

2. **分析齿轮油泵中零件拆卸顺序**

如图3-28所示为齿轮油泵的分解图。

根据齿轮油泵的结构分析,齿轮油泵有两条装配线:一条是传动齿轮轴装配线,传动齿轮轴装在泵体和左、右端盖的支承孔内,在传动齿轮轴右边的伸出端装有密封圈、轴套、压紧螺母、传动齿轮、键、弹簧垫圈和螺母;另一条是从动齿轮轴装配线,从动齿轮轴装在泵体和左、右端盖的支承孔内,与主动齿轮相啮合。

齿轮油泵的拆卸顺序:

① 螺母——弹簧垫圈——传动齿轮——压紧螺母(轴套)——密封圈;

② 销(2个)——螺钉(6个)——左、右盖板——垫片(2个)——传动齿轮轴——从动齿轮轴——泵体。

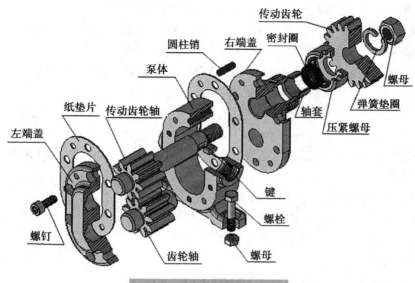

图 3-28 齿轮油泵分解图

 技能学习

根据装配示意图,将齿轮油泵上每个零件按照装配示意图的序号进行编号,可用透明胶带纸将序号贴在零件表面,使用合适的拆卸工具,按照拆卸顺序进行拆卸。注意操作规范,拆下的零件要收藏到位,不能遗漏一个零件。

拆卸时应注意以下几点:

① 拆卸部件前要仔细分析装配体的结构特点、装配关系和连接方式,根据连接情况采用合理的拆卸方法,并注意拆卸顺序。对精密或重要的零件,拆卸时应避免重击。

② 对不可拆卸零件(焊接件、铆接件、镶嵌件或过盈配合连接等)不应拆开;对于精度要求较高的过渡配合处或不拆也可测绘的零件,尽量不拆,以免降低机器的精度或损坏零件而无法复原;对于标准部件(如滚动轴承或油杯等)也不能拆卸,查有关标准即可。

③ 对于部件中的一些重要尺寸,如零件间的相对位置尺寸、装配间隙和运动零件的极限位置尺寸等,应先进行测量,以便重新装配部件时,保持原来的装配要求。

④ 对于较复杂的装配体,拆卸零件时,应边拆边登记编号,并按照顺序排列零件,挂上标签,注写编号和零件名称,妥善保管,避免零件损坏、生锈或丢失。对螺钉、键、销等容易丢失的细小零件,拆卸后仍装在原来的孔、槽中,以免丢失和错位。标准件应列出细目。

步骤三:绘制零件草图

 技能学习

复习模块 2 中零件草图的绘制方法。画零件草图的要求是:图形正确,表达清晰,尺寸齐全,并标注相应的技术要求,填写标题栏。

画草图之前,应对所测绘的零件进行详细分析。

① 了解该零件的名称和用途,鉴别该零件是用什么材料制成的。

② 对该零件的结构进行分析。由于零件的形状和每个局部结构都有一定的功能,所以

必须看清它们在部件中的功用以及与其他零件间的装配连接关系。

③ 对该零件进行必要的工艺分析。由于同一零件可用不同的加工顺序或加工方法制造,所以对其结构的表达方法、基准选择和尺寸标注也不完全相同。

④ 确定零件的表达方案。通过零件的结构和工艺分析,考虑零件所属的类型,选择适当的零件安放位置、主视图的投影方向以及视图表达的数量。

⑤ 部件中的标准件不必画出零件草图,只要测得几个主要尺寸(螺纹的大径、螺距 P,键的长度 L、宽度 b、高度 h 等),从相应的标准中查出规定标记,列出明细栏予以详细记录。

⑥ 零件的配合尺寸,应正确判定其配合状况(参考有关资料),并成对在相应两零件的草图上进行标注。

下面以传动齿轮轴为例,介绍齿轮油泵中各零件的草图绘制过程。

1. 学习齿轮的测绘方法,确定齿轮的基本参数

(1) 标准渐开线直齿圆柱齿轮参数的测量方法

数出齿轮齿数 z。

测量齿顶圆直径。如图 3-29 所示,当齿数为偶数时,齿顶圆直径 d_a 可直接测得;当齿数为奇数时,可先测得 e 值、轴孔内径 d,再按照下式计算出 d_a 的值:

$$d_a = d + 2e$$

于是,模数 m 可以按下式求出:

$$m = \frac{d_a}{z+2}$$

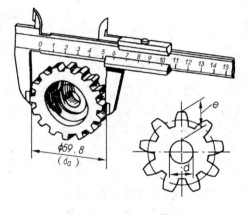

图 3-29 测量齿轮的方法

由模数的计算值可查出齿轮的标准模数,选取与计算值相近的标准模数(高于计算值)。

齿轮的齿数和模数确定后,可计算:

齿轮分度圆直径 $d = mz$;

齿顶圆直径 $d_a = m(z+2)$;

齿根圆直径 $d_f = m(z-2.5)$;

齿轮啮合的中心距 $a = \frac{1}{2}m(z_1 + z_2)$。

(2) 传动齿轮轴齿轮参数的确定

根据上述齿轮的测绘方法,可确定传动齿轮轴的基本参数(单位:mm)。

齿数 $z = 9$,齿数为奇数。

采用分步测量的方法,计算出齿顶圆的直径,同时计算出模数,根据计算值,查齿轮的标准模数,得 $m = 3$。

由此可计算:

齿轮分度圆直径 $d = mz = 3 \times 9 = 27$;

齿顶圆直径 $d_a = m(z+2) = 3 \times (9+2) = 33$;

齿根圆直径 $d_f = m(z-2.5) = 3 \times (9-2.5) = 19.5$。

由于从动齿轮与主动齿轮参数一致,则 $a = \frac{1}{2}m(z_1 + z_2) = 0.5 \times 3 \times (9+9) = 27$。

2. 复习外螺纹的测绘方法,确定外螺纹的标记

复习外螺纹的测绘方法,采用游标卡尺测量 6 个螺距的长度 $L = 9.23$ mm,$P = L/6 = 1.53$ mm。

查附表普通螺纹的相关标准,确定螺距 $P = 1.5$ mm。

使用游标卡尺测量螺纹的大径 $d = 11.95$ mm,查得相关标准,外螺纹的公称直径 $d = 12$ mm,由此,外螺纹的标记为 M12×1.5。

3. 键的选择及键槽的尺寸确定

(1) 平键的选择

根据实物测量平键的尺寸,查阅平键标准(见附表14),选择与轴颈 $\phi 14$ 相对应的标准平键,GB/T 1096 键 5×5×10(A 型键)。

(2) 键槽的尺寸确定

查阅平键标准(见附表15),确定轴上及轮毂上键槽的尺寸。

① 轴上键槽尺寸。查表得:$t_1 = 3$ mm,$d - t_1 = 14 - 3 = 11$ mm,相应尺寸公差 $11^{+0.1}_{0}$、$5N9(^{0}_{-0.030})$,如图 3-30 所示。

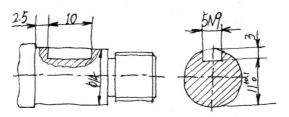

图 3-30 确定轴上键槽尺寸及公差

② 轮毂上键槽尺寸。查表得:$t_2 = 2.3$ mm,$d + t_2 = 14 + 2.3 = 16.3$ mm,相应尺寸公差 $16.3^{+0.1}_{0}$、$5JS9(\pm 0.015)$,如图 3-31 所示。

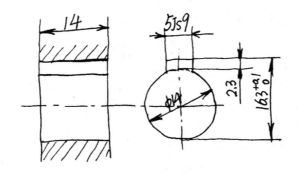

图 3-31 确定轮毂上键槽尺寸及公差

4. 确定中心孔的结构型式与尺寸

传动齿轮轴两端有中心孔,对照实物与附表 13 的标准,该中心孔为 B 型,标记为 GB/T 4459.5—B2/6.3。将标记注写在图样上,如图 3-32 所示。

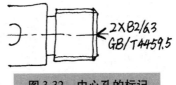

图 3-32 中心孔的标记

5. 确定传动齿轮轴表达方案,绘制其视图

(1) 结构分析

传动齿轮轴是由主动齿轮与传动轴合二为一,结构上比较简单,各部分均为同轴回转体。齿轮轴的左端是与左端盖的支承孔装配在一起的,右端有键槽,通过键与传动齿轮连接,再用弹簧垫圈和螺母紧固;齿轮部分的两端有砂轮越程槽,螺纹端有退刀槽。

(2) 视图表达

传动齿轮轴选取轴线水平的加工位置放置,键槽朝前,表达键槽的形状;键槽的深度用移出断面图表达;越程槽和退刀槽用局部放大图表示,如图3-33所示。

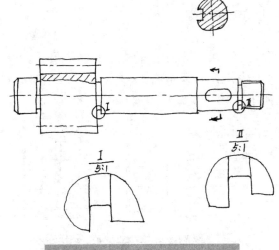

图 3-33 传动齿轮轴的表达方案

6. 分析尺寸基准,测量尺寸,标注尺寸

标注草图尺寸需要按照零件形状并考虑零件加工工艺和加工顺序,确定尺寸基准,画出全部尺寸的尺寸线、尺寸界线和箭头,然后在零件上量取尺寸,填写尺寸数字。

(1) 基准选择

合理选择尺寸基准。标注尺寸应尽可能使设计基准与工艺基准统一,做到既符合设计要求,又满足工艺要求。重要的尺寸应从设计基准出发标注,直接反映设计要求;非重要的尺寸应考虑加工测量方便,以加工顺序为依据,由工艺测量基准出发标注尺寸,以直接反映工艺要求,如图3-34所示。

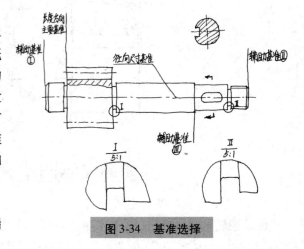

图 3-34 基准选择

(2) 尺寸标注

尺寸25f7为重要尺寸,以齿轮左端面为长度方向主要设计基准标注尺寸;考虑齿轮轴的加工顺序,以工艺基准标注尺寸。对于越程槽和退刀槽,查阅相关标准(附表19和20)取标准值,键槽尺寸根据键的标准已经确定,从而确定中心孔的型式和尺寸,

如图 3-35 所示。其余线性尺寸可使用测量工具进行测量。

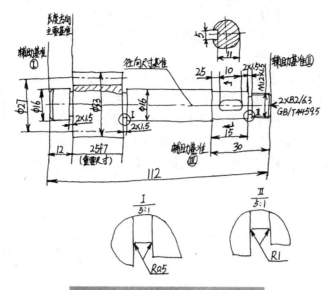

图 3-35　传动齿轮轴的尺寸标准

7. 初步确定零件材料

正确确定零件材料是测绘中十分重要的环节。常用金属材料的牌号及其用途见书末附表。测绘中,对于一般用途的零件,可参照应用场合雷同的零件选取,或查阅有关手册确定;也可根据零件表面的色泽或听其敲击声音辨别材料;还可由砂轮上磨出的火花来辨别材料。对特别重要的零件,最好能在理化室进行光谱分析或化学分析,鉴定出材料所含元素及其含量。齿轮油泵中的传动齿轮轴可以选用碳素结构钢,如 45 号钢,经过整体调质后,齿面进行高频淬火处理。

8. 标注技术要求

(1) 技术要求的一般内容

图样中的技术要求,包括设计、加工及使用中各方面的技术,如几何精度、工艺性说明、理化参数及检测规范等。具体包括以下几个方面:

① 对材料、毛坯、热处理的要求,如电磁参数、化学成分、湿度、硬度、金相要求等;
② 对有关结构要素的统一要求,如倒圆、倒角尺寸等;
③ 对零部件表面质量的要求,如涂层、镀层、喷丸等;
④ 对零部件装配的间隙、过盈及个别结构要素的特殊要求;
⑤ 对零件的尺寸公差要求;
⑥ 对零件的形状和位置公差的要求;
⑦ 对校准、调整及密封的要求;
⑧ 对产品及零部件的性能和质量的要求,如噪声、耐振性及安全要求等;
⑨ 实验条件和方法;
⑩ 其他说明。

(2) 技术要求的文字书写

文字书写的技术要求,标注在标题栏附近。书写时应注意:

① "技术要求"的标题及条文，注写在标题栏上方或左方的空白处；
② 文字说明应以"技术要求"为标题，仅一条时不必编号，但不得省略标题；
③ 条文用语力求简明、规范，或约定俗成，切忌口语化。

（3）传动轴的技术要求标注

由于传动轴的各轴段处均与油泵中的相关零件有配合关系，根据附表 23 可以选择相应的配合，所以在 $\phi 34.5f7$、$\phi 16h6$、$\phi 14k6$ 处均标有公差代号，相应的表面结构要求也较高。可根据附表 29、30、31、32 进行选择，齿轮两端面为 $Ra0.8$、齿顶表面与左轴段均为 $Ra1.6$、键槽处轴表面为 $Ra3.2$。齿轮左端面为重要端面，根据附表 27 选择对应的形位公差——垂直度要求，注出其对轴线的垂直度公差为 0.015。使用文字技术要求说明齿面热处理要求。草图如图 3-36 所示。

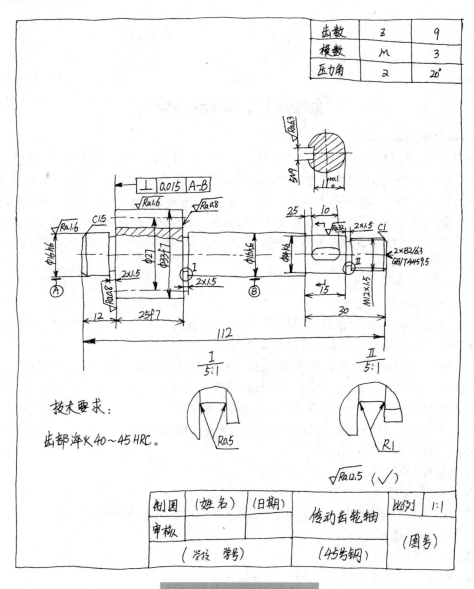

图 3-36　传动齿轮轴草图

> **注意：**
> 形状与位置公差的选用，对缺乏设计经验者，可参照应用场合雷同的有关资料（如产品图样或设计手册）确定其等级，再按照 GB/T 1184—1996 查取公差值。形位公差各等级的应用场合见附表 27。

9．其他零件的草图绘制中的问题

（1）初定材料

常用金属材料的牌号及其用途见附表 33、34。齿轮油泵中的泵体和左右端盖都是铸件，一般选用中等强度的灰铸铁（人工时效处理），如 HT200。

（2）表面结构要求

测绘时，表面结构要求的确定通常是查阅由有关设计手册所提供的基于经验或基于统计的数据资料。不同应用场合的表面结构要求的 Ra 参数值可查阅附表 29；各种加工方法所能达到的 Ra 值可查阅附表 30；齿轮表面结构要求的 Ra 值可查阅附表 31；表面粗糙度与尺寸公差、形位公差的对应关系可查阅附表 32。齿轮油泵的泵体上的螺孔表面结构要求可选用 $Ra6.3$，泵体与左右端盖的结合面则选用 $Ra3.2$。

（3）配合要求

测绘时，线性尺寸公差应根据该尺寸在装配中的功能要求，尽可能选用优先配合，以减少所需定值刀具、量具的数量，降低生产成本。各种优先配合可参照附表 23 给出的应用场合比照选用，孔和轴的极限偏差可由附表 24 和附表 25 中查取。

如图 3-37 所示，齿轮油泵中的各零件间配合如下：

一对啮合齿轮与泵体齿轮孔采用基孔制间隙配合（$\phi33H8/f7$），2 处；

齿轮轴与左右端盖支承采用基孔制间隙配合（$\phi16H7/h6$），4 处；

传动齿轮轴与传动齿轮（用键连接）采用基孔过渡配合（$\phi14H7/k6$），1 处。

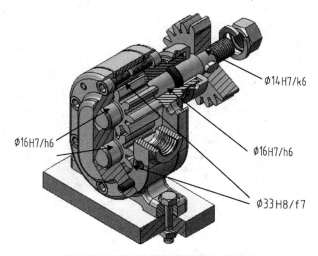

图 3-37 齿轮油泵中的配合要求

(4) 泵体上进油口和出油口的螺纹测绘

如图 3-38 所示,泵体中的进出油口为管螺纹,采用简易方法进行测绘。

① 如果有相应的管接头,可以测量管接头的外螺纹,从而确定进出油口的螺纹规格。

② 没有管接头时,通过测量每 25.4 mm 内所包含的牙数 n,计算螺距 P;测量螺纹小径 D_1 的值。查阅 55°非密封用管螺纹的标准(附表 3-3),可以确定管螺纹的规格。

使用游标卡尺测量进出油口的管螺纹,每 25.4 mm 内包含 19 个牙数,计算出螺距 $P = 25.4/19 = 1.337$ mm;测量小径 $D_1 = 14.995$ mm。查阅附表 3-3,该管螺纹的尺寸代号为 3/8,标记为 G3/8。

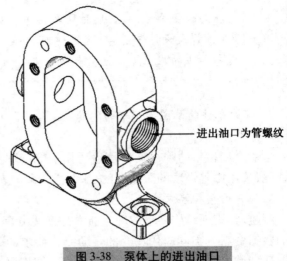

图 3-38　泵体上的进出油口

(5) 其他零件草图

如图 3-39～图 3-43 所示为齿轮油泵中部分零件草图。

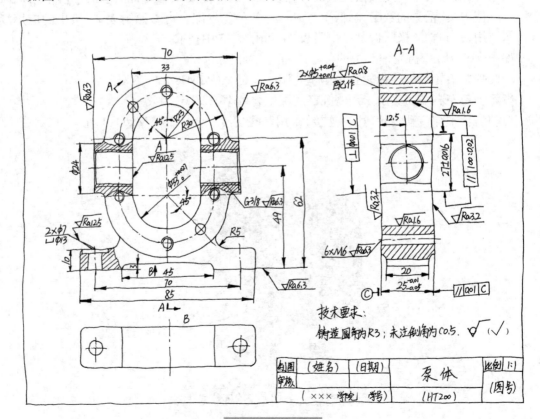

图 3-39　泵体

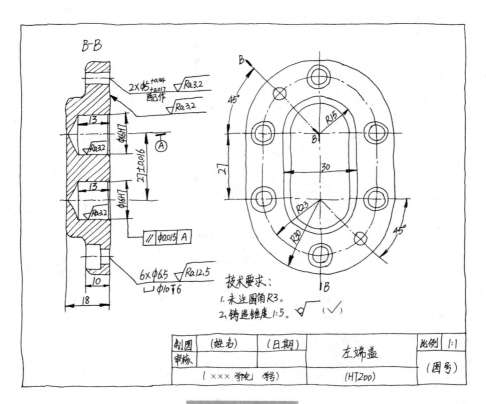

图 3-40 左端盖

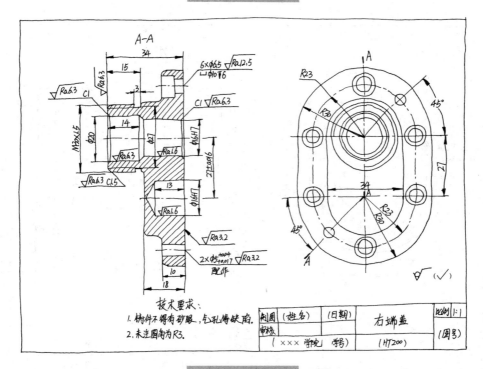

图 3-41 右端盖

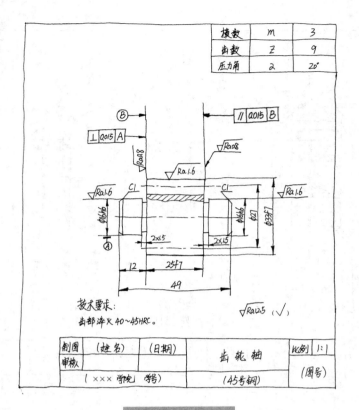

图 3-42 齿轮轴

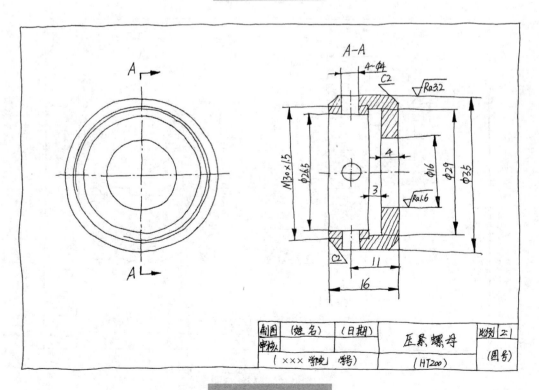

图 3-43 压紧螺母

步骤四：绘制齿轮油泵装配图

1. 装配图的内容

装配图是用来表达机器或部件的图样。表示一台完整机器的图样，称为总装图；表示一个部件的图样，称为部件装配图。如图 3-44 所示为铣刀头部件装配图。

装配图主要表达机器或部件的工作原理、装配关系、结构形状和技术要求，用以指导机器或部件的装配、检验、调试、安装、维修等。图 3-44 所示的铣刀头装配图包括以下四部分基本内容：

① 一组视图：用一组视图来正确、完整、清晰地表达机器（或部件）的工作原理、各零件的装配关系、零件的连接方式、传动路线以及零件的主要结构形状等。

② 必要的尺寸：包括表示机器（或部件）的规格、性能以及装配、检验、安装时所必要的一些尺寸。

③ 技术要求：用文字或符号说明机器（或部件）的性能、装配和调整要求、验收条件、试验和使用规划等。

④ 零件的序号、明细栏和标题栏：为了便于生产的组织和管理工作，在装配图上对每个不同零件编写序号，并编制明细栏。明细栏中说明各零件的名称、序号、数量、材料以及附注等。标题栏的内容有机器（或部件）的名称、重量、图号、图样比例及设计、制图、校核人员的签名等。

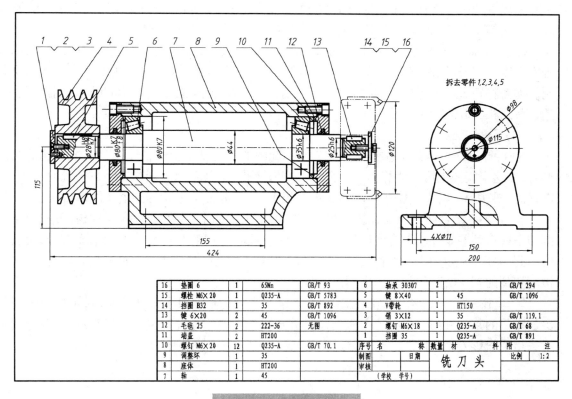

图 3-44 铣刀头装配图

2. 装配图的表达

装配图要正确、清晰地表达装配体结构和主要零件的结构形状,其表达方法与零件图的表达方法基本相同。但装配图表达的是装配体的总体情况,因此,在装配图中对装配体的表达方法又做了一些其他规定。

(1) 规定画法

① 两个零件的接触(或配合)表面,只画一条轮廓线。但两个零件的非接触(或非配合)表面,必须画出两条线,以表示各自的轮廓。如图 3-45 所示滚动轴承外圈与机座孔、内圈与轴颈两处的配合面以及螺母和垫圈、垫圈和齿轮端面两处的接触面都只画了一条轮廓线,而端盖孔与轴、键的顶面两处的非配合表面均分别画出各自的轮廓线。

② 在采用剖视的装配图中,相邻两金属零件的剖面线倾斜方向应相反或是方向一致、间隔不等;截面小的剖面线间

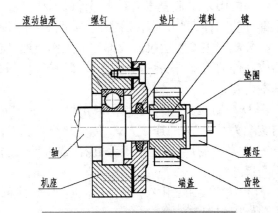

图 3-45　装配图的基本规定画法

隔画得小些。如图 3-45 所示中的机座与端盖、机座与滚动轴承外圈的剖面线都画成相反的倾斜方向,而端盖与滚动轴承外圈的剖面线就画成方向一致,但间隔不等。但必须注意,同一装配图中的同一零件,在各视图中的剖面线,其倾斜方向和间隔均应相同。当零件的厚度小于或等于 2 mm 时,允许用涂黑代替剖面符号,如图 3-45 所示的垫片。

③ 为了简化作图,在剖视图中,对紧固零件(螺栓、螺钉、螺母、垫圈)以及轴、销、键、球等实心零件,若按纵向剖切,且剖切平面通过其对称平面或轴线时,则这些零件均按不剖绘制。如需特别表示该零件上的结构和装配关系,如凹槽、键槽、销孔等,则可用局部剖视图表达这些结构,如图 3-45 所示。

(2) 特殊画法

① 拆卸画法。当某个(或某些)零件在装配图的某一视图上遮住了其他需要表达的结构时,在这个视图上可以假想拆去这个(或这些)零件,把其余部分画出来。需要说明时,可以标注"拆去××等"。如图 3-44 所示的左视图,就是拆去 V 带轮等五个零件画出的。

② 沿零件结合面剖切的画法。在装配图的某个视图上,为了表示内部结构,可假想用剖切平面沿某些零件的结合面剖切的方法绘制。此时零件的结合面上不画剖面符号,而被剖切到的部分必须画出剖面符号。如图 3-46 中的 A-A 剖视图就是按这种方法画出的,图中被剖切到的轴、螺栓、销都画出了剖面符号。

③ 单独表示某个零件。在装配图中,当某个零件的形状没有表达清楚时,可以单独画出该零件的某一视图。但必须在所画视图上方注出该零件的视图名称,在相应视图附近用箭头指明投影方向,并注上同一字母。如图 3-46 中泵盖 B 向视图。

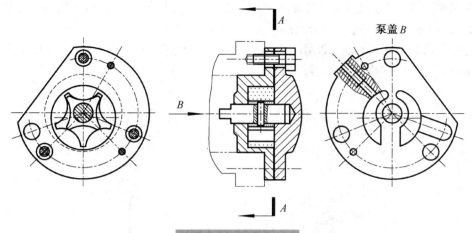

图 3-46 转子油泵

④ 假想画法。在装配图中,为了表示运动零件的极限位置或表示本部件与相邻零(或部)件的部分轮廓,可将其假想画出。如图 3-47 上方的双点画线表示阀手柄的一个极限位置,下方的双点画线表示与阀相邻零件的部分轮廓。

⑤ 夸大画法。对装配体上的薄片零件、细丝弹簧、微小的间隙和锥度很小的销、孔等,允许该部分不按比例画而夸大画出,如图 3-45 中的垫片。

⑥ 简化和省略画法。对装配图中若干相同的零件组,如螺栓连接等,可仅详细画出一组或几组,其余只需用细点画线表示出装配位置。如图 3-48 中用细点画线表示出了另两组螺栓连接支架的位置。

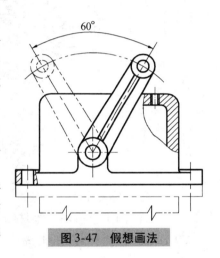

图 3-47 假想画法

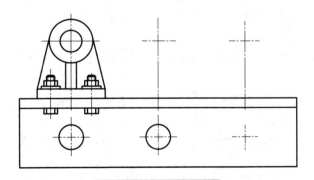

图 3-48 简化画法

在装配图中,零件的工艺结构,如小倒角、圆角、退刀槽等可不画出。如图 3-45 中轴承盖、轴上各阶梯间的倒角、退刀槽均未画出。

装配图中的滚动轴承允许采用简化画法或示意画法,如图 3-45 中轴承的画法。

⑦ 展开画法。如图 3-49 所示,三星齿轮传动机构有五条装配主干线,为了表达它的传

动路线和装配关系,可假想按其传动顺序沿轴线剖切,然后依次展开到与所选的投影面(图示为侧面)相平行的位置,再画出剖视图,这种画法叫作展开画法。

展开画法必须进行标注,即用剖切符号和字母表示剖切的位置和投影方向,在剖视图的上方注明展开图的名称"×-×展开"。

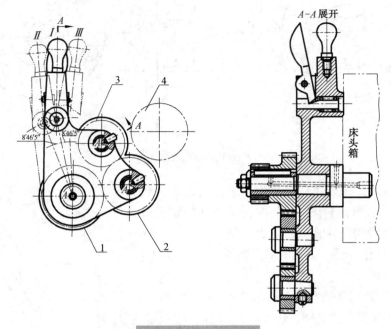

图3-49　展开画法

3. 装配图的尺寸

由于装配图不直接用于零件的制造生产,因此,在装配图上无须标注出各组成零件的全部尺寸,而只标注与部件性能、装配、安装等有关的尺寸,如图3-50所示。

① 规格或性能尺寸:表示机器(或)部件规格或性能的尺寸。这种尺寸在设计机器(或部件)时就已经确定,它是设计和选用部件的主要依据。如图3-50中$\phi 50H8$,表明该轴承只能用以支承轴径基本尺寸$\phi 50$的轴。

② 装配尺寸:用来保证部件功能精度和正确装配的尺寸。这类尺寸一般包括配合尺寸和相对位置尺寸。

配合尺寸:表示零件间配合性质的尺寸,如图3-50中轴承座与轴承盖间的90H9/f9、下轴衬与轴承座间的$\phi 60H8/k7$。

相对位置尺寸:表示装配时零件间需要保证的相对位置尺寸,常见的有重要的轴距、孔心距和间隙等。如图3-50中轴承盖与轴承座接触面的距离2即为相对位置尺寸。

③ 安装尺寸:表示部件安装到其他零(部)件或基座上所需的尺寸。如图3-50中轴承座的安装孔直径$\phi 17$和两孔中心距180。

④ 外形尺寸:表示部件的总长、总宽和总高的尺寸。它表示部件所占空间的大小,以供产品包装、运输和安装时参考。如图3-50中轴承座总长240、总宽80、总高160即是外形尺寸。

⑤ 其他重要尺寸:指设计过程中经计算或选定的重要尺寸以及其他必须保证的尺寸。

如图3-47手柄运动极限尺寸60°。

应当指出，装配图上的一个尺寸，有时兼有几种作用，五类尺寸并非任何一张装配图上都有。因此，在标注装配图尺寸时，可根据装配体的具体情况选注。

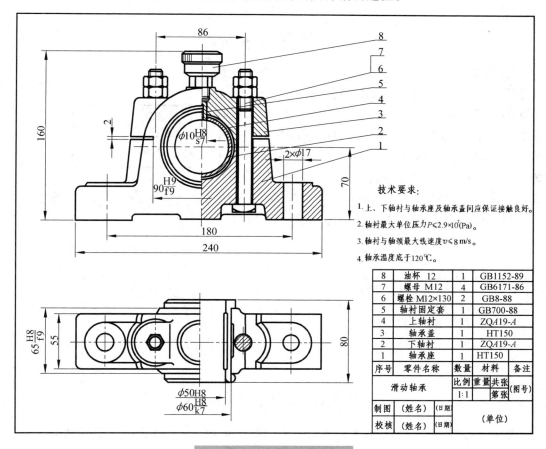

图3-50 滑动轴承装配图

4．序号及明细栏、标题栏

为了便于看图、装配、图样管理以及做好生产准备工作，必须对装配图上的每个不同零（部）件进行编号（这种编号称零件的序号）。同时要编制明细栏。

（1）零（部）件序号

① 装配图中所有零（部）件都必须编写序号。同一张装配图中相同零件或部件应编写同样的序号，一般只标注一次。零（部）件数量在明细栏中的相应栏中填写。如图3-50中螺母7，数量是4个，但序号只编了一个"7"。多处出现相同零（部）件，必要时可重复标注。

② 序号应注在视图轮廓的外边，其编写形式如图3-51所示。用细实线画出指引线，编号端画一水平短线（细实线）或圆（细实线）。在水平短线上或圆内注写序号。序号字高比装配图中所注尺寸数字大一号[图3-51（a）]或大两号[图3-51（b）]；编号端也可不画水平短线或圆，而在指引线附近注写序号，此时序号高比尺寸数字高大两号，如图3-51（c）所示。但应注意，同一装配图中编写序号的形式应一致。

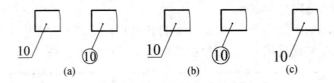

图 3-51　序号的编注形式

③ 指引线应自所指的可见轮廓引出，并在末端画一小圆点。若所指部分（很薄的零件或涂黑的剖面）内不便画出圆点时，可在指引线的末端画一箭头，并指向该部分的轮廓，如图 3-52 所示。指引线应尽可能分布均匀，不能相交。当指引线通过有剖面线的区域时，不能与剖面线平行。必要时指引线可以画成折线，但只可曲折一次（图 3-52）。一组紧固件以及装配关系清楚的零件组，可以采用公共指引线的形式，如图 3-53 所示。

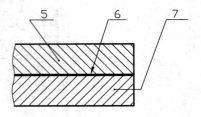

图 3-52　指引线画法

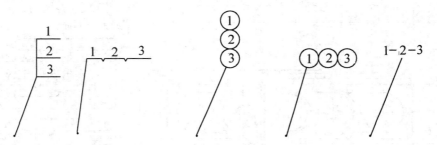

图 3-53　公共指引线的画法

装配图上的序号应按顺时针或逆时针方向顺次排列。在整个图上无法连续时，可只在水平或垂直方向顺次排列，如图 3-50 只在垂直方向排列。

(2) 明细栏

① 明细栏的基本要求。装配图中一般应画明细栏，并配置在标题栏上方，按自下而上的顺序填写。当空间不够时，可紧靠在标题栏的左侧自下向上延续（见图 3-44）。当装配图中不能在标题栏的上方配置明细栏时，可作为装配图的续页按 A4 幅面单独给出，其顺序应由上而下延伸（即序号填写在最上面一行）。需要时还可连续加页。

当同一图样代号的装配图有两张或更多的图纸时，明细栏应放在第一张装配图上（明细栏配置在标题栏上方时）。

② 明细栏的内容及格式。明细栏一般由序号、零件名称、数量、材料、备注等组成，也可按照需要增加或减少项目。明细栏放在装配图中标题栏上方时的格式和尺寸如图 3-54 所示。

图 3-54 明细栏格式

③ 明细栏中项目的填写。零件名称应填写相应组成部分的名称。必要时,也可写出其型式和尺寸(如:销 A3×25)。材料栏应填写材料的标记(如:HT150)。备注栏应填写图样中标准件的标准代号(如:GB/T 119—1986),可填写必要的附加说明或其他有关的重要内容。例如,齿轮的齿数、模数等常在备注栏内填写。

(3) 标题栏

可按照零件图标题栏的方法填写,但要在图纸名称处写明"部件名称",注明装配图的绘图比例,根据要求编排装配体中部件的编号。在标题栏中的图号栏,按顺序填写"共×张第×张"。

技能学习

画图前,首先对所画装配体的性能、用途、工作原理、结构特征及零件之间的装配关系进行了解和分析。

齿轮油泵(图 3-55)是靠一对齿轮传动,将液体加压送到所需地方的一种装置。

如图 3-56(a)所示,当动力传入主动齿轮轴 3,和它啮合的从动齿轮 2 也随之转动。泵体 6 的前后方向有一个进油孔和一个出油孔,如图 3-56(b)所示。当主动齿轮轴 3 按逆时针方向转动时,由于一对啮合齿轮的快速转动,啮合区内靠近进油孔一侧的压力降低而产生局部真空,由于大气压的作用,油从进油孔吸入。随着齿轮的传动,齿槽中的油不断被带至出油孔压出,送到所需的地方。泵体 6 与左右泵盖 1、7 由螺钉 15 和圆柱销 4 相连接。垫片 5 和密封圈 8 是为了防止油从泵内漏出。

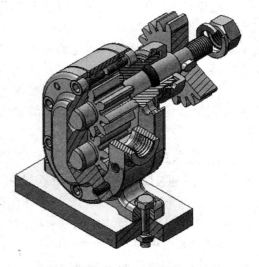

图 3-55 齿轮油泵轴测图

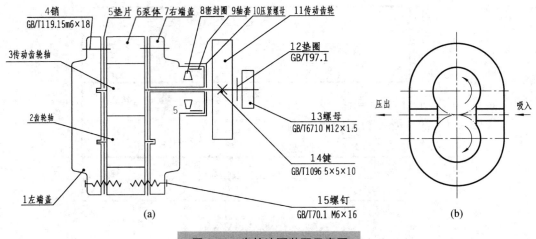

图 3-56　齿轮油泵装配示意图

确定表达方案：

一般对装配图视图表达的基本要求是：应正确、清晰地表达出部件的工作原理、各零件间的相对位置关系及其装配关系以及零件的主要结构形状。在确定部件视图表达方案时，首先要选好主视图，然后配合主视图选择其他视图。

1. 主视图的选择

主视图的选择应符合下列要求：

① 一般按部件的工作位置放置。当部件在机器上的工作位置倾斜时，可将其放正，使主要装配轴线垂直于某基本投影面，以便于画图。

② 应能较好地反映部件的工作原理和主要零件间的装配关系，因此一般都画成剖视图。

如图 3-55 所示的齿轮油泵在确定主视图时按工作位置原则选取，并采用全剖视图来表示齿轮和齿轮轴的传动关系以及零件间的装配关系。

2. 确定其他视图

根据对装配图视图表达的要求，针对部件在主视图中尚未表达清楚的内容，应选择适量的其他视图或剖视图等表达。

齿轮油泵的左视图采用半剖视图，既反映了油泵的工作原理，又表达了端盖和泵体的外形，连接螺钉、定位销以及泵体下部安装孔的位置，泵体内进出油口的结构也表达清楚了。

 技能训练

齿轮油泵装配图的绘制步骤：

① 选定图幅 A3 图纸，确定绘图比例 1：1。

② 布置图面，画出作图基准线，再由主视图入手配合其他视图，按装配干线，从传动齿轮轴开始，由里向外逐个画出齿轮轴、泵体、泵盖、垫片、密封圈、轴套、压紧螺母、键、传动齿轮等；或从泵体开始由内向外逐个画出主动齿轮轴、从动齿轮轴等，完成装配图的底稿，如图 3-57（a）～（d）所示。

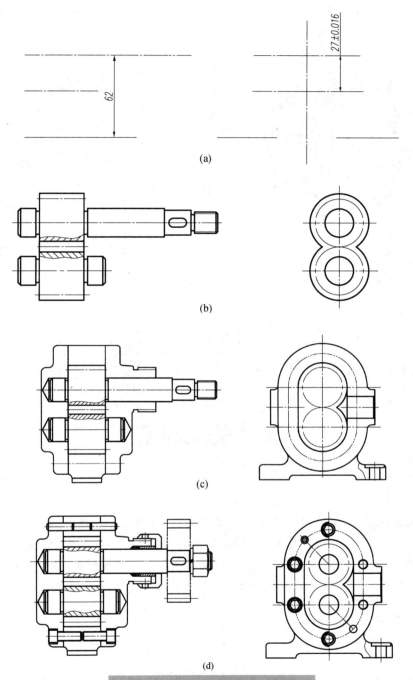

图 3-57 齿轮油泵装配图绘制步骤

③ 校核底稿,擦去多余的作图线,描深,画剖面线、尺寸界线、尺寸线和箭头。

④ 编注零件序号,注写尺寸数字,填写标题栏、明细栏和技术要求,最后完成装配图,如图 3-58 所示。

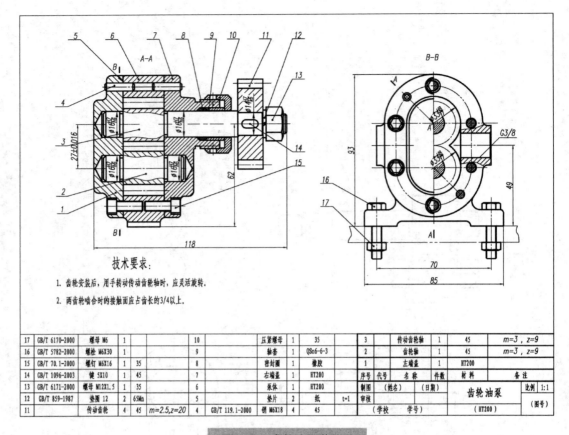

图 3-58 齿轮油泵装配图

> **注意：**
> 画装配图时，先画出部件的主要结构形状，再画次要结构部分；先画起定位作用的基准件，再画其他零件，可保证各零件之间的相对位置准确；保证零件间正确的装配关系，配合面（或接触面）画一条线，非配合面（不接触面）应留有空隙。

步骤五：绘制零件工作图

技能训练

在绘制零件工作图的过程中需要对该零件在装配图中的位置、形状特征进行仔细分析，并对零件草图进行进一步的复核校对，然后对部件中的零件逐一进行重新表达，绘制零件工作图。以下以泵体为例学习零件工作图的绘制过程。

1. **分离零件，确定零件形状**

根据方向、间隔相同的剖面线将泵体从装配图中分离出来，由于在装配图中泵体的可见轮廓线可能被其他零件（如螺钉、销）遮挡，所以分离出来的图形不完整，必须将其补全。如图 3-59（a）所示，将主视图、左视图对照分析，想象出泵体的整体形状，如图 3-59（b）所示。

2. 确定表达方案

在绘制零件工作图时,不应对装配图中零件的图形表达照搬照抄,而要根据零件图的主视图选择原则和其他要求,重新确定各零件的表达方案。如图 3-60 所示为泵体的表达方案。在装配图中主要是对零件间的装配关系的表达,因此,对部分零件形状的表达难以兼顾,以致部分零件的投影不全。这就要求我们在绘制零件图时,按该零件在装配体中的作用,进行设计并补画装配图中省略的工艺结构,如退刀槽、圆角等。这样才能使该零件的结构更加完整、合理。

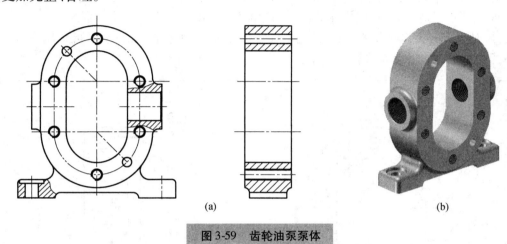

图 3-59 齿轮油泵泵体

另外,对装配图中采用简化、省略画法表示的工艺结构和夸大画出的零件,应按其实际结构形状画出。

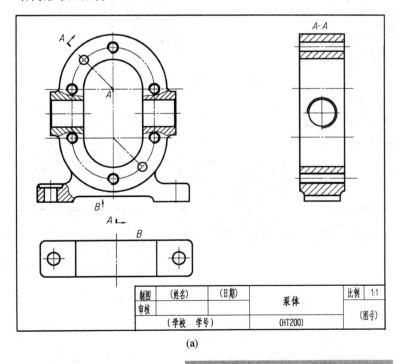
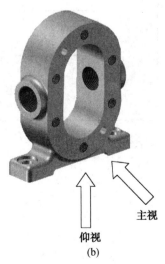

图 3-60 齿轮油泵泵体的表达方案

3. 确定零件尺寸（图 3-61）

① 凡是装配图上已注出的尺寸，都是设计时给定的尺寸，必须直接标注到零件图上。如配合尺寸、安装尺寸、性能尺寸以及主要轴孔的定位尺寸等，都要对应地注在有关零件图上。

② 对于标准结构或工艺结构，如泵盖上的沉孔、齿轮轴上的倒角、退刀槽、键槽、螺纹等标准要素的尺寸，应查找有关标准核对后再进行标注。

③ 对于在装配图中未注出的尺寸，可在装配图中直接量取，再按绘图比例折算后注出。如所得的尺寸不是整数，则应按标准长度和标准直径加以调整后再进行标注。

④ 对有装配关系的尺寸，在零件图上标注尺寸时，要注意互相对应，不可出现矛盾。如泵体的轮廓尺寸以及六个螺栓孔的位置尺寸，应与泵盖的标注一致。

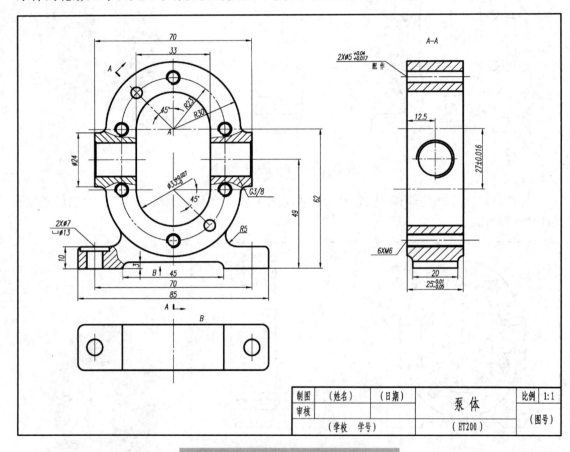

图 3-61 泵体零件工作图的尺寸标注

4. 技术要求的确定(图3-62)

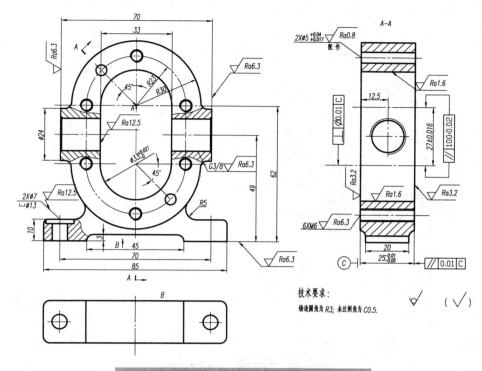

图 3-62　泵体零件工作图的技术要求的标注

表面粗糙度的确定,可根据零件加工表面的作用,参阅有关资料或按类似产品的零件图确定。在一般情况下,有相对运动和配合要求的表面,粗糙度 Ra 应高于 3.2;有密封要求和耐腐蚀表面 Ra 一般应高于 6.3;自由表面 Ra 一般低于 25;不主要的结合面 Ra 一般为 12.5。

其他技术要求,如形位公差、热处理要求、表面硬度等,应根据零件在装配体中的作用,参考有关资料或同类产品类比确定。

如图 3-63 所示为泵体的零件工作图。

如图 3-64 至图 3-69 所示为齿轮油泵中其他零件的零件图。

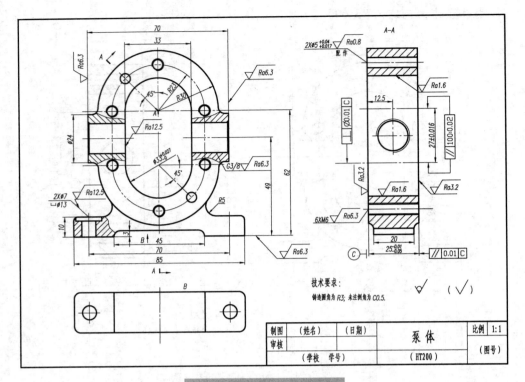

图 3-63 泵体零件工作图

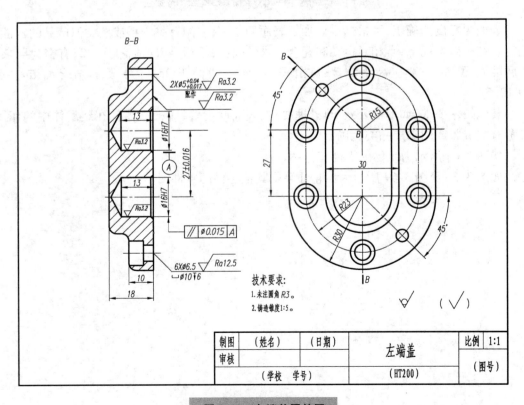

图 3-64 左端盖零件图

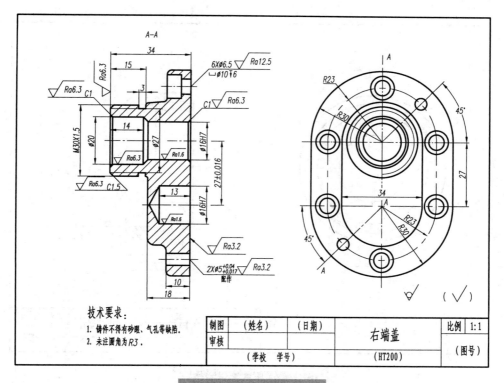

图 3-65 右端盖零件图

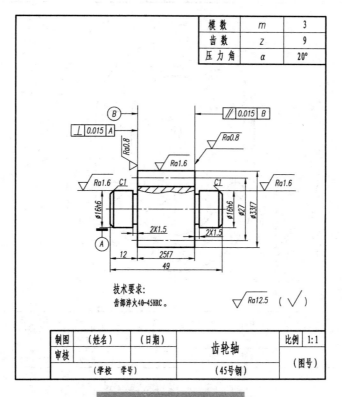

图 3-66 齿轮轴零件图

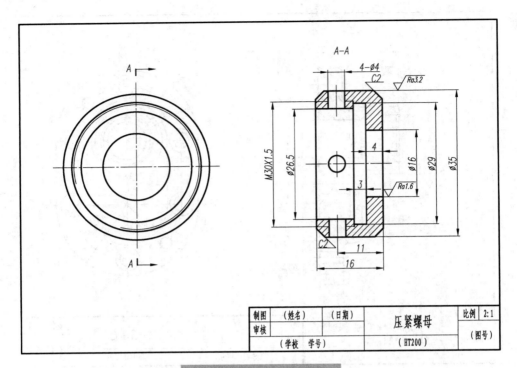

图 3-67 压紧螺母零件图

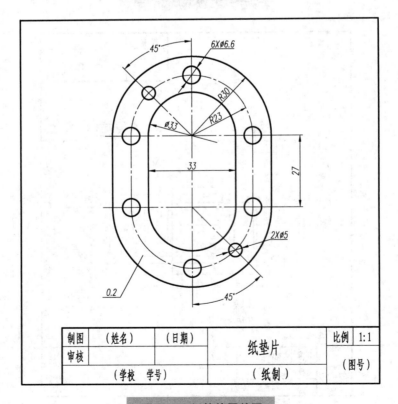

图 3-68 纸垫片零件图

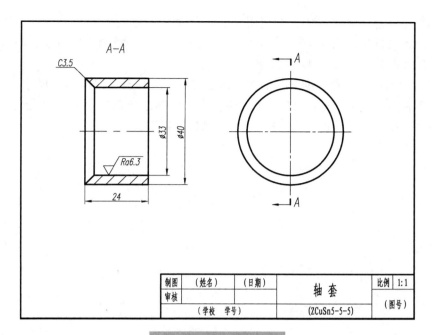

图 3-69 轴套零件图

步骤六：完成部件测绘

装配图和零件工作图全部完成后，对全部图纸做最后的审核。

1. 核对装配图

① 零件间的装配关系有无错误。

② 装配图上有无遗漏零件，按装配图上零件序号，在明细栏中逐一查对。

③ 装配图中尺寸有无注错，特别是多种零件装在一起的总尺寸，必须对照零件图重新校对。

④ 技术要求有无漏注，是否合理。

⑤ 按图示装配关系，可否依次拆卸，如无法拆卸，则应检查画法中的错误。

2. 校核零件图

① 零件结构形状表达是否完整、清晰；尺寸有无遗漏，标注是否合理。

② 有配合功能要求的尺寸是否与相关零件上的基本尺寸一致，公差带是否符合装配图中的配合代号。

③ 检查有关技术要求有无漏注，如尺寸公差、形位公差和表面结构要求等。

完成上述各步骤后，将零件装配复原，整理测绘工具，还可写一份书面测绘实践报告，总结一下测绘工作中的成绩和不足。至此，部件测绘工作全部完成。

回顾与总结

在齿轮油泵的测绘工作中，我们学习了部件测绘的一般方法和步骤，从中对常见的标准件和常用件的用途及规定画法有了详细的了解，同时学会了装配图的画法。

① 在绘制非标准零件的草图时，一定要注意有配合关系的零件间基本尺寸的一致，以及尺寸公差与相应配合代号的一致。

② 测绘中注意各种测量工具的使用及尺寸测量的正确方法。

③ 在绘制装配图之前，学会分析装配体的具体结构，明确装配图的表达方案，学会应用各种零件表达的手段来表达测绘的部件。

④ 注意学习对于各种标准结构的规定画法，能够学会查阅标准，确定尺寸。

⑤ 培养认真负责、一丝不苟的工作作风，不论是草图绘制还是装配图绘制、零件图绘制，都要仔细，避免由于粗心、不负责任等产生的各种错误。

模块 4

典型零件图的识读

 学习目标

知识目标：复习巩固三视图的投影规律，灵活运用投影规律进行零件图的读图，复习巩固机件的表达方法，了解零件的各种工艺结构，掌握零件图中的技术要求；掌握读零件图的一般方法和步骤。

能力目标：能够读懂来自生产实际的中等复杂产品设计图纸。

素质目标：学会分析问题、解决问题的一般方法，养成勤于思考的工作作风，培养一定的空间想象能力，提高自身的实际动手能力，认真对待每个实际工作中的细节，按照国家标准绘制和标注。

知识学习

如图 4-1 所示的减速箱是由很多零件组成，其中输出轴、齿轮、端盖、箱体、箱盖等为典型零件的工作图，现对这几类零件进行读图示范。

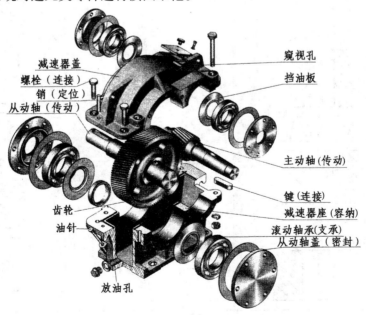

图 4-1　减速箱分解图

1. 零件上常见典型结构的尺寸注法(表4-1)

表4-1 零件典型结构尺寸注法

类型	旁注法		普通注法
光孔	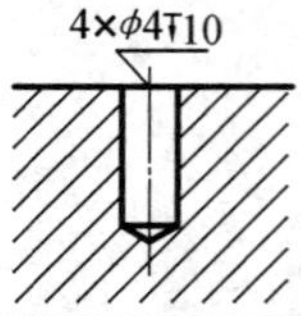 4×φ4↧10	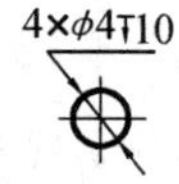 4×φ4↧10	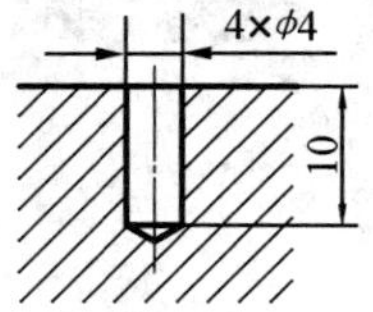 4×φ4，深10
光孔	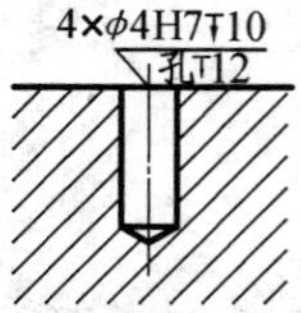 4×φ4H7↧10 孔↧12	 4×φ4H7↧10 孔↧12	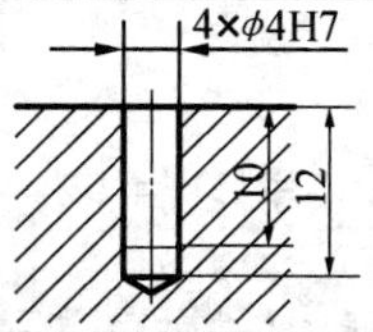 4×φ4H7，深10，孔深12
螺孔	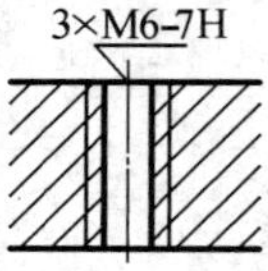 3×M6-7H	 3×M6-7H	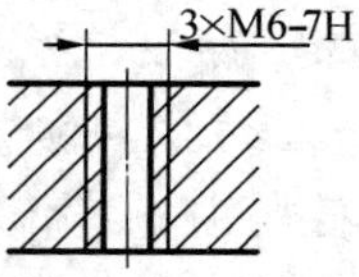 3×M6-7H
螺孔	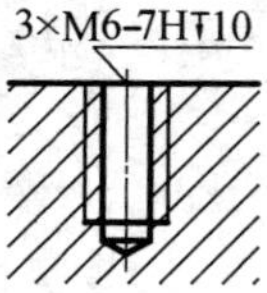 3×M6-7H↧10	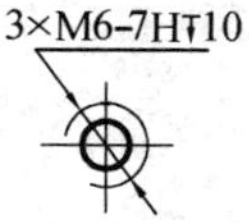 3×M6-7H↧10	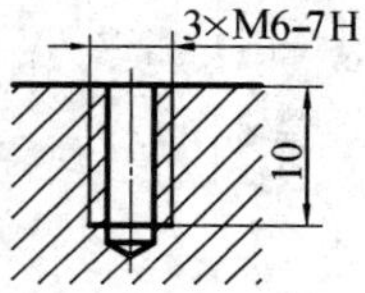 3×M6-7H，深10
螺孔	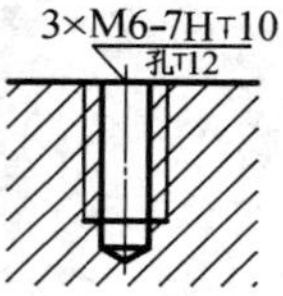 3×M6-7H↧10 孔↧12	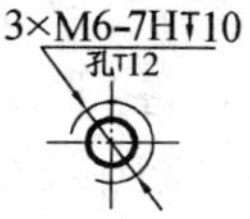 3×M6-7H↧10 孔↧12	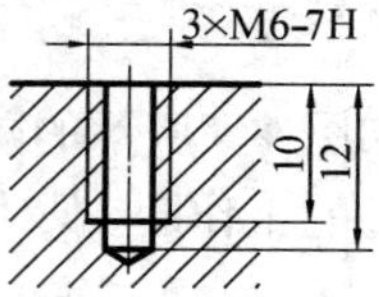 3×M6-7H，深10，孔深12
沉孔	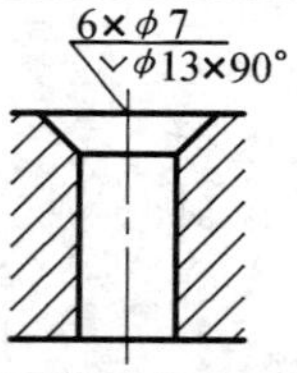 6×φ7 ⌵φ13×90°	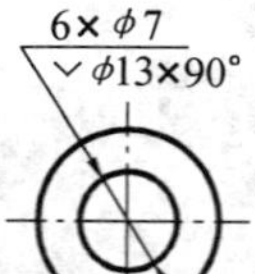 6×φ7 ⌵φ13×90°	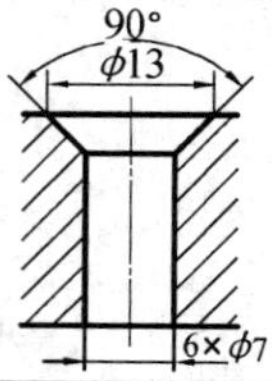 90°，φ13，6×φ7
沉孔	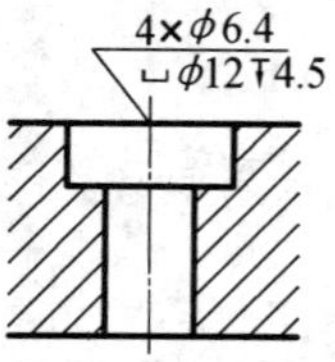 4×φ6.4 ⌴φ12↧4.5	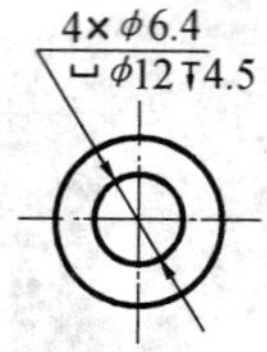 4×φ6.4 ⌴φ12↧4.5	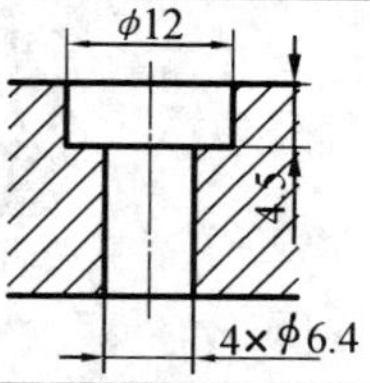 φ12，4.5，4×φ6.4
沉孔	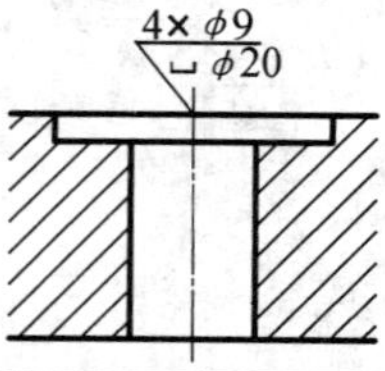 4×φ9 ⌴φ20	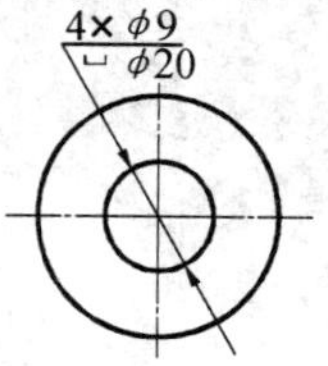 4×φ9 ⌴φ20	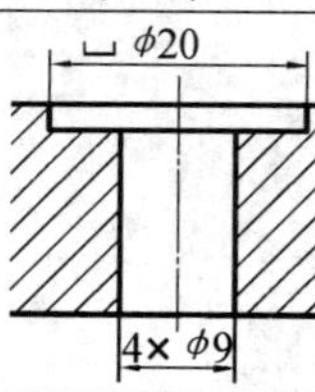 ⌴φ20，4×φ9

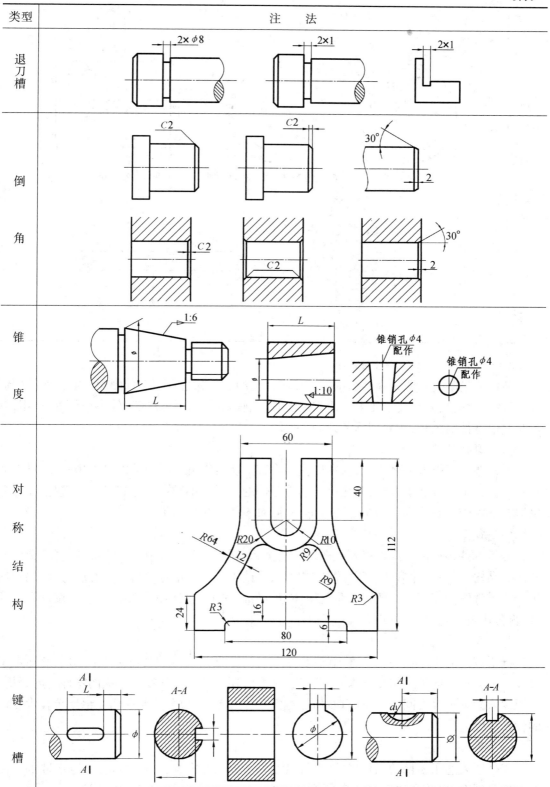

续表

类型	注　法
相同要素	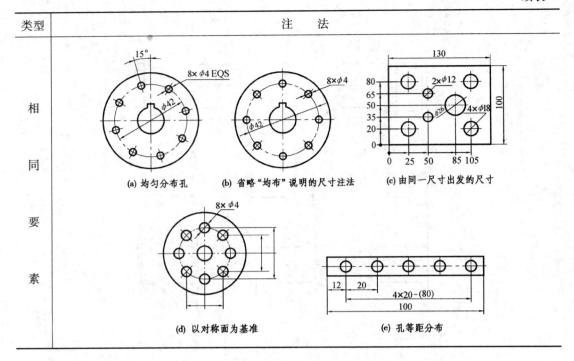 (a) 均匀分布孔　　(b) 省略"均布"说明的尺寸注法　　(c) 由同一尺寸出发的尺寸 (d) 以对称面为基准　　(e) 孔等距分布

2. 读零件图的方法和步骤

零件图是制造和检验零件的依据。读零件图的目的就是根据零件图想象零件的结构形状、了解零件的尺寸和技术要求。读零件图时，应联系零件在机器或部件中的位置、作用，以及对其他零件的关系，才能理解和读懂零件图。

（1）概括了解

看标题栏了解零件名称、材料和比例等内容。从名称可判断该零件属于哪一类零件，从材料可大致了解其加工方法，从比例可估计零件的实际大小，然后对照装配图了解该零件在机器或部件中与其他零件的装配关系等，从而对零件有初步的了解。

（2）视图表达和结构形状分析

分析零件各视图的配置以及视图之间的关系，运用形体分析法和面形分析法读懂零件各部分结构，想象零件形状。零件的结构形状是读零件图的重点，组合体的读图方法仍然适用于读零件图。读图的一般顺序是先整体，后局部；先主体结构，后局部结构；先读懂简单部分，再分析复杂部分，解决难点。

（3）尺寸和技术要求分析

分析零件的长、宽、高三个方向的尺寸基准，从基准出发查找各部分之间的定形和定位尺寸。分析尺寸的加工精度要求及其作用，必要时还要联系与该零件有关的零件一起分析，以便深入理解尺寸之间的关系，以及所标注的尺寸公差、形位公差和表面粗糙度等技术要求的设计意图。

（4）综合归纳

零件图表达了零件的结构形状、尺寸及其精度要求等内容，它们之间是相互关联的。读图时应将视图、尺寸和技术要求综合考虑，才能对所读零件图形成完整的认识。

典型零件图的识读　模块 4

零件是组成机器或部件的基本单元,根据零件的结构特点可将其分为四类:轴套类、盘盖类、箱体类、叉架类。

任务1　减速箱输出轴的零件工作图的读图

任务分析

如图4-2所示的减速箱输出轴是四类零件中的轴套类零件,该零件的特点是由位于同一轴线上数段直径不同的回转体组成,它们长度方向的尺寸一般比回转体直径尺寸大。根据设计、安装、加工等要求,常见的局部结构有倒角、圆角、退刀槽、键槽及锥度等。

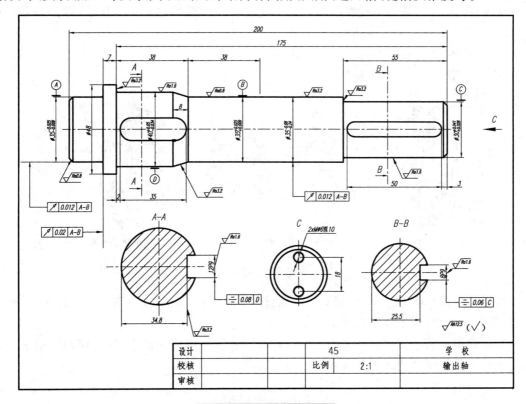

图4-2　输出轴零件图

任务实施

步骤一:概括了解

从标题栏可知,输出轴按2∶1比例绘制,图形的大小是实物的两倍,材料为45号钢。对照减速箱的装配体(图4-1)可以看出,输出轴的轴颈上装着从动齿轮及滚动轴承,起着传动的作用。

知识学习

轴承有滑动轴承和滚动轴承两种。在机器中,滚动轴承是用来支持轴旋转及承受轴上载荷的标准部件,有专门生产厂家生产。由于它可以大大减小轴与孔相对旋转时的摩擦力,且具有机械效率高、结构紧凑等优点,因此应用极为广泛。

1. 滚动轴承的结构及表示方法(GB/T 4459.7—1998)

滚动轴承按其受力方向可分为三大类:向心轴承(主要承受径向力,如深沟球轴承)、推力轴承(主要承受轴向力,如推力球轴承)、向心推力轴承(既可承受径向力,又可承受轴向力,如圆锥滚子轴承)。

滚动轴承的种类繁多,但无论何种轴承,其结构大体相同,一般由四部分组成(图4-3):

① 外圈:通常以外圆面固定在机体的内孔。外圈的内表面制有弧形的环槽滚道。

② 内圈:内圈的内孔与轴配合并与轴一道旋转。内圈的外表面制有弧形的环槽滚道。内圈的内孔尺寸是该滚动轴承的主要规格尺寸。

③ 滚动体:形状多为圆球、圆柱、圆锥等。

④ 保持架:用来隔开滚动体。

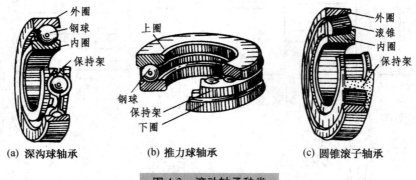

(a) 深沟球轴承　　　(b) 推力球轴承　　　(c) 圆锥滚子轴承

图 4-3　滚动轴承种类

因保持架的形状复杂多变,滚动体的数量又较多,设计绘图时若用真实投影表示,极不方便,为此,国家标准规定了简化的表示法。

滚动轴承的表示法包括三种画法,即通用画法、特征画法和规定画法,前两种画法又称简化画法。各种画法的示例见表4-2。

表 4-2 常用滚动轴承的表示法

轴承类型	结构形式	通用画法	特征画法	规定画法	承载特征
		(均指滚动轴承在所属装配图的剖视图中的画法)			
深沟球轴承（GB/T 276—2013）6000型	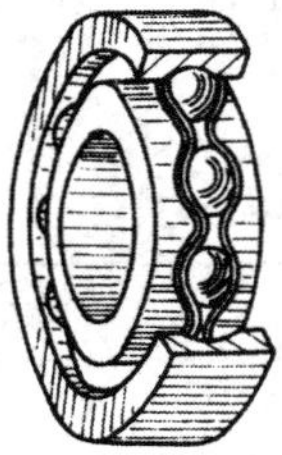		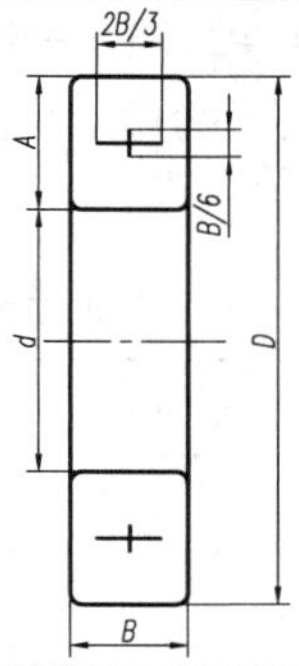	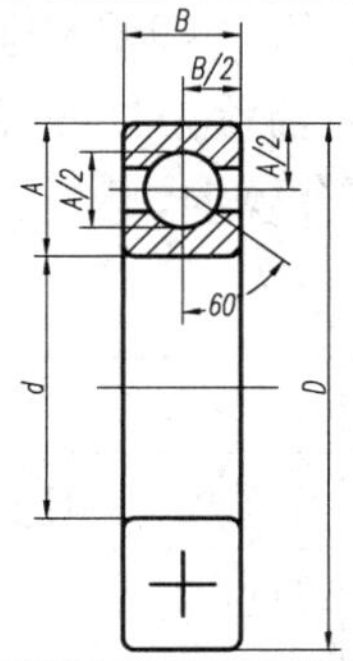	主要承受径向载荷
推力球轴承（GB/T 301—2015）51000型		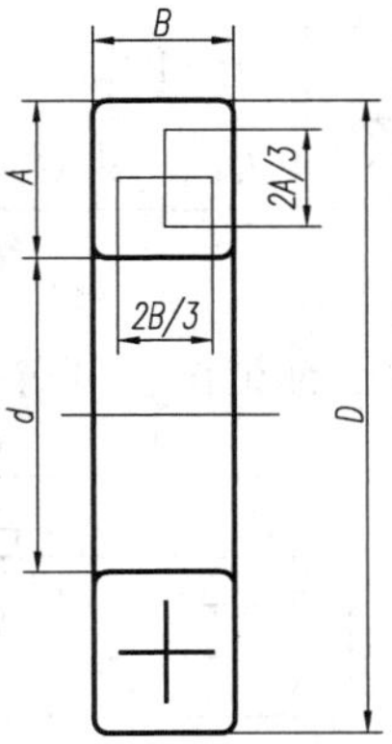	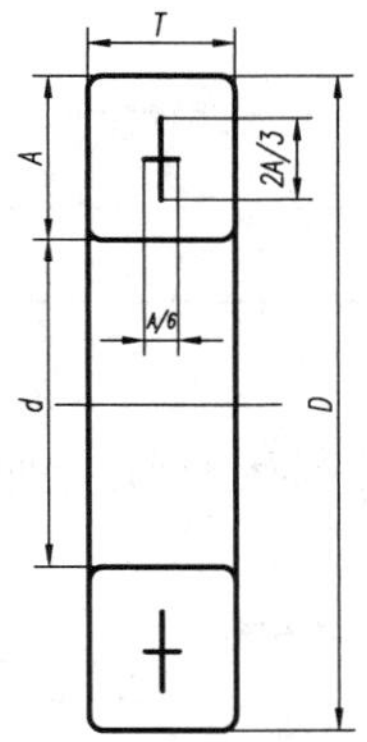	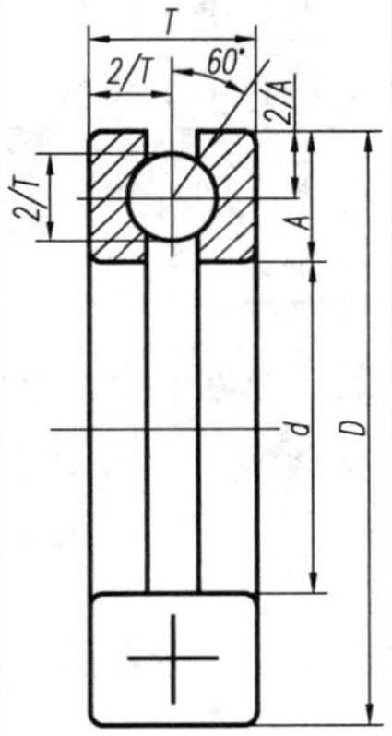	承受单方向的轴向载荷
圆锥滚子轴承（GB/T 297—2015）30000型	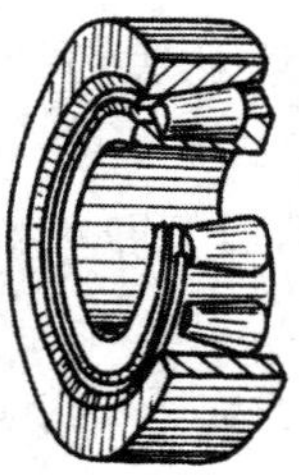		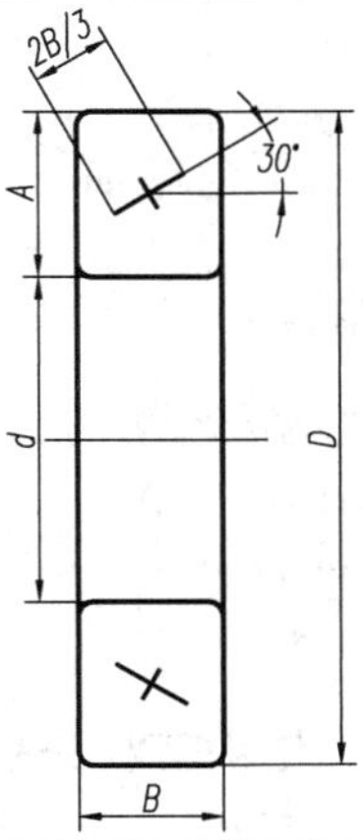	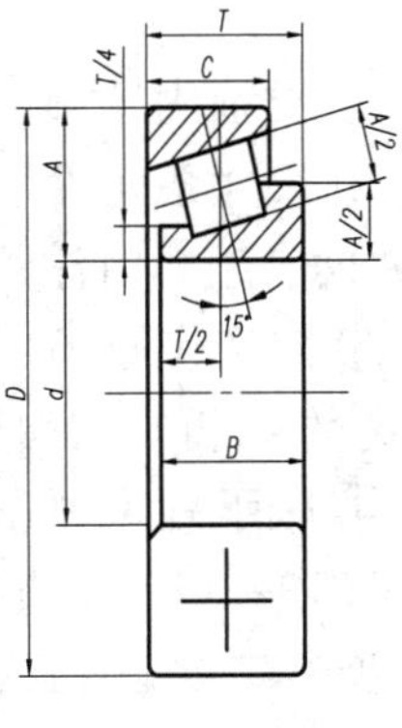	可同时承受径向和轴向载荷
三种画法的选用		当不需要确切地表示滚动轴承的外形轮廓、承载特性和结构特征时采用	当需要较形象地表示滚动轴承的结构特征时采用	滚动轴承的产品图样、产品样本、产品标准和产品使用说明书中采用	

按照 GB/T 272—1993 规定，滚动轴承的代号由前置代号、基本代号和后置代号构成。前置、后置代号是在轴承结构形状、尺寸和技术要求等有改变时，在其基本代号前后添加的补充代号。补充代号的规定可由国标中查得。

轴承的基本代号由类型代号、尺寸系列代号和内径代号组成。基本代号最左边的一位数字（或字母）为类型代号（表4-3）。尺寸系列代号由宽度和直径系列代号组成，具体从 GB/T 272—1993 中查取。内径代号的表示有两种情况：当内径不小于 20 mm 时，内径代号数字为轴承公称内径除以 5 的商数，当商数为一位数时，需在左边加"0"；当内径小于 20 mm 时，另有规定。

表4-3 滚动轴承类型代号（摘自 GB/T 272—1993）

代号	轴承类型	代号	轴承类型
0	双列角接触球轴承	6	深沟球轴承
1	调心球轴承	7	角接触球轴承
2	调心滚子轴承和推力调心滚子轴承	8	推力圆柱滚子轴承
3	圆锥滚子轴承	N	圆柱滚子轴承（双列或多列用字母 NN 表示）
4	双列深沟球轴承	U	外球面球轴承
5	推力球轴承	QJ	四点接触球轴承

2. 滚动轴承的标记

根据各类轴承的相应标记规定，轴承的标记由三部分组成，即

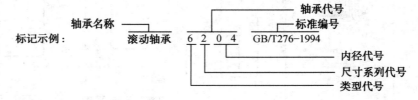

① 类型代号"6"表示深沟球轴承。

② 尺寸系列代号"02"。其"0"为宽度系列代号，按规定省略未写，"2"为直径系列代号，故两者组合时注写成"2"。

③ 内径代号"04"表示该轴承内径为 $4 \times 5 = 20$ mm，即内径代号是公称内径 20 mm 除以 5 的商数 4，再在前面加 0 成为"04"。

④ 轴承代号中的类型代号或尺寸系列代号有时可省略不写，具体的规定可由 GB/T 272—1993 中查得。

步骤二：视图表达和结构形状分析

减速箱输出轴的表达采用一个基本视图、两个断面图和一个局部视图表达，输出轴主要在车床上切削加工，因此基本视图的轴线水平放置符合加工位置原则。基本视图表达了零件的整体结构由不同直径的回转体组成以及两个键槽的位置，使用两个断面图 A-A、B-B 表达了零件上的键槽的结构，一个局部视图 C 表达了输出轴右端面上的两个螺纹孔的分布情况。

步骤三：尺寸和技术要求分析

以水平位置的轴线作为径向尺寸基准，注出各回转体的直径 $\phi 35^{+0.025}_{+0.009}$、$\phi 48$、$\phi 40^{+0.050}_{+0.034}$、$\phi 35^{+0.025}_{+0.009}$、$\phi 35^{-0.08}_{-0.24}$、$\phi 30^{+0.041}_{+0.028}$。以 $\phi 48$ 轴肩右端面为从动尺寸装配时的定位端面，因而以该面为该轴长度方向尺寸标注时的主要基准，由此定出 38、7 及键槽位置尺寸 2 等。右端面是长度方向尺寸标注的第一辅助基准，以此注出 55、3 及全长 200 等尺寸。两基准的联系尺寸为 175。圆锥面右侧面为长度方向尺寸标注时的第二基准面，由此注出 38 及 8 等尺寸。

根据零件具体工作情况来确定表面粗糙度、尺寸公差及形位公差，如 $\phi 35$、$\phi 40$ 等轴颈，由于分别同滚动轴承及从动齿轮配合，因而表面粗糙度为 $\sqrt{Ra0.8}$、$\sqrt{Ra1.6}$，尺寸精度较高。这类轴颈及重要端面应标注形位公差，如图 4-2 中的径向圆跳动、端面圆跳动及键槽的对称度等。

步骤四：综合归纳想象输出轴的整体结构

减速箱输出轴的结构如图 4-4 所示。

图 4-4　输 出 轴

回顾与总结

识读轴套类零件时要把握轴套零件的特点，如表 4-4 所示。

表 4-4　轴套类零件的特点

结构特点	通常由不同直径的回转体组成，常有键槽、退刀槽、越程槽、中心孔、销孔以及轴肩、螺纹等结构
主要加工方法	毛坯一般用棒料，主要加工方法是车削、镗削和磨削
视图表达	主视图按加工位置放置，表达其主体结构。采用断面图、局部剖视图、局部放大图等表达零件的局部结构
尺寸标注	以回转轴线作为径向（高、宽方向）尺寸基准，轴向（长度方向）的主要尺寸基准是重要端面。主要尺寸直接注出，其余尺寸按加工顺序标注
技术要求	有配合要求的表面，其表面粗糙度参数值较小。有配合要求的轴颈和主要端面一般有形位公差要求

任务2　减速箱透盖的零件工作图的读图

任务分析

如图 4-5 所示的透盖是四类零件中的盘盖类零件。透盖在减速箱中是用来固定轴承、承受轴向力及调整轴承间隙的，透盖内侧的沟槽起密封作用。

> 任务实施

步骤一：概括了解

从标题栏可知，透盖按 1∶1 比例绘制，与实物大小一致，材料为 45 号钢。透盖由毛坯锻造而成，经必要的切削加工，局部结构有凹槽、内侧沟槽等。

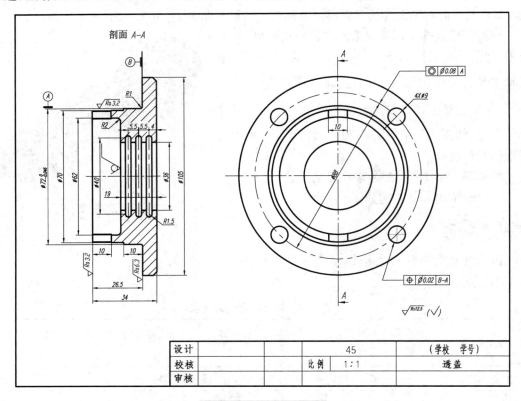

图 4-5　透盖零件图

步骤二：视图表达和结构形状分析

透盖的表达采用了两个基本视图，透盖的主视图采用全剖视，表达了各孔以及凹槽和内侧沟槽的形状及其位置。主视图的安放既符合主要加工位置，也符合透盖在减速箱中的工作位置。左视图表达了圆形的凸缘和四个均布的通孔。

步骤三：尺寸和技术要求分析

透盖的右端面是厚度方向尺寸的主要基准，回转体的轴线为另外两个方向的尺寸基准，其中透盖的凸缘左端面为厚度方向尺寸的辅助基准。

有配合要求或起定位作用的表面，其表面要求光滑，尺寸精度相应地要高。端面、轴心线与轴心线之间或端面与轴心线之间常应有形位公差要求，如图 4-5 透

图 4-6　透　盖

盖的零件图所示。

步骤四：综合归纳想象透盖的整体结构

减速箱透盖的结构如图4-6所示。

> **回顾与总结**

识读盘盖类零件时要把握盘盖类零件的特点，如表4-5所示。

表4-5 盘盖类零件的特点

结构特点	主体部分常由回转体组成，也可能是方形或组合体形。零件通常有键槽、轮辐、均布孔等结构，并且常有一个端面与部件中的其他零件结合
主要加工方法	毛坯多为铸件，主要在车床上加工，较薄时采用刨床或铣床加工
视图表达	一般采用两个基本视图表达。主视图按加工位置原则，轴线水平放置，通常采用全剖视表达内部结构；另一个视图表达外形轮廓和其他结构，如孔、肋、轮辐的相对位置
尺寸标注	径向的主要尺寸基准是回转轴线，轴向（厚度方向）尺寸则以主要结合面为基准
技术要求	重要的轴、孔和端面尺寸精度要求较高，且一般都有形位公差要求，如同轴度、垂直度、平行度和端面跳动等。配合的内、外表面及轴向定位端面的表面有较高的表面粗糙度要求。材料多数为铸件，有时效处理和表面处理等要求

任务3 减速箱箱体的零件工作图的读图

> **任务分析**

如图4-7所示的箱体是四类零件中的箱体类零件。箱体在减速箱中是用来包容传动轴、齿轮、轴承等运动零件以及油、汽等介质，然后使用透盖、闷盖等零件进行密封，具有内腔、肋板等结构。

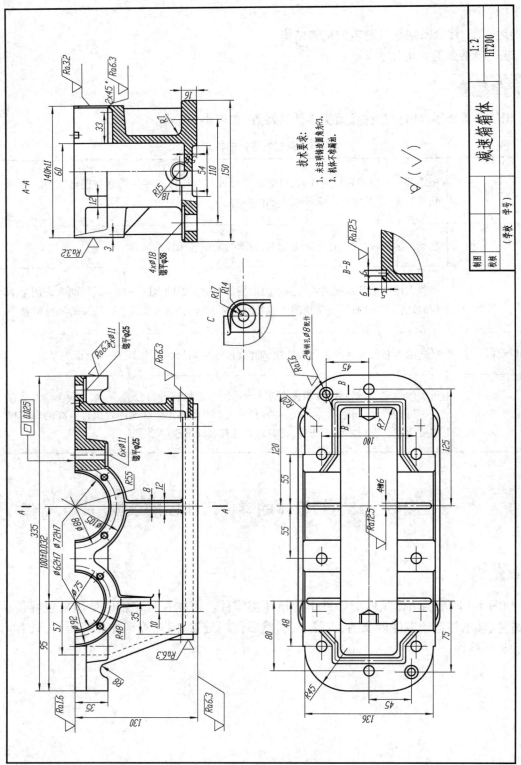

图 4-7 减速箱箱体零件图

任务实施

步骤一：概括了解

箱体是减速箱中主要零件之一，材料为 HT200，其内、外表面均有需要进行加工的表面。箱体是由薄壁围成的，以容纳运动零件等。箱体是铸造成毛坯，然后经过必要的机械加工，具有加强肋、凹坑、铸造圆角、拔模斜度等常见结构。

步骤二：视图表达和结构形状分析

减速箱箱体结构形状复杂，加工位置变化较多，一般以自然安放位置，最能反映形状特征及相对位置的一面为主视图的投影方向。如图 4-7 所示箱体的表达采用了三个基本视图。主视图采用局部剖视，主要反映箱体的外部的肋板结构；俯视图采用视图来表达箱体上表面孔的分布情况以及油槽的开设位置；左视图采用半剖视图，主要表达箱体左侧的油塞孔的位置以及薄壁的厚度和肋板的形状。C 向的局部视图表达连接板的形状特征；B-B 剖视图表达了沟槽的形状。

步骤三：尺寸和技术要求分析

减速箱箱体形状比较复杂，尺寸数量较多，需要运用形体分析法来标注尺寸，选用主要孔 $\phi 72 H7$ 的轴心线、箱体的对称平面、上表面作为长、宽、高方向的尺寸基准。孔与孔之间、孔与加工面之间的距离应直接注出，如 100 ± 0.05、55、80 等。减速箱箱体的上表面是结合面，需进行机械加工，有形位公差要求，其他安装孔的尺寸都有尺寸公差的要求，箱体里有油介质，保证箱体不漏油。

步骤四：综合归纳想象箱体的整体结构

减速箱箱体的结构如图 4-8 所示。

图 4-8 减速箱箱体

回顾与总结

识读箱体类零件时要把握箱体类零件的特点，如表 4-6 所示。

表 4-6 箱体类零件的特点

结构特点	箱体类零件主要起包容、支承其他零件的作用，常有内腔、轴承孔、凸台、肋、安装板、光孔、螺纹孔等结构
主要加工方法	毛坯多为铸件，主要在刨床、铣床、钻床上加工
视图表达	一般需要两个以上基本视图来表达，主视图按形状特征和工作位置来选择，采用通过主要支承孔轴线的剖视图来表达其内部形状结构，局部结构常用局部视图、局部剖视图、断面图等表达
尺寸标注	长、宽、高三个方向的主要尺寸基准通常选用轴孔中心线、对称平面、结合面和较大的加工平面。定位尺寸较多，各孔的中心线（或）轴线之间的距离、轴承孔轴线与安装面的距离应直接注出
技术要求	箱体类零件的轴孔、结合面及重要表面，在尺寸精度、表面粗糙度和形位公差等方面有较严格的要求。常有保证铸造质量的要求，如进行时效处理，不允许有砂眼、裂纹等

任务4 拨叉的零件工作图的读图

任务分析

如图4-9所示为拨叉零件图。拨叉主要用在机床或内燃机等各种机器的操纵机构上,操纵机器或调节速度,形状较复杂且不规则。

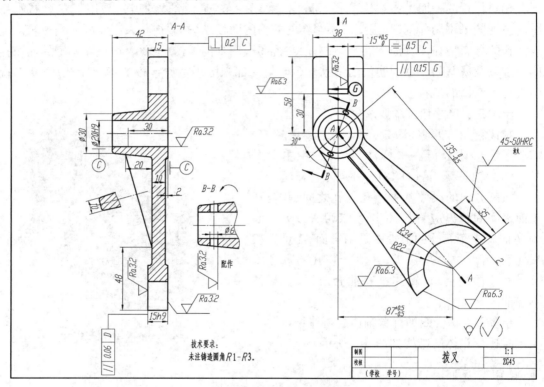

图4-9 拨叉零件图

任务实施

步骤一：概括了解

拨叉主要用在机床或内燃机等各种机器的操纵机构上,用于操纵机器或调节速度等。图4-9所示的拨叉材料为ZG45号钢,绘图比例为1∶1。

步骤二：视图表达和结构形状分析

拨叉的表达由两个基本视图、一个局部剖视图和一个移出断面图组成。根据视图的配置可知,A—A剖视图为主视图,左视图主要表达拨叉的外形,并表达了B—B局部剖视的剖切位置。

对照主、左视图可以看出拨叉的主要结构形状:拨叉的结构上部呈叉状,方形叉口开了宽25、深28的槽;中间是圆台,圆台中有φ20的通孔;下部圆弧叉口是比半圆柱略小的圆柱体,其上开了一个 φ44 的圆柱形槽;圆弧形叉口与圆台之间有连接板,连接板上有一个三角肋,使用移出断面图表达了肋板的厚度。从 B-B 局部剖视图可看出圆台壁上开有销孔。

步骤三:尺寸和技术要求分析

高度和宽度方向的主要尺寸基准均为圆台上 φ20 孔的轴线;长度方向的主要尺寸基准为拨叉的右端面。拨叉的主要尺寸有上部方形叉口的宽度尺寸 $25^{+0.5}_{0}$、中间圆台的孔 φ20H9、下部圆弧形叉口厚 15h12,以及圆弧形叉口与圆台孔的相对位置尺寸 $135^{0}_{-0.5}$,87±0.5 等。对应的表面粗糙度要求也较严,Ra 值分别为 3.2 μm 和 6.3 μm。

左视图中用粗点画线表示的是在尺寸(35)长度范围内淬火硬度 45~50HRC,是局部热处理的标注形式。

零件图上标注的形位公差有:

右端面对圆台孔轴线的垂直度公差为 0.2 mm;

方形叉口的中心面对圆台孔轴线的对称度公差为 0.5 mm;

方形叉口的两侧面平行度公差为 0.15 mm;

圆弧形叉口左端面对右端面的平行度公差为 0.06 mm。

步骤四:综合归纳想象拨叉的整体结构

拨叉的结构如图 4-10 所示。

图 4-10 拨 叉

回顾与总结

识读叉架类零件时要把握叉架类零件的特点,如表 4-7 所示。

表 4-7 叉架类零件的特点

结构特点	叉架类零件通常由工作部分、支承部分及连接部分组成,形状比较复杂且不规则。零件上常有叉形结构、肋板和孔、槽等
主要加工方法	毛坯多为铸件或锻件,经车、镗、铣、刨、钻等多种工序加工而成
视图表达	一般需要两个以上基本视图来表达,常以工作位置为主视图,反映主要形状特征。连接部分和局部结构采用局部视图或斜视图,并用剖视图、断面图、局部放大图表达局部结构
尺寸标注	尺寸标注比较复杂。各部分的形状和相对位置的尺寸要直接标注。尺寸基准常选择安装基面、对称平面、孔的中心线和轴线
技术要求	支承部分、运动配合面及安装面,均有较严的尺寸公差、形位公差和表面粗糙度等要求

知识拓展

规定画法和简化画法

① 回转体上均匀分布的肋、轮辐、孔等结构,若不处于剖切平面上时,应将这些结构旋转到剖切平面上画出,如图 4-11 所示。

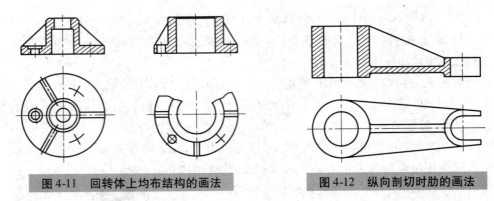

图 4-11 回转体上均布结构的画法　　　　图 4-12 纵向剖切时肋的画法

② 对于肋、轮辐及薄壁结构，如按纵向剖切，这些结构不画剖面线，而用粗实线将其与相邻部分分开，如图 4-11、图 4-12 所示。

③ 当机件上具有若干个相同结构（齿、槽、孔等）且按一定规律分布时，只需画出几个完整的结构，其余用细实线连接或画出中心线位置，并在图上标注该结构的总数，如图 4-13 所示。

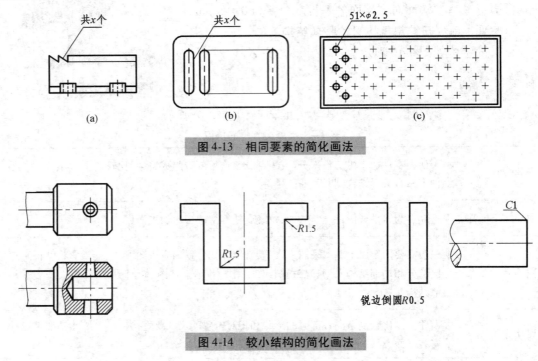

图 4-13 相同要素的简化画法

图 4-14 较小结构的简化画法

④ 机件上的较小结构，如在一个图形中已表达清楚，其他图形可简化或省略，如图 4-14 所示。

⑤ 在不致引起误解时，对称机件的视图，可只画一半或四分之一，但需在对称中心线的两端画出两条与其垂直的平行细实线，如图 4-15 所示。

⑥ 当机件较长（轴、杆、型材、连杆等）且沿长度方向的形状一致或按一定规律变化时，可断开后缩短绘制，但要标出实长尺寸，如图 4-16 所示。

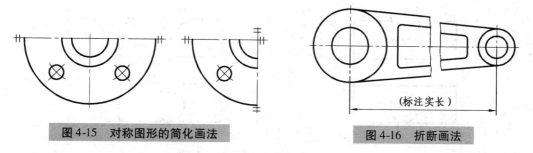

图 4-15 对称图形的简化画法　　　　图 4-16 折断画法

⑦ 机件上的圆和圆弧与投影面倾斜角度小于或等于30°时,其投影可用圆或圆弧代替,如图4-17所示。

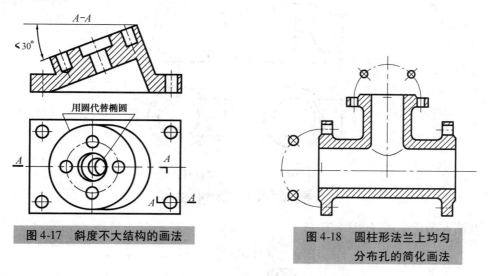

图 4-17 斜度不大结构的画法　　　　图 4-18 圆柱形法兰上均匀分布孔的简化画法

⑧ 圆柱形法兰上均匀分布的孔,可按图4-18所示方法表示。

⑨ 在不致引起误解的情况下,剖面区域内的剖面线可省略,也可以用涂色或点阵代替剖面线,如图4-19所示。

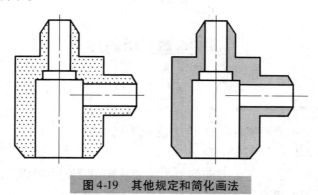

图 4-19 其他规定和简化画法

⑩ 在不致引起误解的情况下,图形中的相贯线可以简化,如用圆弧或直线代替非圆曲线,如图4-20所示;也可采用模糊画法,如图4-21所示。

207

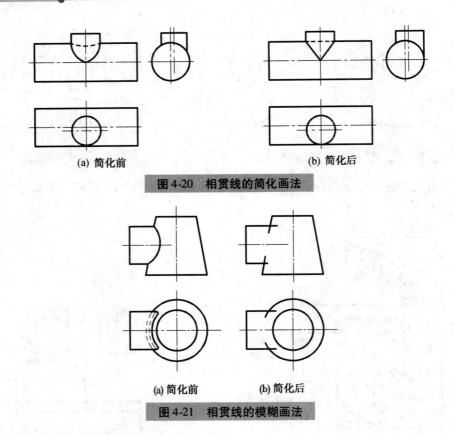

图 4-20 相贯线的简化画法

图 4-21 相贯线的模糊画法

⑪ 滚花简化画法，如图 4-22 所示。

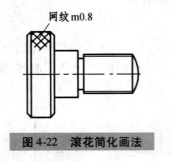

图 4-22 滚花简化画法

实战演习一

试读如图 4-23 所示底座零件图，思考并完成下列内容：
① 在指定位置画出左视图外形图。
② 用符号标出长、宽、高三个方向的主要尺寸基准，并补全图中所缺的定位尺寸。
③ 指出该零件表面粗糙度有几种要求，Ra 值分别是多少。

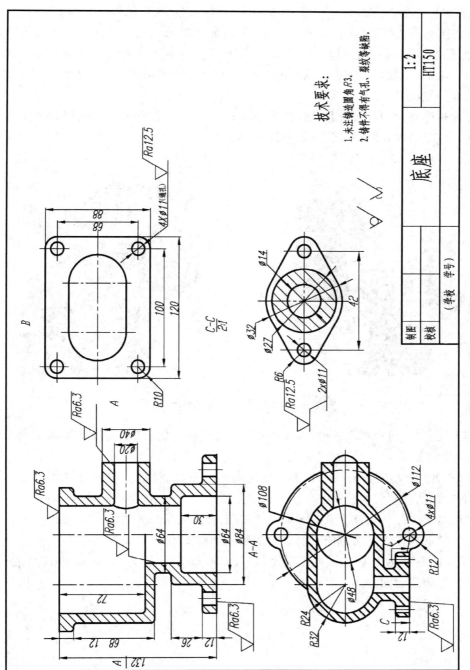

图 4-23 底座零件图

解答：

① 补画底座的左视图，先要对给出的视图进行仔细分析，想象出底座的结构形状。

从主视图对照俯视图可看出，底座由上、下两部分组成。上部是壁厚为 8 的长圆形空腔，上端面是如 B 向局部视图所示的矩形板，四角有四个 φ11 的通孔。右端为 φ40 的圆柱形凸台，并有 φ20 圆柱孔与空腔相通。前端有一个如 C—C 断面图所示的凸缘，并有 φ14 圆柱形通孔与空腔相通。

下部为圆形底盘，前后、左右也有四个 φ11 的通孔。底盘中间有 φ64 和 φ48 阶梯孔与空腔相通。底座的内外结构形状如图 4-24 所示。

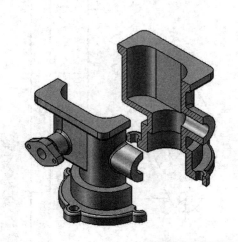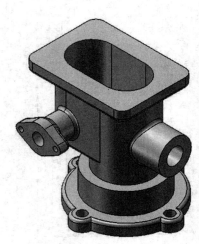

图 4-24　底座的内外结构形状

经过上述分析，对底座的内外结构形状有了完整的了解，在指定位置补画左视图外形图，如图 4-25 所示。

② 以底座的圆形底盘轴线为长度方向主要尺寸基准，补注空腔左方 R24 的定位尺寸 42，以及右端面凸台定位尺寸 60。

以底座水平中心线为宽度方向主要尺寸基准，标注前端凸缘的定位尺寸 54。

以底座的底面作为高度方向主要尺寸基准，注出右端凸台的定位尺寸 76。

③ 底座是铸件，加工面的表面粗糙度只有两种，Ra 值分别为 6.3 μm 和 12.5 μm。其余均为不加工铸造表面。

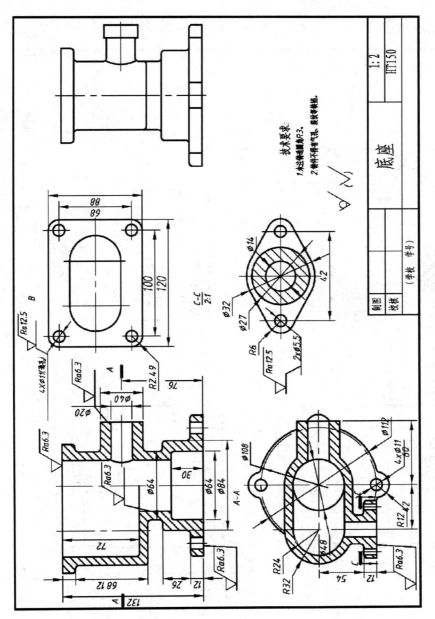

图 4-25 补画底座左视图

实战演习二

看懂涡轮箱的零件图(图4-26),并回答下列问题:

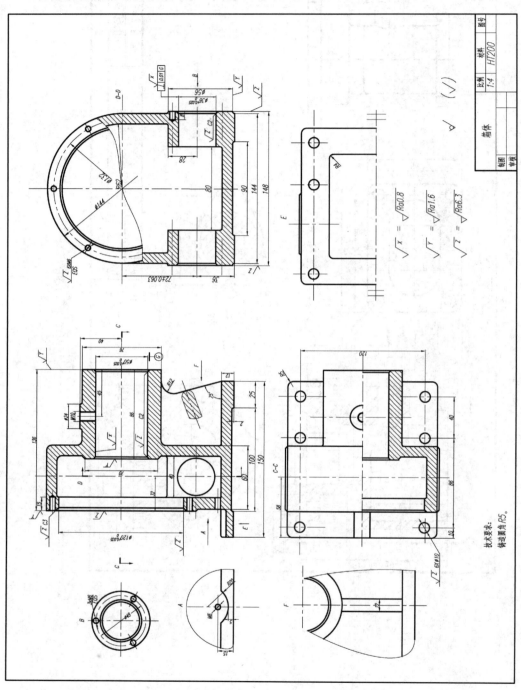

图4-26 箱体零件图

① 零件图共用了几个图形？它们是什么图（视图、剖视、断面等）？试述其表示方法。
② 补画主视图的外形图。
③ 零件的结构形状是什么样的？
④ 分析尺寸基准：长度方向、宽度方向、高度方向的主要基准分别是什么？
⑤ 分析定位尺寸：长度方向、宽度方向、高度方向定位尺寸分别是什么？
⑥ 零件表面粗糙度最低（要求最高）、粗糙度最高（要求最低）的符号分别是什么？
⑦ 有公差要求的孔有几个？其公差带代号（查表）分别是什么？可判断它们是什么孔？
⑧ | ⊥ | 0.01 | G | 的含义是什么？

解答：

① 零件图共用了 8 个图形，它们分别是：主视图（全剖视图，通过零件的前后对称面剖切，省略了标注）、俯视图（半剖视图，因剖切平面并不是零件的上下对称面，故必须标注，如 C—C）、左视图（局部剖视图，为了明确表示剖切部位，标注了 D—D 等符号，如果剖切部位明显，局部剖一般不必标注）、局部剖视 E（这是表示零件底面的外形图。因底板底面前后对称，故采用了只画视图一半的简化画法。为了节省图纸幅面和合理布图，故采用了向视图的配置形式）、A 视图（局部视图，按向视图的形式配置）、B 视图（局部视图，按向视图配置。因视图的外形轮廓，故省略了表示断裂边界的波浪线）、F 视图（按向视图配置的局部视图）、断面图（重合断面，表示肋的厚度）。

② 主视图的外形如图 4-27 所示。

③ 涡轮箱的整体结构形状如图 4-28 所示。

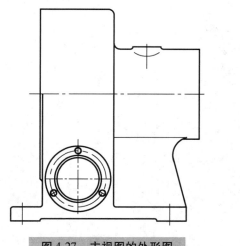

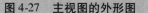

图 4-27 主视图的外形图

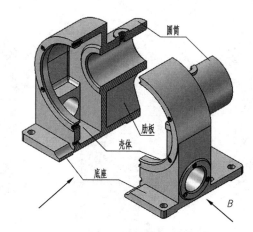

图 4-28 涡轮箱轴测图

④ 长度方向的主要基准为箱体左端的加工面，宽度方向的主要基准为箱体的前后对称面，高度方向的主要基准为底板的底面（安装面）。

⑤ 长度方向定位尺寸有：主视图中的 32、15、136、45、25，俯视图中的 58、10、86、40，其中，15、136 也是定形尺寸；宽度方向定位尺寸有：俯视图中的 120、左视图中的 50；高度方向定位尺寸有：主视图中的 40，左视图中的 36、72，A 视图中的 15 和 5。此外，左视图中的 $\phi132$ 和 B 视图中的 $\phi48$ 则是螺孔的定位尺寸，分别属于宽度、高度方向。

⑥ 零件表面粗糙度最低（要求最高）的符号为 $\sqrt{Ra0.8}$ ，粗糙度最高（要求最低）的符号

为 $\sqrt{Ra\ 6.3}$。

⑦ 有公差要求的孔有三个：$\phi 120^{+0.035}_{\ 0}$、$\phi 50^{+0.025}_{\ 0}$、$\phi 36^{+0.025}_{\ 0}$。经查表，其公差带代号均为 H7。据此，通常可判定它们是基准孔。

⑧ | ⊥ | 0.01 | G | 的含义：被测部位是 $\phi 36^{+0.025}_{\ 0}$ 孔的轴线，基准部位是 $\phi 50^{+0.025}_{\ 0}$ 孔的轴线，公差项目为垂直度，公差值为 0.01，即表示 $\phi 36^{+0.025}_{\ 0}$ 孔的轴线相对于 $\phi 50^{+0.025}_{\ 0}$ 孔的轴线的垂直度的公差值为 0.01。

模块 5

典型部件装配图的识读

 学习目标

知识目标:掌握部件的读图过程;复习巩固装配图的内容和表达方法;学会滚动轴承的规定画法等;学会读装配图的一般方法和步骤;学会由装配图拆画零件图。

能力目标:能够读懂部件的装配图,能够由装配图拆画零件图,能够确定部件的拆装顺序。

素质目标:学会分析问题、解决问题的一般方法,养成认真细致的工作作风,培养一定的空间想象能力,提高自身的实际动手能力;学会与人合作,认真对待每个实际工作中的细节,按照国家标准绘制和标注。

任务 减速箱装配图的识读

减速箱是通过一对或数对齿数不同的齿轮啮合传动,将高速旋转运动变为低速旋转运动的减速机构,主要由轴、端盖、箱体、箱盖等典型零件组成。复习和巩固装配体测绘知识。绘制装配图是用图形、尺寸、技术要求来表达设计意图和设计要求的过程,而读装配图是对现有的视图、尺寸和技术要求进行分析,了解设计者的意图和要求的过程。

知识学习

1. 读装配图的方法和步骤

(1) 概括了解

从标题栏中了解装配体的名称和用途。从明细栏和序号可知零件的数量和种类,从而略知其大致的组成情况及复杂程度。从视图的配置、标注的尺寸和技术要求,可知该部件的结构特点和大小。

(2) 了解装配关系和工作原理

分析部件中各零件之间的装配关系,并读懂部件的工作原理,是读装配图的重要环节。

(3) 分析零件,读懂零件结构形状

利用装配图特有的表达方式和投影关系,将零件的投影从重叠的视图中分离出来,从而读懂零件的基本结构形状和作用。

(4) 分析尺寸,了解技术要求

装配图中标注有必要的尺寸,包括规格(性能)尺寸、装配尺寸、安装尺寸和总体尺寸。其中装配尺寸与技术要求有密切的关系,应仔细分析。

2. 由装配图拆画零件图

机器在设计过程中是先画出装配图,再由装配图拆画零件图。机器维修时,如果其中某个零件损坏时,也要将零件拆画出来。在识读装配图的教学过程中,常要求拆画其中某个零件图以便真正读懂装配图。因此,拆画零件图应该在读懂装配图的基础上进行。

拆画零件图时,应注意以下几个方面的问题:

(1) 零件的表达

装配图的表达方案主要是由装配体的装配关系确定的,因此,拆画零件图,还要根据零件的结构特点重新选择表示零件图的轮廓,应补全缺线和必要的图。画装配图时被简化的零件上的某些结构,如倒角、倒圆、退刀槽等,在零件图中应表示出来。

(2) 尺寸标注

① 装配图上已经注出的尺寸,可直接抄注到零件图上,其中的配合尺寸,应标注公差带代号,或者标注出上、下偏差数值。

② 装配图上未注的尺寸,可按比例从装配图中直接量取,经过计算后标注在零件图上。

③ 某些标准结构,如键槽的宽度和深度、沉孔、倒角、退刀槽等,应查阅有关标准标注。

(3) 技术要求

零件各表面的表面粗糙度,可根据该表面的作用和要求来确定,有配合关系的表面,可通过查表或参考同类产品的图样,选择适当的精度和配合类别。此外,还要根据零件的作用,注写其他必要的技术要求。

任务实施

步骤一:概括了解

如图 5-1 所示,由装配图的标题栏和明细表可知,减速箱由 34 种零件组成,其中标准件 11 种,主要零件是轴、齿轮、箱盖、箱体等。

减速箱装配图采用主视图、俯视图、左视图三个基本视图来表达减速箱的内外结构和形状。按工作位置选择的主视图主要表达部件的整体外形特征,但不能反映主要装配关系。主视图上两处局部剖视表示箱体安装孔和油针孔的局部形状。俯视图是沿箱盖与箱体结合面剖切的剖视图,集中反映了减速箱的装配关系和工作原理。左视图补充表达减速箱整体的外形轮廓。A 向视图表达零件 8 的形状。

主、俯、左视图上还标注了必要的尺寸。150 ± 0.09 是减速箱中心距规格尺寸;$\phi 60G7/m6$ 和 $150H7/h6$ 是有关零件之间的配合尺寸;减速箱的总体尺寸为 460、190、323。

步骤二：工作原理

减速箱为单级传动圆柱齿轮减速箱，即只有齿轮啮合传动。动力从齿轮轴的伸出端输入，小齿轮旋转带动大齿轮旋转，并通过键将动力传递到轴。由于主动齿轮的齿数比从动齿轮的齿数少得多，所以主动轴的高速转动，经齿轮传动降为从动轴的低速转动，从而达到减速的目的。

步骤三：装配体的结构分析

减速箱有两条主要装配干线。一条以齿轮轴（主动轴）的轴线为公共轴心线，小齿轮居中，由调整环、两个滚动轴承、两个挡油环和两个端盖装配而成。由于小齿轮的齿数较多，所以与轴做成整体，称为齿轮轴。另一条装配干线是以与大齿轮配合的从动轴的轴线为公共轴心线，大齿轮居中，由两个端盖、两个滚动轴承、一个套筒和一个调整环装配而成。从动轴与大齿轮用平键连接。

轴通常由轴承支承。由于减速箱采用支持圆柱齿轮传动，无轴向力，所以滚动轴承选用深沟球轴承。在减速箱中，轴的位置是靠轴承等零件共同确定的，轴在工作时只能旋转，不允许沿轴线方向移动。从俯视图可看出，齿轮轴 32 上装有滚动轴承 34、挡油板 11 等零件，齿轮轴端盖 14 和透盖 33 分别顶住两个滚动轴承的外圈，滚动轴承的内圈通过挡油环靠在轴的轴肩上，从而使齿轮轴在轴向定位。为了避免齿轮轴在高速旋转中因受热伸长而将滚动轴承卡住，在端盖与滚动轴承外圈之间必须预留空隙（0.2～0.3），间隙的大小可由调整环来控制。

减速箱中各运动零件的表面需要润滑，以减少磨损，因此，在减速箱的箱体中装有润滑油。为了防止润滑油渗漏，在一些零件上或零件之间要有起密封作用的结构和装置。大齿轮应浸在润滑油中，其深度一般在两倍齿高，可用油标测定。齿轮旋转时将油带起，引起飞溅和雾化，不仅润滑齿轮，还散布到各部位。这是一种飞溅润滑方式。从俯视图可看出，端盖及毡圈等都能防止润滑油沿轴的表面向外渗漏。挡油环的作用是借助其旋转时的离心力，将环面上的油甩掉，以防飞溅的润滑油进入滚动轴承内而稀释润滑脂。

从主视图还可看出：箱盖与箱体用螺栓 10 连接，以此使轴径向固定，并保证减速箱的密封性。圆锥销 23 使箱盖与箱体在装配时能准确定位对中。通气塞用螺母固定在窥视孔盖上，窥视孔盖由四个螺钉加垫片固定在箱盖上，通过窥视孔可观察和加油。润滑油必须定期更换，污油通过放油孔排出。

步骤四：零件的结构分析

零件是组成机器或部件的基本单元，零件的结构形状、大小与技术要求，是根据该零件在装配体中的作用以及与其他零件的装配连接方式，由设计和工艺要求决定的。

从设计要求考虑，零件在机器或部件中通常是起容纳、支承、配合、连接、传动、密封及防松等作用，这是确定零件主要结构的因素。

从工艺要求考虑，为了加工制造和安装方便，零件通常有倒圆、退刀（越程）槽、倒角等结构，这是确定零件局部结构的因素。

通过对装配体和零件的结构分析，可对零件各部分结构形状加深理解，进而对装配图的识读更加全面和深入。

下面着重对减速箱中的从动轴和箱体进行结构分析。

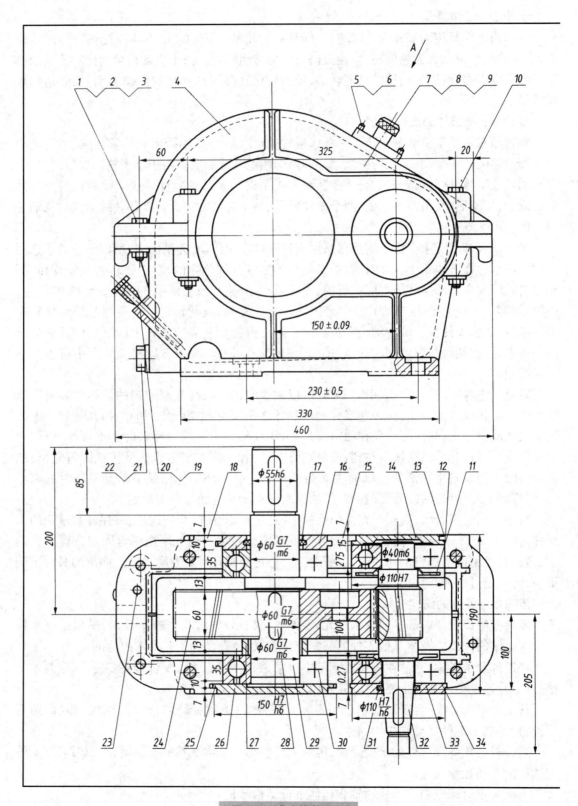

图 5-1 减速箱装配图

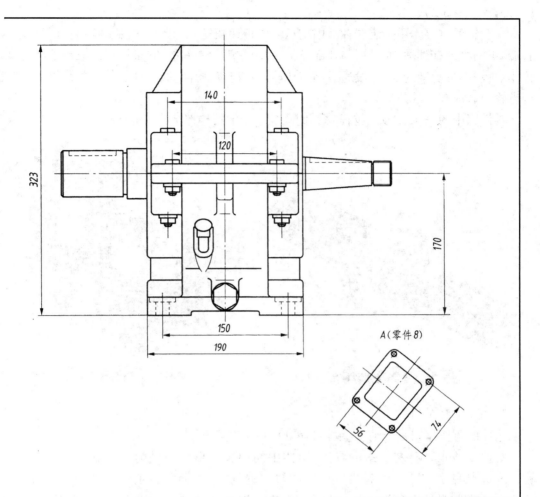

34	GB/T 276—1994	滚动轴承 6408	2	组合件		16		从动轴通盖	1	HT150	
33		主动轴通盖	1	HT150		15		密封环 40×5	2		
32		主动轴	1	45	m=3, z=81	14		主动轴盖	1	HT150	
31		毡圈	1	毛毡		13		密封环 100×5	2		
30	GB/T 276—1994	滚动轴承 6412	2	组合件		12		主动轴调整环	1	HT150	
29		从动轴	1	45		11		挡油板	2	Q235	
28	GB/T 1096—2003	键 18×11×56	1	45		10	GB/T 5782—2000	螺栓 M12×120	4	8.8级	
27		挡环	4	HT150		9		通气塞	1	Q235	
26		从动轴盖	1	HT150		8		视孔盖	1	Q235	
25		从动轴调整环	1	HT150		7		视孔盖垫	1		
24		齿轮	1	ZG310-570	m=3, z=81	6	GB/T 5782—2000	螺栓 M6×16	4	8.8级	
23	GB/T 117—2000	销 10×30	2	35		5	GB/T 93—1987	垫圈 6	4	65Mn	
22		皮圈	1	皮革		4		箱盖	1	HT200	
21		螺塞	1	Q235	M×1.5	3	GB/T 93—1987	垫圈 12	6	65Mn	
20		油针头	1	Q235		2	GB/T 6170—2000	螺母 M12	6	8级	
19		油针	1	Q235		1	GB/T 5782—2000	螺栓 M12×25	2	8.8级	
18		箱体	1	HT200		序号	代号	名称	数量	材料	备注
17		毡圈	1	毛毡		制图	(姓名)	(日期)	减速箱	比例	
						审核					(图号)
						校名		学号		(质量)	

1. 从动轴（图 5-2）

从动轴的重要作用是装在轴承中支承齿轮传递扭矩（或动力）。从动轴共有 7 个轴段：右端 24 轴段上有键槽，通过键与外部设备连接；左端和中间的 30 轴段通过滚动轴承支承在箱体上；左端带键槽的 34 轴段通过键与从动齿轮连接；中间的 36 轴段的作用是为了轴向固定齿轮而做成较大的凸肩。

零件图中的倒角、退刀（越程）槽、倒圆是从动轴的局部结构。

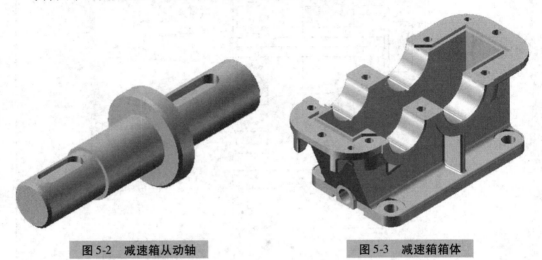

图 5-2　减速箱从动轴　　　　　　　图 5-3　减速箱箱体

2. 箱体（图 5-3）

箱体的重要作用是容纳、支承轴和齿轮，并与箱盖连接。

对照箱体主、俯、左视图可看出：箱体中间的长方形空腔是为了容纳齿轮和润滑油；箱体左面凸台上的圆孔可观察油池内润滑油的高度，右面凸台上的螺孔则是放油孔；箱体前后的半圆弧（47、64）柱面是为了支承主动轴和从动轴（轴两端装有滚动轴承），同时在半圆弧柱上分别有 55 和 70 的槽，其作用是装入端盖或闷盖以防止油溅出或灰尘进入；箱体顶面上有与箱盖连接的定位销孔和螺栓孔，箱体底板上有四个安装沉孔，底板与半圆弧柱面之间有加强肋；在主视图上还可以看到左右两个小圆弧，是为了便于搬运而设置的把手。

根据上述分析，对减速箱的视图表达、工作原理、装配关系以及整体结构有了比较全面的认识。拆画减速箱中某个零件，需要深入分析该零件在减速箱中的位置及与其他零件的关系，从而弄清其结构形状，按拆画零件图的方法与步骤画出零件图。

实战演习一

看懂齿轮油泵的装配图（图 5-4），并完成下列各题：
① 该装配体共由几种零件组成？其中标准件有几种？
② 该装配体共选用了多少个视图？分别是什么视图？
③ 齿轮油泵的总体尺寸有哪些？
④ 16H7/h6 是装配体的配合尺寸，它表示什么？

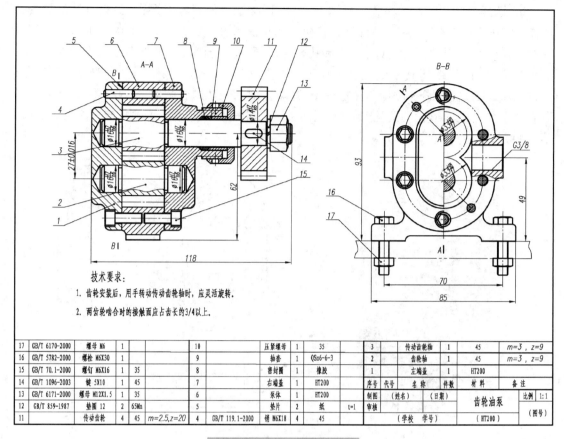

图 5-4 齿轮油泵装配图

⑤ 为了防止油液泄漏，在泵体和泵盖结合处加入了什么零件？在主动轴齿轮 3 的伸出端，用什么零件加以密封？

⑥ 拆画齿轮油泵泵盖的零件工作图。

解答：

① 该装配体共由 17 种零件组成，其中标准件有 9 种。

② 该装配体共选用了两个视图，分别是主视图和左视图。

③ 齿轮油泵的总体尺寸为 118、85 和 93。

④ 16H7/h6 是装配体的配合尺寸，它表示齿轮轴 2、传动齿轮轴 3 分别和左右端盖的基孔制的间隙配合。

⑤ 为了防止油液泄漏，在泵体和泵盖结合处加入了垫片 5，并在传动齿轮轴 3 的伸出端，用密封圈 8、轴套 9 和压紧螺母 10 加以密封。

⑥ 拆画齿轮油泵泵盖的零件工作图，步骤如下：

a. 确定泵盖的结构形状。在图 5-4 中，泵盖通过主视图已作了表达。由于在左视图中它被拆去未画，使其断面形状不明确。此时可根据泵盖在油泵中所起的作用及左视图中所表示的泵体端面形状予以确定，即二者接触面的形状及周边孔的数量与分布情况完全相同。

b. 选择表达方案。该泵盖[图5-5(a)]可有以下三种表达方案：一是将其从装配图上照搬，需用三个视图（主视图、俯视图、右视图或左视图），如图5-5(b)所示；二是以此方案中的右视图作为主视图，再配以全剖的俯视图，如图5-5(c)所示；三是不考虑泵盖在装配图上的表达方法，而是根据其结构特点和加工方法重新确定表达方案，即将它归属为盘盖类零件，按其加工位置和常规位置选择主视图，并取全剖以表达内腔结构，再选一左视的外形图，以表达泵盖的端面形状和沉孔、销孔的分布情况，如图5-6所示。通过比较三个方案，选择第三种方案更为合适。

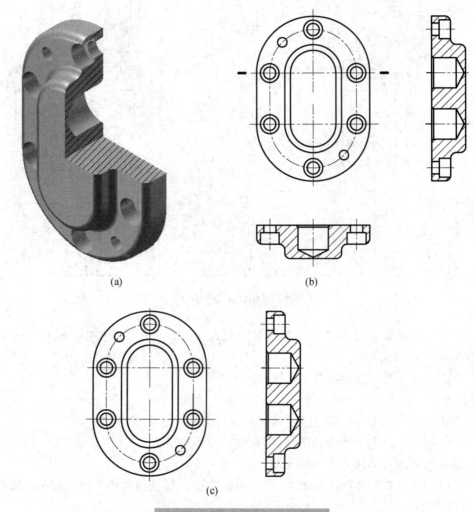

图5-5 泵盖的表达方案选择

c. 补全工艺结构。泵盖为铸造件，有铸造圆角和拔模斜度，应补全，如图5-6所示。

d. 补齐尺寸，协调相关尺寸。装配图上的尺寸应该直接标注在相应的零件图上，未注的尺寸，可由装配图上量取并按比例算出，数值可作适当圆整，如图5-6所示。

e. 确定表面粗糙度，注写技术要求涉及的专业知识。可参照同类产品的相似零件图，用类比法确定。

f. 完成的零件工作图如图5-6所示。

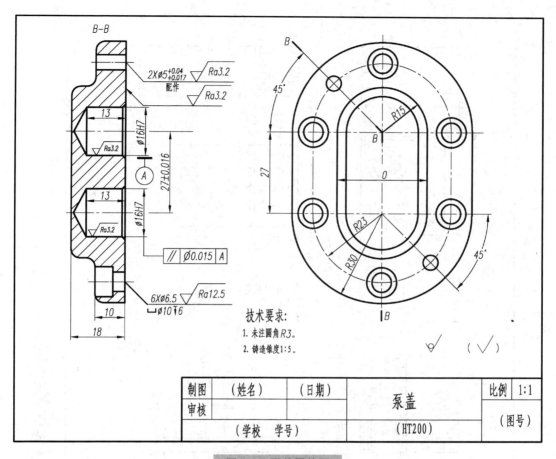

图 5-6 泵盖零件图

实战演习二

看懂机用虎钳装配图(图 5-7),并回答下列问题:
① 该装配体共由几种零件组成?
② 该装配图共有几个图形?它们分别是什么?
③ 断面图 $B-B$ 的表达意图是什么?
④ 局部放大图的表达意图是什么?
⑤ 件 7 和件 10 是由什么零件连接的?
⑥ 件 7 螺杆与件 2 固定钳身左右两端的配合代号是什么?
⑦ 件 4 活动钳身是靠什么件带动它运动的?件 4 和件 5 是通过什么件来固定的?
⑧ 件 6 上的两个小孔有什么用途?
⑨ 简述该装配体的装拆顺序。
⑩ 总结机用虎钳的工作原理。

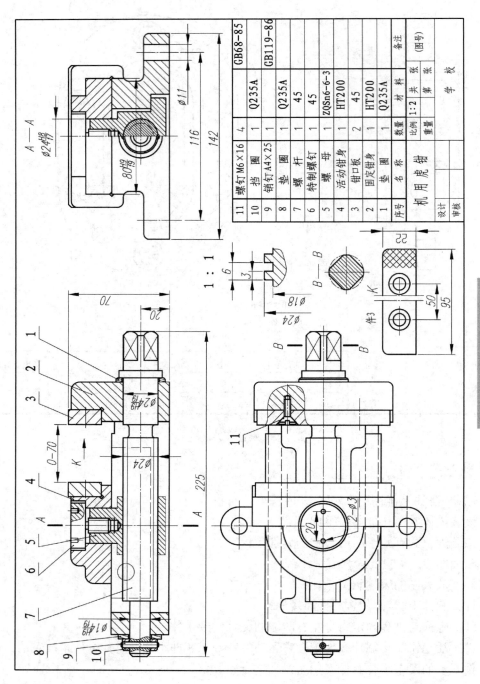

图 5-7 机用虎钳装配图

解答：

① 该装配体共由11种零件组成。

② 该装配图共有6个图形，它们分别是全剖的主视图、半剖的左视图、局部剖的俯视图、移出断面图、局部放大图、单独表达零件3的K视图。

③ 断面图B-B的表达意图是为了表达件7的右端断面形状。

④ 局部放大图的表达意图是为了表示螺纹牙型及其尺寸。

⑤ 件7和件10是由圆锥销连接的。

⑥ 件7螺杆与件2固定钳身左右两端的配合代号是$\phi 14H9/f9$ 和 $\phi 26H9/f9$，它们表示基孔制，间隙配合。

⑦ 件4活动钳身是靠件5带动它运动的，件4和件5是通过件6来固定的。

⑧ 件6上的两个小孔，其用途是当需要旋入或旋出特制螺钉6时，要借助一工具上的两个销插入两小孔内，才能转动螺钉6。

⑨ 该装配体的装配顺序如下：

a. 先将钳口板3各用两个螺钉11装在固定钳身2和活动钳身4上。

b. 将螺母5先放入固定钳身2的槽中，然后将螺杆7（装上垫圈1）旋入螺母5中；再将其左端装上垫圈8、挡圈10，同时钻铰加工销孔，然后打入圆锥销钉9，将挡圈10和螺杆7连接起来。

c. 将活动钳身4跨在固定钳身2上，同时要对准并装入螺母5上端的圆柱部分，再拧上螺钉6，即装配完毕。

该装配体的拆卸顺序与装配顺序相反。

⑩ 机用虎钳的工作原理：机用虎钳是装在机床上夹持工件用的。螺杆7由固定钳身2支承，在其尾部用圆锥销钉9把挡圈10和螺杆7连接起来，使螺杆只能在固定钳身上转动。将螺母5的上部装在活动钳身4的孔中，依靠螺钉盖6把活动钳身4和螺母5固定在一起。当螺杆转动时，螺母便带动活动钳身做轴向移动，使钳身张开或闭合，把工件放松或夹紧。为避免螺杆在旋转时，其台肩和固定钳身的左右端面直接摩擦，又设置了垫圈8和垫圈1。

> 回顾与总结

本模块主要学习了读装配图的方法和步骤，以及由装配图拆画零件图。

在拆画零件图的过程中，应注意以下几点：

① 完善零件结构。装配图主要是表达装配关系，有些零件的结构形状往往表达得不够完整，因此，在拆画时，应根据零件的功用加以设计、补充与完善。

② 重新选择表达方案。装配图的视图选择，是从表达装配关系和整个部件的情况考虑的，因此在选择零件的表达方案时，不应简单照搬，应根据零件的结构形状，按照零件图的视图选择原则重新考虑。但在多数情况下，尤其是箱体类零件的主视图方位与装配图还是一致的。一是它能够符合选择主视图的条件，二是在装配机器时也便于对照。对于轴套类零件，一般应按加工位置（轴线水平位置）选取主视图。

③ 补全工艺结构。在装配图上，零件上的细小工艺结构，如倒角、圆角、退刀槽等往往予以省略，在拆图时，这些结构均应补全，并加以标准化。

④ 补齐所缺尺寸，协调相关尺寸。装配图上的尺寸很少，所以拆图时必须补足所缺尺

寸。装配图已注出的尺寸,应将其直接注在相应的零件图上;未注的尺寸,可由装配图上量取并按比例算出,数值可适当调整;装配图上尚未体现的,则需自行确定。相邻零件接触面的有关尺寸和连接件的有关定位尺寸必须一致,拆图时应一并将它们注在相关零件图上。对于配合尺寸和重要的相对位置尺寸,应注出偏差数值。

⑤ 确定表面粗糙度。零件各表面的粗糙度是根据其作用和要求确定的。凡接触面与配合面的粗糙度要低些,而自由表面的粗糙度要高些。但有密封、耐磨损、美观等要求的表面粗糙度要低些。

⑥ 注写技术要求。技术要求在零件图上占有重要地位,它直接影响零件的加工质量。但正确判定技术要求,涉及许多专业知识,初学者可参照同类产品的相似零件图,用类比法确定。

知识拓展

弹簧是用途很广的常用零件。它主要用于减震、夹紧、储存能量和测力等。弹簧的特点是去掉外力后,能立即恢复原状。常见的有螺旋弹簧和涡卷弹簧等(图 5-8)。根据受力情况不同,螺旋弹簧又分为压缩弹簧、拉伸弹簧和扭转弹簧三种。此处仅介绍普通圆柱螺旋压缩弹簧的画法和尺寸计算。

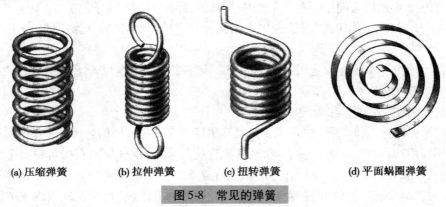

(a) 压缩弹簧　　(b) 拉伸弹簧　　(c) 扭转弹簧　　(d) 平面蜗圈弹簧

图 5-8　常见的弹簧

1. 圆柱螺旋压缩弹簧各部分名称及尺寸计算(图 5-9)

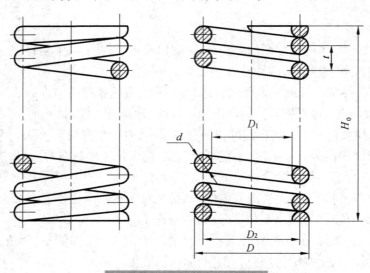

图 5-9　圆柱螺旋压缩弹簧

① 簧丝直径 d：弹簧钢丝直径。
② 弹簧外径 D：弹簧最大直径。
③ 弹簧内径 D_1：弹簧最小直径，$D_1 = D - 2d$。
④ 弹簧中径 D_2：弹簧的平均直径，$D_2 = (D + D_1)/2 = D_1 + d = D - d$。
⑤ 节距 t：除支承圈外，相邻两有效圈上对应点之间的轴向距离。
⑥ 有效圈数 n、支承圈数 n_2 和总圈数 n_1：为了使螺旋压缩弹簧工作时受力均匀，增加弹簧的平稳性，将弹簧的两端并紧、磨平。并紧、磨平的圈数主要起支承作用，称为支承圈。如图 5-9 所示的弹簧，两端各有 $1\frac{1}{4}$ 圈为支承圈，即 $n_2 = 2.5$。保持相等节距的圈数，称为有效圈数。有效圈数与支承圈数之和称为总圈数，即 $n_1 = n + n_2$。
⑦ 自由高度 H_0：弹簧在不受外力作用时的高度（或长度），$H_0 = nt + (n_2 - 0.5)d$。
⑧ 展开长度 L：制造弹簧时坯料的长度。由螺旋线的展开可知，$L \approx n_1 \sqrt{(\pi D_2)^2 + t^2}$。

2. 圆柱螺旋压缩弹簧的画法

① 弹簧在平行于轴线投影面上的视图中，各圈的轮廓不必按螺旋线的真实投影画出，可用直线来代替螺旋线的投影。

② 螺旋弹簧均可画成右旋，但左旋弹簧不论画成左旋或右旋，一律要加注旋向"左"字。在有特定的右旋要求时也应注明"右"字。

③ 有效圈数在 4 圈以上的螺旋弹簧，中间各圈可以省略，只画出其两端的 1～2 圈（不包括支承圈），中间只需用通过簧丝断面中心的点画线连起来。省略后，允许适当缩短图形的长度，但应注明弹簧设计要求的自由高度。

④ 在装配图中，螺旋弹簧被剖切后，不论中间各圈是否省略，被弹簧挡住的结构一般不画，其可见部分应从弹簧的外轮廓线或弹簧钢丝剖面的中心线画起[图 5-10(a)]。

⑤ 在装配图中，当弹簧钢丝的直径在图上等于或小于 2 mm 时，其剖面可以涂黑表示[图 5-10(b)]，或采用如图 5-10(c)所示的示意画法。

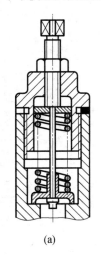
(a)

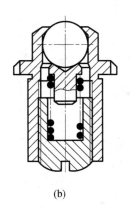
(b)

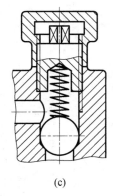
(c)

图 5-10 装配图中弹簧的画法

3. 圆柱螺旋压缩弹簧画法步骤

已知圆柱螺旋压缩弹簧的外径 $D=50$ mm，簧丝直径 $d=6$ mm，节距 $t=12.3$ mm，有效圈数 $n=6$，支承圈数 $n_2=2.5$，右旋，作它的剖视图。

先进行以下计算，然后照图 5-11 的步骤画图：

总圈数 $n_1 = n + n_2 = 6 + 2.5 = 8.5$（圈）；

自由高度 $H_0 = nt + (n_2 - 0.5)d = 6 \times 12.3 + 2 \times 6 = 85.5$（mm）；

弹簧中径 $D_2 = D - d = 50 - 6 = 44$（mm）。

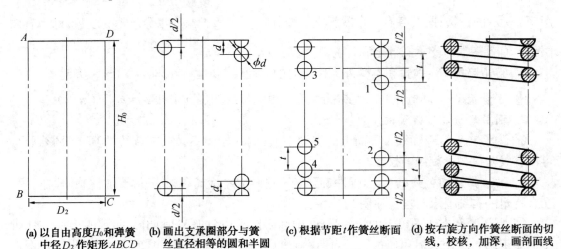

(a) 以自由高度 H_0 和弹簧中径 D_2 作矩形 $ABCD$
(b) 画出支承圈部分与簧丝直径相等的圆和半圆
(c) 根据节距 t 作簧丝断面
(d) 按右旋方向作簧丝断面的切线，校核，加深，画剖面线

图 5-11　圆柱螺旋压缩弹簧的画图步骤

模块 6

使用第三角投影绘制机件图样

 学习目标

知识目标：了解第三角投影的规律、第三角投影与第一角投影的区别；用第三角投影绘制机件。

能力目标：能够使用第三角投影绘制机件图样。

素质目标：与时俱进，适应新技术的发展，具有同行业技术交流和协作能力。

任务　使用第三角投影绘制轴承座图样

 知识学习

1. 第一角画法和第三角画法的异同点

第一角画法和第三角画法都采用正投影法，但物体的位置不同，如图 6-1 所示。三个投影面垂直相交把空间分为八个分角（Ⅰ、Ⅱ、Ⅲ、…、Ⅷ）。

第一角画法是将物体置于第一分角内，使其处于观察者和投影面之间而得到的正投影方法。保持着人（视线）—物体—投影面（视图）位置的关系。

第三角画法是将物体置于第三分角内，使投影面处于观察者和物体之间而得到的正投影方法。假想投影面是透明的，并保持着人（视线）—投影面（视图）—物体位置的关系。

2. 第三角画法

（1）三视图的形成及名称

如图 6-2 所示，从前向后投射，在 V 面得到的视图称为主视图；从上向下投射，在 H 面得到的视图称为俯视图；从右向左投射，在 W 面得到的视图称为右视图。

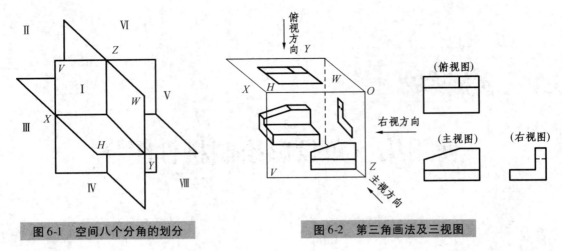

图 6-1 空间八个分角的划分　　　　图 6-2 第三角画法及三视图

(2) 三视图的展开

V 面(主视图)保持不动,将 H 面(俯视图)绕 OX 轴向上旋转 90°,将 W 面绕 OZ 轴向右旋转 90°,使三个投影面展开在同一平面内。

(3) 三个视图之间的关系

① 位置关系:俯视图在主视图上方,右视图在主视图右方。

② 尺寸关系:主视图和俯视图同长,主视图和右视图同高,俯视图和右视图同宽,这种三等关系与第一角画法一致。

③ 方位关系:由于第三角画法的展开方向和视图配置位置与第一角画法不同,因此第三角画法中,靠近主视图的一侧表示物体的前面,远离主视图的一侧表示物体的后面。

(4) 第三角画法的六个基本视图

第三角画法同样有六个基本视图,除主视图、俯视图和右视图三个视图外还有左视图、仰视图和后视图。如图 6-3 所示为六个基本视图的形成、展开及配置。

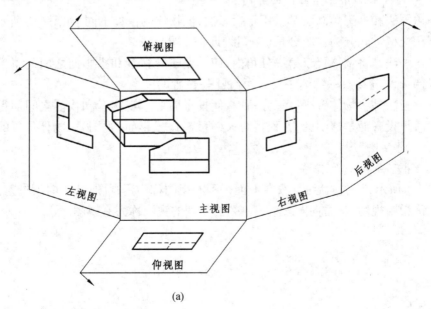

(a)

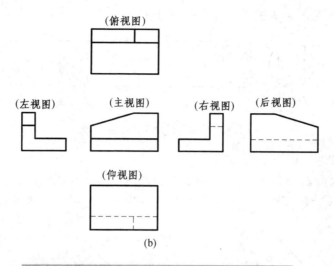

图 6-3 第三角画法六个基本视图的展开及配置

(5) 注意点

① 采用第三角画法时,读图方法仍可采用视图归位法,即主视图不动,将俯视图绕 OX 轴向后旋转 90°;将右视图绕 OZ 轴向后旋转 90°,恢复到视图展开前的状态,即可想象出物体的空间结构形状。

② 第三角画法的六个基本视图之间有一个规律,即每一视图所表示的物体形状都是从相邻视图的邻近侧进行观察的结果。

(6) 第一角画法和第三角画法的标记

在 ISO 国际标准中,规定了第一角画法和第三角画法的标志,如图 6-4 所示。画法的识别符号注写在标题栏内,我国统一采用第一角画法,并可省略识别符号的注写。但当采用第三角画法时,必须注写识别符号。

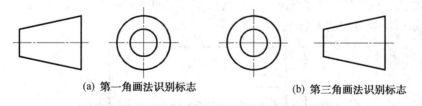

(a) 第一角画法识别标志　　(b) 第三角画法识别标志

图 6-4 第一角画法及第三角画法的识别标志

3. 第三角投影的特点

(1) 便于读图

如前所述,第一角画法是将机件置于观察者与投影面之间进行投射,对于初学者容易理解和掌握基本视图的投影规律。

第三角画法是将投影面置于观察者与机件之间进行投射,即观察者先看到投影图,再看到机件。在六面视图中,除后视图外,其他视图都配置在相邻视图的近侧,方便识读。这一特点对于识读较长的轴、杆类零件图时尤为突出。如图 6-5 所示,主视图左端的形状配置在主视图的左方,其右视图是将主视图右端的形状配置在主视图的右方。与第一角画法比较,显然，用第三角画法的近侧配置更方便画图与读图。

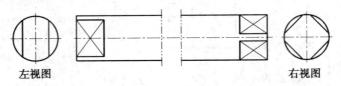

图 6-5　第三角画法特点（一）

（2）便于表达

利用第三角画法近侧配置的特点，对于表达机件上的局部结构比较清楚简明。如图 6-6 所示，只要将局部视图或斜视图配置在适当位置，一般不再需要标注。

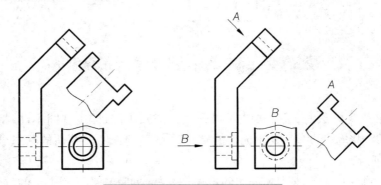

图 6-6　第三角画法特点（二）

（3）剖面图画法的特点

在第三角画法中，剖视图和断面图通称为"剖面图"，并分为全剖面图、半剖面图、断裂剖面图、旋转剖面图和阶梯剖面图。如图 6-7 所示，主视图采用阶梯全剖面，左视图取半剖面。在主视图中，左面的肋板也不画剖面线。肋的移出断面在第三角画法中称为移出旋转剖面。剖面的标注与第一角画法也不同，剖切线用双点画线表示，并以箭头指明投射方向。剖面的名称写在剖面图的下方。

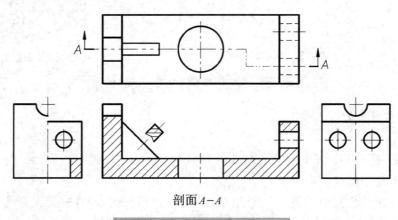

图 6-7　第三角画法特点（三）

232

> 任务要求

利用三角投影绘制如图6-8的轴承座图样。

> 任务实施

步骤一：形体分析

画图之前，首先对机件的结构进行分析。图6-8中轴承座由上部的圆筒、支承板、底板及肋板组成。

步骤二：选择主视图方向

首先确定主视图方向。主视图一般应能较明显反映出机件形状的主要特征，选择如图6-9所示的主视图的位置和方向。

步骤三：选比例、定图幅

主视图确定后，便根据机件的大小和形状复杂程度，按制图标准规定选择适当的作图比例和图幅。在一般情况下，作图比例尽可能选用1∶1的比例。绘制轴承座使用1∶1的比例。

步骤四：布置视图，绘制轴承座的视图

在选定的图纸上，妥善布置各视图的位置，确定各视图基准和边线的位置，按照第三角投影原理绘制轴承座的三视图，如图6-9所示。

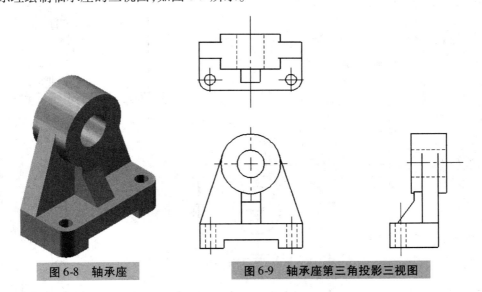

图6-8 轴承座   图6-9 轴承座第三角投影三视图

> 回顾与总结

① 第三角投影绘制机件的图样的步骤和第一角投影绘制图样的步骤大致相同，都是由结构分析、主视图的确定、比例和图幅的确定以及绘制三视图四个步骤组成的。

② 使用第三角投影时，注意视图的展开方式，以免发生前后结构颠倒的现象，影响读图。

附录

附表 1　绘制装配示意图常用的简图符号（根据 GB/T 4460—2013）

名　　称		基本符号	可用符号
齿轮（不指明齿线）	圆柱齿轮		
	圆锥齿轮		
齿线符号	圆柱齿轮 直齿		
	圆柱齿轮 斜齿		
	圆柱齿轮 人字齿		
	锥齿轮 直齿		
	锥齿轮 斜齿		
	锥齿轮 弧齿		
齿轮传动	圆柱齿轮		
	锥齿轮		
	涡轮与圆柱涡杆		
齿条传动（一般表示）			

续表

名　称		基 本 符 号	可 用 符 号
皮带传动——一般符号（不指明类型）			
螺杆传动整体螺母			
轴承	普通轴承		
	滚动轴承		
	推力滚动轴承		
	向心推力滚动轴承		
弹簧	压缩弹簧		
	拉伸弹簧		

注：① 轴的线宽为 $2d$（d 为粗实线线宽）。
② 优先采用"基本符号"，也可采用"可用符号"。
③ 必要时，示意图（简图）可画出相当于两个投射方向的图形。
④ GB/T 4460 规定的符号不够用时，可自行创设。但当自创符号用于原理图（产品图样）时，应视需要列表说明。

附表2 标准尺寸(摘自 GB/T 2822—2005)

R			R'			R			R'		
R10	R20	R40	R'10	R'20	R'40	R10	R20	R40	R'10	R'20	R'40
5.00	5.00		5.0	5.0				53.0			53
	5.60			5.5			56.0	56.0		56	56
6.30	6.30		6.0	6.0				60.0			60
		7.10			7.0	63.0	63.0	63.0	63	63	63
8.00	8.00		8.0	8.0				67.0			67
		9.00			9.0		71.0	71.0		71	71
10.00	10.00		10.0	10.0				75.0			75
		11.2			11	80.0	80.0	80.0	80	80	80
12.50	12.5	12.5	12	12	12			85.0			85
		13.2			13		90.0	90.0		90	90
	14.0	14.0		14	14			95.0			95
		15.0			15	100.0	100.0	100.0	100	100	100
16.0	16.0	16.0	16	16	16			106			106
		17.0			17		112	112		110	110
	18.0	18.0		18	18			118			120
		19.0			19	125	125	125	125	125	125
20.0	20.0	20.0	20	20	20			132			130
		21.2			21		140	140		140	140
	22.4	22.4		22	22			150			150
		23.6			24	160	160	160	160	160	160
25.0	25.0	25.0	25	25	25			170			170
		26.5			26		180	180		180	180
	28.0	28.0		28	28			190			190
		30.0			30	200	200	200	200	200	200
31.5	31.5	31.5	32	32	32			212			210
		33.5			34		224	224		220	220
	33.5	33.5		36	36			236			240
		37.5			38	250	250	250	250	250	250
40.0	40.0	40.0	40	40	40			265			260
		42.5			42		280	280		280	280
	45.0	45.0		45	45			300			300
		47.5			48	315	315	315	320	320	320
50.0	50.0	50.0	50	50	50			335			340

注：R—优先数，R'—优先数的化整值。

附表 3-1 普通螺纹直径与螺距、基本尺寸（GB/T 193—2003 和 GB/T 196—2003）

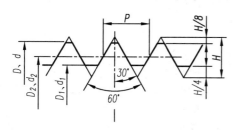

标记示例

公称直径 24mm，螺距 3mm，右旋粗牙普通螺纹，其标记为：M24

公称直径 24mm，螺距 1.5mm，左旋细牙普通螺纹，公差带代号 7H，其标记为：M24×1.5—LH

mm

公称直径 D、d		螺距 P		粗牙小径 D_1、d_1	公称直径 D、d		螺距 P		粗牙小径 D_1、d_1
第一系列	第二系列	粗牙	细牙		第一系列	第二系列	粗牙	细牙	
3		0.5	0.35	2.459	16		2	1.5,1	13.835
4		0.7	0.5	3.242		18			15.294
5		0.8	0.75	4.134	20		2.5	2,1.5,1	17.294
6		1		4.917		22			19.294
8		1.25	1,0.75	6.647	24		3	2,1.5,1	20.752
10		1.5	1.25,1,0.75	8.376	30		3.5	(3),2,1.5,1	26.211
12		1.75	1.25,1	10.106	36		4	3,2,1.5	31.670
	14	2	1.5,1.25*,1	11.835		39			34.670

注：应优先选用第一系列，括号内尺寸尽可能不用，带"*"号仅用于火花塞。

附表 3-2 梯形螺纹直径与螺距系列、基本尺寸
（GB/T 5796.2—2005、GB/T 5796.2—2005、GB/T 5796.3—2005、GB/T 5796.4—2005）

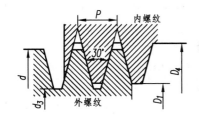

标记示例

公称直径 28mm、螺距 5mm、中径公差带代号为 7H 的单线右旋梯形内螺纹，其标记为：Tr28×5—7H

公称直径 28mm、导程 10mm、螺距 5mm、中径公差带代号为 8e 的双线左旋梯形外螺纹，其标记为：Tr28×10(P5)LH—8e

内外螺纹旋合所组成的螺纹副的标记为：Tr24×8—7H/8e

mm

公称直径 d		螺距 P	大径 D_4	小径		公称直径 d		螺距 P	大径 D_4	小径	
第一系列	第二系列			d_3	D_1	第一系列	第二系列			d_3	D_1
16		2	16.50	13.50	14.00	24		3	24.50	20.50	21.00
		4		11.50	12.00			5		18.50	19.00
	18	2	18.50	15.50	16.00			8	25.00	15.00	16.00
		4		13.50	16.00			3	26.50	22.50	23.00
20		2	20.50	17.50	18.00		26	5		20.50	21.00
		4		15.50	16.00			8	27.00	17.00	18.00
	22	3	22.50	18.50	19.00	28		3	28.50	24.50	25.00
		5		16.50	17.00			5		22.50	23.00
		8	23.0	13.00	14.00			8	29.00	19.00	20.00

注：螺纹公差带代号外螺纹有 9c、8c、8e、7e，内螺纹有 9H、8H、7H。

附表 3-3 管螺纹尺寸代号及基本尺寸

55°非密封管螺纹（GB/T 7307—2001）

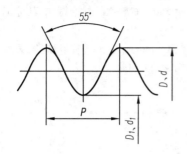

标记示例

尺寸代号为 1/2 的 A 级右旋外螺纹的标记为：G1/2A

尺寸代号为 1/2 的 B 级左旋外螺纹的标记为：G1/2B—LH

尺寸代号为 1/2 的右旋内螺纹的标记为：G1/2

mm

尺寸代号	每25.4mm 内的牙数 n	螺距 P/mm	大径 $D=d$/mm	小径 $D_1=d_1$/mm	基准距离/mm
1/4	19	1.337	13.157	11.445	6
3/8	19	1.337	16.662	14.950	6.4
1/2	14	1.814	20.955	18.631	8.2
3/4	14	1.814	26.441	24.117	9.5
1	11	2.309	33.249	30.291	10.4
1¼	11	2.309	41.910	38.952	12.7
1½	11	2.309	47.803	44.845	12.7
2	11	2.309	59.614	56.656	15.9

附表 4 常用标准螺纹的标记方法

序号	螺纹类别	标准编号	特征代号	标记示例	螺纹副标记示例	附注
1	普通螺纹	GB/T 197—2003	M	M8×1—LH M8 M16×Ph6P2 —5g6g—L	M20—6H/5g6g M6	粗牙不注螺距，左旋时尾加"—LH"；中等公差精度（如 6H、6g）不注公差带代号；中等旋合长度不注 N（下同），多线时注出 Ph（导程）、P（螺距）
2	小螺纹	GB/T 15054.4—1994	S	S0.8—4H5 S1.2LH—5h3	S0.9—4H5/5h3	标记中末位的 5 和 3 为顶径公差等级。顶径公差带位置仅一种（H、h），故只注等级不注位置
3	梯形螺纹	GB/T 5796.4—2005	Tr	Tr40×7—7H Tr40×14(P7) LH—7e	Tr36×6—7H/7c	公称直径一律用外螺纹基本大径表示；仅需给出中径公差带代号；无短旋合长度

续表

序号	螺纹类别		标准编号	特征代号	标记示例	螺纹副标记示例	附注
4	锯齿形螺纹		GB/T 13576—2008	B	B40×7—7a B40×14(P7) LH—8c—L	B40×7—7A/7c	
5	米制锥螺纹		GB/T 1415—2008	ZM	ZM10 M10×1GB1415 ZM10—S	ZM10/ZM10	圆锥内螺纹与圆锥外螺纹配合
						M10×1GB1415/ZM10—S	圆柱内螺纹与圆锥外螺纹配合,S为短基距代号,标准基距不注代号
6	60°密封管螺纹	圆锥管螺纹（内、外）	GB/T 12716—2011	NPT	NPT4		左旋时尾加"—LH"
		圆柱内螺纹		NPSC	NPSC3/4		
7	55°非密封管螺纹		GB/T 7307—2001	G	G1½A G½—LH	G1½A	外螺纹公差等级分A级和B级两种；内螺纹公差等级只有一种。表示螺纹副时,仅需标注外螺纹的标记
8	55°密封管螺纹	圆锥外螺纹	GB/T 7306.1—2000	R_1	$R_1 3$	$R_p/R_1 3$	内、外螺纹均只有一种公差带,故不注。螺纹副中只注写一次尺寸代号
		圆柱内螺纹		R_p	$R_p½$		
		圆锥外螺纹	GB/T 7306.2—2000	R_2	$R_2 ¾$	$R_c/R_2 ¾$	
		圆锥内螺纹		R_c	$R_c 1½—LH$		

附表 5 六角头螺栓

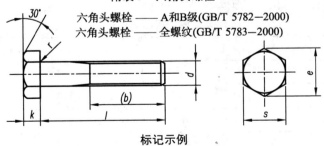

六角头螺栓 —— A和B级(GB/T 5782—2000)
六角头螺栓 —— 全螺纹(GB/T 5783—2000)

标记示例

螺纹规格 d = M12、公称长度 l = 80 mm、性能等级为 8.8 级、表面氧化、A 级的六角螺栓,其标记为:螺栓 GB/T 5782 M12×80 mm

螺纹规格 d		M3	M4	M5	M6	M8	M10	M12	M16	M20	M24	M30	M36
s		5.5	7	8	10	13	16	18	24	30	36	46	55
k		2	2.8	3.5	4	5.3	6.4	7.5	10	12.5	15	18.7	22.5
r		0.1	0.2	0.2	0.25	0.4	0.4	0.6	0.6	0.1	0.8	1	1
e	A	6.01	7.66	8.79	11.05	14.38	17.77	20.03	26.75	33.53	39.98	—	—
	B	5.88	7.60	8.63	10.89	14.20	17.59	19.85	26.17	32.95	39.55	50.85	51.11
(b) GB/T 5782	l ≤ 125	12	14	16	18	22	26	30	38	46	54	66	—
	125 < l ≤ 200	18	20	22	24	28	32	36	44	52	60	72	84
	l > 200	31	33	35	37	41	45	49	57	65	73	85	97
l 范围 (GB/T 5782)		20~30	25~40	25~50	30~60	40~80	45~100	50~120	65~160	80~200	90~240	110~300	140~360
l 范围 (GB/T 5783)		6~30	8~40	10~50	12~60	16~80	20~100	25~120	30~150	40~150	50~150	60~200	70~200
l 系列		6,8,10,12,16,20,25,30,35,40,45,50,55,60,65,70,80,90,100,110,120,130, 140,150,160,180,200,220,240,260,280,300,320,340,360,380,400,420,440, 460,480,500											

附表6 双头螺柱

GB/T 897—1988($b_m = 1d$)
GB/T 898—1988($b_m = 1.25d$)
GB/T 899—1988($b_m = 1.5d$)
GB/T 900—1988($b_m = 2d$)

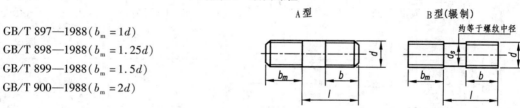

标记示例

两端均为粗牙普通螺纹,$d = 10$mm、$l = 50$mm、性能等级为 4.8 级、不经表面处理、B 型、$b_m = 1d$ 的双头螺柱,其标记为:螺柱　GB/T 897　M10×50

若为 A 型,则标记为:螺柱　GB/T 897　AM10×50

双头螺柱各部分尺寸
mm

螺纹规格 d		M3	M4	M5	M6	M8
b_m 公称	GB/T 897—1988			5	6	8
	GB/T 898—1988			6	8	10
	GB/T 899—1988	4.5	6	8	10	12
	GB/T 900—1988	6	8	10	12	16
$\dfrac{l}{b}$		$\dfrac{16\sim20}{6}$ $\dfrac{(22)\sim40}{12}$	$\dfrac{16\sim(22)}{8}$ $\dfrac{25\sim40}{14}$	$\dfrac{16\sim(22)}{10}$ $\dfrac{25\sim50}{16}$	$\dfrac{20\sim(22)}{10}$ $\dfrac{25\sim30}{14}$ $\dfrac{(32)\sim(75)}{18}$	$\dfrac{20\sim(22)}{12}$ $\dfrac{25\sim30}{16}$ $\dfrac{(32)\sim90}{22}$

续表

螺纹规格 d		M10	M12	M16	M20	M24
b_m 公称	GB/T 897—1988	10	12	16	20	24
	GB/T 898—1988	12	15	20	25	30
	GB/T 899—1988	15	18	24	30	36
	GB/T 900—1988	20	24	32	40	48
$\dfrac{l}{b}$		$\dfrac{23\sim(28)}{14}$ $\dfrac{30\sim(38)}{16}$ $\dfrac{40\sim120}{26}$ $\dfrac{130}{32}$	$\dfrac{25\sim30}{16}$ $\dfrac{(32)\sim40}{20}$ $\dfrac{45\sim120}{30}$ $\dfrac{130\sim180}{36}$	$\dfrac{30\sim(28)}{20}$ $\dfrac{40\sim(55)}{30}$ $\dfrac{60\sim120}{38}$ $\dfrac{130\sim200}{44}$	$\dfrac{35\sim40}{25}$ $\dfrac{(45)\sim(65)}{35}$ $\dfrac{70\sim120}{46}$ $\dfrac{130\sim200}{52}$	$\dfrac{45\sim50}{30}$ $\dfrac{(55)\sim(75)}{45}$ $\dfrac{80\sim120}{54}$ $\dfrac{130\sim200}{60}$

注:① GB/T 897—1988 和 GB/T 898—1988 规定螺柱的螺纹规格 d = M5 ~ M48,公称长度 l = 16 ~ 300 mm;GB/T 899—1988 和 GB/T 900—1988 规定螺柱的螺纹规格 d = M2 ~ M48,公称长度 l = 12 ~ 300 mm。
② 螺柱公称长度 l(系列):12,(14),16,(18),20,(22),25,(28),30,(32),35,(38),40,45,50,(55),60,(65),70,(75),80,(85),90,(95),100 ~ 260(10 进位),280,300 mm,尽可能不采用括号内的数值。
③ 材料为钢的螺柱性能等级有 4.8、5.8、6.8、8.8、10.9、12.9 级,其中 4.8 级为常用。

附表7　1 型六角螺母(GB/T 6170—2000)

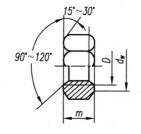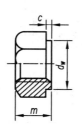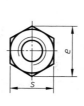

标记示例
螺纹规格 D = M12、性能等级为 8 级、不经表面处理、产品等级为 A 级的 1 型六角螺母,其标记为:螺母 GB/T 6170 M12

mm

螺纹规格 d		M3	M4	M5	M6	M8	M10	M12	M16	M20	M24	M30	M36
e	(min)	6.01	7.66	8.79	11.05	14.38	17.77	20.03	26.75	32.95	39.55	50.85	60.79
s	(max)	5.5	7	8	10	13	16	18	24	30	36	46	55
	(min)	5.32	6.78	7.78	9.78	12.73	15.73	17.73	23.67	29.16	35	45	53.8
c	(max)	0.4	0.4	0.5	0.5	0.6	0.6	0.6	0.8	0.8	0.8	0.8	0.8
d_w	(max)	4.6	5.9	6.9	8.9	11.6	14.6	16.6	22.5	27.7	33.2	42.7	51.1
	(min)	3.45	4.6	5.75	6.75	8.75	10.8	13	17.3	21.6	25.9	32.4	38.9
m	(max)	2.4	3.2	4.7	5.2	6.8	8.4	10.8	14.8	18	21.5	25.6	31
	(min)	2.15	2.9	4.4	4.9	6.44	8.04	10.37	14.1	16.9	20.2	24.3	29.4

附表8 平垫圈——A级(GB/T 97.1—2002)、平垫圈倒角型——A级(GB/T 97.2—2002)

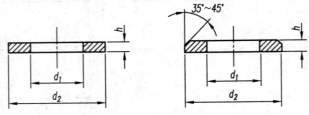

标记示例

标准系列,公称规格8 mm,由钢制造的硬度等级为200HV级、不经表面处理、产品等级为A级的平垫圈,其标记为:垫圈 GB/T 97.18

mm

公称规格 (螺纹大径 d)	2	2.5	3	4	5	6	8	10	12	14	16	20	24	30
内径 d_1	2.2	2.7	3.2	4.3	5.3	6.4	8.4	10.5	13	15	17	21	25	31
外径 d_2	5	6	7	9	10	12	16	20	24	28	30	37	44	56
厚度 h	0.3	0.5	0.5	0.8	1	1.6	1.6	2	2.5	2.5	3	3	4	4

附表9 标准型弹簧垫圈(GB/T 93—1987) 轻型弹簧垫圈(GB/T 859—1987)

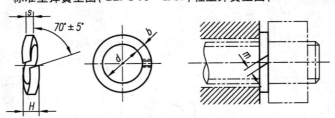

标记示例

公称直径16 mm、材料为65Mn、表面氧化的标准型弹簧垫圈,其标记为:垫圈 GB/T 93 16

mm

规格(螺纹大径)		2	2.5	3	4	5	6	8	10	12	16	20	24	30	36	42	48
d		2.1	2.6	3.1	4.1	5.1	6.2	8.2	10.2	12.3	16.3	20.5	24.5	30.5	36.6	42.6	49
H	GB/T 93—1987	1.2	1.6	2	2.4	3.2	4	5	6	7	8	10	12	13	14	16	18
	GB/T 859—1987	1	1.2	1.6	1.6	2	2.4	3.2	4	5	6.4	8	9.6	12			
$S(b)$	GB/T 93—1987	0.6	0.8	1	1.2	1.6	2	2.5	3	3.5	4	5	6	6.5	7	8	9
S	GB/T 859—1987	0.5	0.6	0.8	0.8	1	1.2	1.6	2	2.5	3.2	4	4.8	6			
$m\leqslant$	GB/T 93—1987	0.4	0.5	0.6	0.8	1	1.2	1.5	1.7	2	2.5	3	3.2	3.5	4	4.5	
	GB/T 859—1987	0.3		0.4		0.5	0.6	0.8	1	1.2	1.6	2	2.4	3			
b	GB/T 859—1987		0.8	1	1.2	1.6	2	2.5	3.5	4.5	5.5	6.5	8				

附表10 螺 钉

开槽圆柱头螺钉（GB/T 65—2000） 开槽盘头螺钉（GB/T 67—2000）

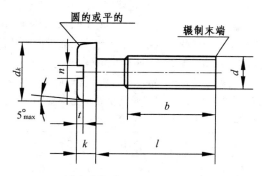

开槽沉头螺钉（GB/T 68—2000） 开槽半沉头螺钉（GB/T 69—2000）

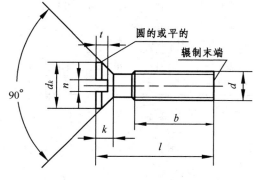 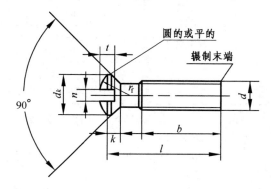

无螺纹部分杆径≈中径或＝螺纹大径

标记示例：

螺纹规格 d＝M5、公称长度 l＝20mm、性能等级为4.8级、不经表面处理的 A 级开槽圆柱头螺钉：螺钉 GB/T 65 M5×20

（单位：mm）

螺纹规格 d	p	b_{min}	N 公称	r_f GB/T 69	k_{max}			$d_{k max}$			t_{min}				l 范围
					GB/T 65	GB/T 67	GB/T 68 GB/T 69	GB/T 65	GB/T 67	GB/T 68 GB/T 69	GB/T 65	GB/T 67	GB/T 68	GB/T 69	
M3	0.5	25	0.8	6	2	1.8	1.65	5.5	5.6	5.5	0.85	0.7	0.6	1.2	4~30
M4	0.7	38	1.2	9.5	2.6	2.4	2.7	7	8	8.4	1.1	1	1	1.6	5~40
M5	0.8	38	1.2	9.5	3.3	3.0	2.7	8.5	9.5	9.3	1.3	1.2	1.1	2	6~50
M6	1	38	1.6	12	3.9	3.6	3.3	10	12	11.3	1.6	1.4	1.2	2.4	8~60
M8	1.25	38	2	16.5	5	4.8	4.65	13	16	15.8	2	1.9	1.8	3.2	10~80
M10	1.5	38	2.5	19.5	6	6	5	16	20	18.3	2.4	2.4	2	3.8	12~80
l 系列	4、5、6、8、10、12、(14)、16、20、25、30、35、40、50、(55)、60、(65)、70、(75)、80														

附表11　圆柱销　不淬硬钢和奥氏体不锈钢（GB/T 119.1—2000）、
圆柱销　淬硬钢和马氏体不锈钢（GB/T 119.2—2000）

标记示例

公称直径 d = 6 mm、公差 m6、公称长度 l = 30 mm、材料为钢、不经淬火、不经表面处理的圆柱销，其标记为：销　GB/T 119.1　6m6×30

公称直径 d = 6 mm、公称长度 l = 30 mm、材料为钢、普通淬火（A型）、表面氧化处理的圆柱销，其标记为：销　GB/T 119.2　6×30

公称直径 d		3	4	5	6	8	10	12	16	20	25	30	40	50
$c \approx$		0.50	0.63	0.80	1.2	1.6	2.0	2.5	3.0	3.5	4.0	5.0	6.3	8.0
公称长度 l	GB/T 119.1	8~30	8~40	10~50	12~60	14~80	18~95	22~140	26~180	35~200	50~200	60~200	80~200	95~200
	GB/T 119.2	8~30	10~40	12~50	14~60	18~80	22~100	26~100	40~100	50~100	—	—	—	—
l 系列		8,10,12,14,16,18,20,22,24,26,28,30,32,35,40,45,55,60,65,70,75,80,85,90,95,100,120,140,160,180,200												

注：① GB/T 119.1—2000 规定圆柱销的公称直径 d = 0.6~50 mm，公称长度 l = 2~200 mm，公差有 m6 和 h8。
② GB/T 119.2—2000 规定圆柱销的公称直径 d = 1~20 mm，公称长度 l = 3~100 mm，公差仅有 m6。
③ 当圆柱销公差为 h8 时，其表面粗糙度 $Ra \leq 1.6\ \mu m$。

附表12　圆锥销（GB/T 117—2000）

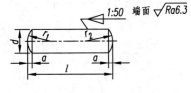

标记示例

公称直径 d = 10 mm、公称长度 l = 60 mm、材料为35钢、热处理硬度（28~38）HRC、表面氧化处理的A型圆锥销，其标记为：
销　GB/T 117　10×60

$r_1 \approx d\quad r_2 \approx d + \dfrac{a}{2} + \dfrac{(0.02l)^2}{8a}$

mm

公称直径 d	4	5	6	8	10	12	16	20	25	30	40	50
$a \approx$	0.5	0.63	0.8	1	1.2	1.6	2	2.5	3	4	5	6.3
公称长度 l	14~55	18~60	22~90	22~120	26~160	32~180	40~200	45~200	50~200	55~200	60~200	65~200
l 系列	2,3,4,5,6,8,10,12,14,16,18,20,22,24,26,28,30,32,35,40,45,50,55,60,65,70,75,80,85,90,95,100,120,140,160,180,200											

注：① 标准规定圆锥销的公称直径 d = 0.6~50 mm。
② 有A型和B型。A型为磨削，锥面表面粗糙度 Ra = 0.8 μm；B型为切削或冷镦，锥面粗糙度 Ra = 3.2 μm。

附表13 中心孔的型式及尺寸(摘自 GB/T 145—2001)

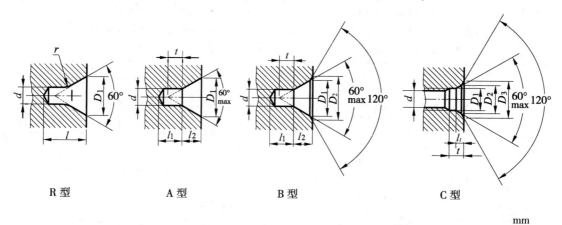

R 型　　　　A 型　　　　B 型　　　　C 型

mm

d	型 式							选择中心孔的参考数据（非标准内容）*		
	R	A		B		C		D_{min}	D_{max}	G
	D	D☆	l_2☆	D_2★	l_2★	d	D_3			
1.6	3.35	3.35	1.52	5.0	1.99			6	>8~10	0.1
2.0	4.25	4.25	1.95	6.3	2.54			8	>10~18	0.12
2.5	5.3	5.3	2.42	8.0	3.20			10	>18~30	0.2
3.15	6.7	6.7	3.07	10.0	4.03	M3	5.8	12	>30~50	0.5
4.0	8.5	8.5	3.90	12.5	5.05	M4	7.4	15	>50~80	0.8
(5.0)	10.6	10.6	4.85	16.0	6.41	M5	8.8	20	>80~120	1.0
6.3	13.2	13.2	5.98	18.0	7.36	M6	10.5	25	>120~180	1.5
(8.0)	17.0	17.0	7.79	22.4	9.36	M8	13.2	30	>180~220	2.0
10.0	21.2	21.2	9.70	28.0	11.66	M10	16.3	42	>220~260	3.0

注：① 括号内的尺寸尽量不采用。
② D_{min}—原料端部最小直径。
③ D_{max}—轴状材料最大直径。
④ G—工件最大重量(t)。
⑤ l—螺纹长度，按零件的功能要求确定。
★ 任选其一，☆ 任选其一

附表14 普通平键的尺寸与公差(摘自 GB/T 1096—2003)

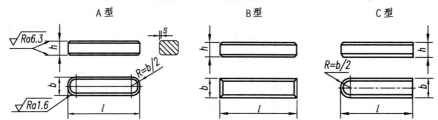

标记示例

普通平键（A 型），$b=18$ mm，$h=11$ mm，$L=100$ mm：GB/T 1096 键 $18\times 11\times 100$

普通平键（B 型），$b=18$ mm，$h=11$ mm，$L=100$ mm：GB/T 1096 键 B $18\times 11\times 100$

普通平键（C 型），$b=18$ mm，$h=11$ mm，$L=100$ mm：GB/T 1096 键 C $18\times 11\times 100$

宽度 b	基本尺寸		2	3	4	5	6	8	10	12	14	16	18	20	22
	极限偏差 (h8)		0 −0.014			0 −0.018		0 −0.022			0 −0.027			0 −0.033	
高度 h	基本尺寸		2	3	4	5	6	7	8	8	9	10	11	12	14
	极限偏差	矩形 (hⅡ)	—			—			0 −0.090			0 −0.010			
		方形 (h8)	0 −0.014			0 −0.018			—			—			
倒角或圆角 s			0.16～0.25			0.25～0.40			0.40～0.60			0.60～0.80			

长度 L 基本尺寸	极限偏差 (h14)	2	3	4	5	6	8	10	12	14	16	18	20	22
6	0 −0.36	—	—		—	—	—	—	—	—	—	—	—	—
8			—		—	—	—	—	—	—	—	—	—	—
10					—	—	—	—	—	—	—	—	—	—
12	0 −0.48					—	—	—	—	—	—	—	—	—
14							—	—	—	—	—	—	—	—
16								—	—	—	—	—	—	—
18								—	—	—	—	—	—	—
20	0 −0.52	—				标准			—	—	—	—	—	—
22		—								—	—	—	—	—
25										—	—	—	—	—
28											—	—	—	—
32	0 −0.62										—	—	—	—
36												—	—	—
40		—	—									—	—	—
45		—	—			长度							—	—
50		—	—	—									—	—
56	0 −0.74	—	—	—										—
63		—	—	—	—									
70		—	—	—	—									
80		—	—	—	—	—								
90	0 −0.87	—	—	—	—	—		范围						
100		—	—	—	—	—								
110		—	—	—	—	—	—							
125	0 −1.00	—	—	—	—	—	—							
140		—	—	—	—	—	—	—						
160		—	—	—	—	—	—	—						
180		—	—	—	—	—	—	—	—					
200	0 −1.15	—	—	—	—	—	—	—	—	—				
220		—	—	—	—	—	—	—	—	—	—			
250		—	—	—	—	—	—	—	—	—	—	—		

附表15 普通平键键槽的尺寸与公差(摘自 GB/T 1095—2003)

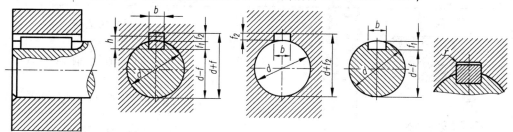

注:在工作图中,轴槽深用 t_1 或 $(d-t)$ 标注,轮毂深用 $(d+t_2)$ 标注。

mm

轴的直径 d	键尺寸 $b \times h$	键槽 宽度 b					深度				半径 r	
		基本尺寸	极限偏差				轴 t_1		毂 t_2			
			正常连接		紧密连接	松连接		基本尺寸	极限偏差	基本尺寸	极限偏差	min	max
			轴 N9	毂 JS9	轴和毂 P9	轴 H9	毂 D10						
自 6~8	2×2	2	−0.004 −0.029	±0.012 5	−0.006 −0.031	+0.025 0	+0.060 +0.020	1.2	+0.1 0	1	+0.1 0	0.08	0.16
>8~10	3×3	3						1.8		1.4			
>10~12	4×4	4	0 −0.030	±0.015	−0.012 −0.042	+0.030 0	+0.078 +0.030	2.5		1.8			
>12~17	5×5	5						3.0		2.3		0.16	0.25
>17~22	6×6	6						3.5		2.8			
>22~30	8×7	8	0 −0.036	±0.018	−0.015 −0.051	+0.036 0	+0.098 +0.040	4.0		3.3			
>30~38	10×8	10						5.0		3.3			
>38~44	12×8	12	0 −0.043	±0.026	−0.018 −0.061	+0.043 0	+0.120 +0.050	5.0		3.3		0.25	0.40
>44~50	14×9	14						5.5		3.8			
>50~58	16×10	16						6.0		4.3			
>58~65	18×11	18						7.0	+0.2 0	4.4	+0.2 0		
>65~75	20×12	20	0 −0.052	±0.031	−0.022 −0.074	+0.052 0	+0.149 +0.065	7.5		4.9			
>75~85	22×14	22						9.0		5.4		0.40	0.60
>85~95	25×14	25						9.0		5.4			
>95~110	28×16	28						10.0		6.4			
>110~130	32×18	32	0 −0.062	±0.037	−0.026 −0.088	+0.062 0	+0.180 +0.080	11.0		7.4			
>130~150	36×20	36						12.0		8.4			
>150~170	40×22	40						13.0	+0.3 0	9.4	+0.3 0	0.70	1.0
>170~200	45×25	45						15.0		10.4			

注:① $(d-t_1)$ 和 $(d+t_2)$ 两组组合尺寸的极限偏差按相应的 t_1 和 t_2 的极限偏差选取,但 $(d-t_1)$ 极限偏差应取负号(−)。
② 轴的直径不在本标准所列,仅供参考。

附表 16　拔模斜度

斜度 $a:h$	角度 β	使用范围
1:5	11°30′	$h<25$mm 时的铸钢和铸铁件
1:10 1:20	5°30′ 3°	$h=(25\sim500)$mm 时的铸钢和铸铁件
1:50	1°	$h>500$mm 时的铸钢和铸铁件
1:100	30′	非铁合金铸件

注：当设计不同壁厚的铸件时，在转折点处的斜度最大还可增大到 30°~45°。

附表 17　圆柱形轴伸

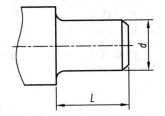

mm

基本尺寸	极限偏差	长系列	短系列	基本尺寸	极限偏差	长系列	短系列
6 7	+0.006 -0.002	16	—	30 32 35 38	j6	80	58
8 9	+0.007 -0.002	20		40 42 45 48	+0.018 +0.002	110	82
10 11		23	20	50 55 56	k6		
12 14	+0.008 -0.003	30	25				
16 18 19	j6	40	28	60 63 65 70 74 75	+0.030 +0.011	140	105
20 22 24	+0.009 -0.004	50	36		m6		
25 28		60	42	80		170	130

附表 18 圆锥形轴伸

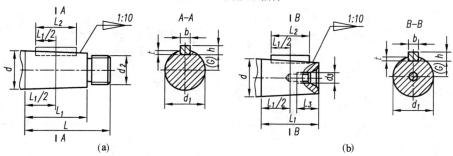

d	L	L_1	L_2	b	h	d_1	t	(G)	d_2	d_3	L_3
6	16	10	6	—	—	5.5	—	—	M4	—	—
7						6.5					
8	20	12	8	—	—	7.4	—	—	M6	—	—
9						8.4					
10	23	15	12	2	2	9.25	1.2	3.9	M8×1	M4	10
11						10.25					
12	30	18	16			11.1		4.3			
14				3	3	13.1	1.8	4.7			
16						14.6		5.5			
18	40	28	25			16.6		5.8	M10×1.25	M5	13
19				4	4	17.6		6.3			
20						18.2	2.5	6.6			
22	50	36	32			20.2		7.6	M12×1.25	M6	16
24						22.2		8.1			
25	60	42	36	5	5	22.9	3	8.4	M16×1.5	M8	19
28						25.9		9.9			
30						27.1		10.5			
32	80	58	50	6	6	29.1	3.5	11.0	M20×1.5	M10	22
35						32.1		12.5			
38						35.1		14.0			
40				10	8	35.9		12.9	M24×2	M12	28
42						37.9		13.9			
45	110	82	70			40.9	5	15.4	M30×2	M16	36
48				12	8	43.9		16.9			
50						45.9		17.9	M36×3		

附表19 螺纹的倒角与退刀槽(摘自 GB/T 3—1997)

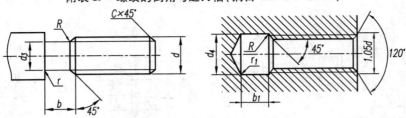

mm

	螺距 P	粗牙螺纹 d	b		$R=r$	d_3	C	b_1		$R=r_1$	d_4
			一般	窄的				一般	窄的		
普通螺纹	0.75	4.5	2.25		$P/2$	$d-1.2$	0.6	3.0	2.0	$P/2$	$d+0.3$
	0.8	5.0	2.4	1.5		$d-1.3$	0.8				
	1.0	6.7	3.0			$d-1.6$	1.0	4.0	2.5		
	1.25	8.0	3.75	1.5		$d-2.0$	1.2	5.0	3.0		
	1.5	10	4.5	2.5		$d-2.3$	1.5	6.0	4.0		
	1.75	12	5.25			$d-2.6$	2.0	7.0			
	2.0	14、16	6.0	3.5	$P/2$	$d-3.0$		8.0	5.0	$P/2$	$d+0.5$
	2.5	18、20、22	7.5			$d-3.6$	2.5	10	6.0		
	3.0	24、27	9.0	4.5		$d-4.4$		12	7.0		
	3.5	30、33	10.5			$d-5.0$	3.0	14	8.0		
	4.0	36、39	12	5.5		$d-5.7$		16	9.0		
	4.5	42、45	13.5	6.0		$d-6.4$	4.0	18	10		
	5.0	48、52	15	6.5		$d-7.0$		20	11		
	5.5	56、60	17.5	7.5		$d-7.7$	5.0	22	12		

注:由表中查知"$C\times 45°$"的 C 值后(如 $C=1.5$),抄注在图样中时应注写为"$C1.5$"。

附表20 砂轮越程槽(GB/T 6403.5—2008)

mm

d	r	h	b_1	b_2
≤10	0.2	0.1	0.6	2.0
	0.5	0.2	1.0	3.0
			1.6	
>10~15	0.8	0.3	2.0	4.0
	1.0	0.4	3.0	
>50~100			4.0	5.0
	1.6	0.6	5.0	
>100	2.0	0.8	8.0	8.0
	3.0	1.2	10	10

磨外圆　磨内圆　磨外端面
磨内端面　磨外圆及端面　磨内圆及端面

注:① 越程槽内相交处不许产生尖角。
② 越程槽深度 h 与圆弧半径 r 要满足 $r<3h$。

附表21 紧固件用通孔及沉孔尺寸(摘自 GB/T 152.2~152.4、GB/T 5277—1985)

螺纹规格 d				4	5	6	8	10	12	14	16
通孔直径		精装配		4.3	5.3	6.4	8.4	10.5	13	15	17
		中等装配		4.5	5.5	6.6	9	11	13.5	15.5	17.5
		粗装配		4.8	5.8	7	10	12	14.5	16.5	18.5
六角头螺栓和螺母用沉孔 t-刮平为止(锪平) GB/T 152.4	用于有标准对边的六角头螺栓及六角螺母		d_2	10	11	13	18	22	26	30	33
			d_3	—	—	—	—	—	16	18	20
			d_1	4.5	5.5	6.6	9	11	13.5	15.5	17.5
圆柱头用沉孔 GB/T 152.3	用于 GB/T 70.1		d_2	8.0	10	11	15	18	20	24	26
			t	4.6	5.7	6.8	9	11	13	15	17.5
			d_3	—	—	—	—	—	16	18	20
			d_1	4.5	5.5	6.6	9	11	13.5	15.5	17.5
	用于 GB/T 65		d_2	8	10	11	15	18	20	24	26
			t	3.2	4	4.7	6	7	8	9	10.5
			d_3	—	—	—	—	—	16	18	20
			d_1	4.5	5.5	6.6	9	11	13.5	15.5	17.5
沉头用沉孔 GB/T 152.2	用于沉头及半沉头螺钉		d_2	9.6	10.6	12.8	17.6	20.3	24.4	28.4	32.4
			$t\approx$	2.7	2.7	3.3	4.6	5	6	7	8
			d_1	4.5	5.5	6.6	9	11	13.5	15.5	17.5
	用于沉头及半沉头自攻螺钉		螺钉规格	ST 3.5		ST 4.2		ST 4.8		ST 5.5	
			d_2	8.2		9.4		10.4		11.5	
			$t\approx$	2.4		2.6		2.8		3.0	
			d_1	3.7		4.5		5.1		5.8	

附表22 普通(粗牙)螺纹的余留长度及钻孔余留深度(JB/ZQ 4247—1997)

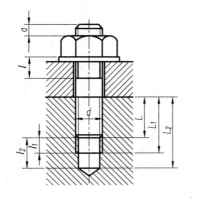 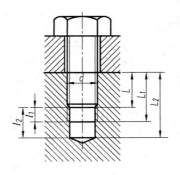

拧入深度 L 由设计者决定，钻孔深度 $L_2 = L + l_2$，螺孔深度 $L_1 = L + l_1$

mm

螺纹直径 d	余留长度			末端长度 a	螺纹直径 d	余留长度			末端长度 a
	内螺纹 l_1	外螺纹 l	钻孔 l_2			内螺纹 l_1	外螺纹 l	钻孔 l_2	
5	1.5	2.5	6	2～3	14、16 18、20、22	4 5	6 7	14 15	4.5～6.5
6 8	2 2.5	3.5 4	7 9	2.5～4	24、27、30	6 7	8 9	17 23	5.5～8
10 12	3 3.5	4.5 5.5	11 13	3.5～5	36 42	8 9	10 11	26 30	7～11

附表 23　优先配合的选用说明

优先配合		配合特性及应用举例
基孔制	基轴制	
$\dfrac{H11}{c11}$	$\dfrac{C11}{h11}$	间隙非常大，用于很松的、转动很慢的转动配合；要求大公差与大间隙的外露组件；要求装配方便的很松的配合
$\dfrac{H9}{d9}$	$\dfrac{D9}{h9}$	间隙很大的自由转动配合，用于精度并非主要要求时，或有大的温度变动、高转速或大的轴颈压力时
$\dfrac{H8}{f7}$	$\dfrac{F8}{h7}$	间隙不大的转动配合，用于中等转速与中等轴颈压力的精确转动；也用于装配较易的中等定位配合
$\dfrac{H7}{g6}$	$\dfrac{G7}{h6}$	间隙很小的滑动配合，用于不希望自由转动、但可自由移动和滑动并精密定位时；也可用于要求明确的定位配合
$\dfrac{H7}{h6}$	$\dfrac{H7}{h6}$	均为间隙定位配合，零件可自由装拆，而工作时一般相对静止不动。在最大实体条件下的间隙为零，在最小实体条件下的间隙由公差等级决定
$\dfrac{H8}{h7}$	$\dfrac{H8}{h7}$	
$\dfrac{H9}{h9}$	$\dfrac{H9}{h9}$	均为间隙定位配合，零件可自由装拆，而工作时一般相对静止不动。在最大实体条件下的间隙为零，在最小实体条件下的间隙由公差等级决定
$\dfrac{H11}{h11}$	$\dfrac{H11}{h11}$	
$\dfrac{H6}{k6}$	$\dfrac{K7}{h6}$	过渡配合，用于精密定位
$\dfrac{H7}{n6}$	$\dfrac{N7}{h6}$	过渡配合，允许有较大过盈的更精密定位
$\dfrac{H7}{p6}$	$\dfrac{P7}{h6}$	过盈定位配合，即小过盈配合，用于定位精度特别重要时，能以最好的定位精度达到部件的刚性及对中性要求，而对内孔承受压力无特殊要求，不依靠配合的紧固件传递摩擦负荷
$\dfrac{H7}{s6}$	$\dfrac{S7}{h6}$	中等压入配合，适用于一般钢件，或用于薄壁件的冷缩配合，用于铸铁件可得到最紧的配合
$\dfrac{H7}{u6}$	$\dfrac{U7}{h6}$	压入配合，适用于可以承受大压入力的零件或不宜承受大压入力的冷缩配合

附表 24 孔的极限偏差(摘自 GB/T 1800.4—1999)

基本尺寸/mm		公差带/μm															
		C	D	F	G	H								K	N	P	S	U
大于	至	11	9	8	7	5	6	7	8	9	10	11	12	13	7	9	7	7	7
—	3	+120 +60	+45 +20	+20 +6	+12 +2	+4 0	+6 0	+10 0	+14 0	+25 0	+40 0	+60 0	+100 0	+140 0	0 −10	−4 −29	−6 −16	−14 −24	−18 −28
3	6	+115 +70	+60 +30	+28 +10	+16 +4	+5 0	+8 0	+12 0	+18 0	+30 0	+48 0	+75 0	+120 0	+180 0	+3 −9	0 −30	−8 −20	−15 −27	−19 −31
6	10	+170 +80	+76 +40	+35 +13	+20 +5	+6 0	+9 0	+15 0	+22 0	+36 0	+58 0	+90 0	+150 0	+220 0	+5 −10	0 −36	−9 −24	−17 −32	−22 −37
10	14	+205 +95	+93 +50	+43 +16	+24 +6	+8 0	+11 0	+18 0	+27 0	+43 0	+70 0	+110 0	+180 0	+270 0	+6 −12	0 −43	−11 −29	−21 −39	−26 −44
14	18																		
18	24	+240 +110	+117 +65	+53 +20	+28 +7	+9 0	+13 0	+21 0	+33 0	+52 0	+84 0	+130 0	+210 0	+330 0	+6 −15	0 −52	−14 −35	−27 −48	−33 −54
24	30																		−40 −61
30	40	+280 +120	+142 80	+64 +25	+34 +9	+11 0	+16 0	+25 0	+39 0	+62 0	+100 0	+160 0	+250 0	+390 0	+7 −18	0 −62	−17 −42	−34 −59	−51 −75
40	50	+290 +130																	−61 −86
50	65	+330 +140	+170 +100	+76 +30	+40 +10	+13 0	+19 0	+30 0	+46 0	+74 0	+120 0	+190 0	+300 0	+460 0	+9 −21	0 −74	−21 −51	−42 −72	−76 −106
65	80	+340 +150																−48 −78	−91 −121
80	100	+390 +170	+207 120	+90 +36	+47 +12	+15 0	+22 0	+35 0	+54 0	+87 0	+140 0	+220 0	+350 0	+540 0	+10 −25	0 −87	−24 −59	−58 −93	−111 −146
100	120	+400 +180																−66 −101	−131 −166
120	140	+450 +200	+245 +145	+106 +43	+54 +14	+18 0	+25 0	+40 0	+63 0	+100 0	+160 0	+250 0	+400 0	+630 0	+12 −28	0 −100	−28 −68	−77 −117	−155 −195
140	160	+460 +210																−85 −125	−175 −215
160	180	+480 +230																−93 −133	−195 −235
180	200	+530 +240	+285 +170	+122 +50	+61 +15	+20 0	+29 0	+46 0	+72 0	+115 0	+185 0	+290 0	+460 0	+720 0	+13 −33	0 −115	−33 −79	−105 −151	−219 −265
200	225	+550 +260																−113 −159	−241 −287
225	250	+570 +280																−123 −169	−267 −313
250	280	+620 +300	+320 +190	+317 +56	+69 +17	+23 0	+32 0	+52 0	+81 0	+130 0	+210 0	+320 0	+52 0	+810 0	+16 −36	0 −130	−36 −88	−138 −190	−295 −347
280	315	+650 +330																−150 −202	−330 −382
315	355	+720 +360	+350 +210	+151 +62	+75 +18	+25 0	+36 0	+57 0	+89 0	+140 0	+230 0	+360 0	+570 0	+890 0	+17 −40	0 −140	−41 −98	−169 −226	−369 −426
355	400	+760 +400																−187 −244	−414 −471
400	450	+840 +440	+385 +230	+165 +68	+83 +20	+27 0	+40 0	+63 0	+97 0	+155 0	+250 0	+400 0	+630 0	+970 0	+18 −45	0 −155	−45 −108	−209 −272	−467 −530
450	500	+880 +480																−229 −292	−517 −580

附表 25 轴的极限偏差（摘自 GB/T 1800.4—1999）

基本尺寸 /mm		公差带/μm																					
		c		f					g			h							js			k		
大于	至	8	9	5	6	7	8	9	5	6	7	5	6	7	8	9	10	11	12	5	6	7	5	6	7
—	3	−14 −28	−14 −39	−6 −10	−6 −12	−6 −16	−6 −20	−6 −31	−2 −6	−2 −8	−2 −12	0 −4	0 −6	0 −10	0 −14	0 −25	0 −40	0 −60	0 −100	±2	±3	±5	+4 0	+6 0	+10 0
3	6	−20 −38	−20 −50	−10 −15	−10 −18	−10 −22	−10 −28	−10 −40	−4 −9	−4 −12	−4 −16	0 −5	0 −8	0 −12	0 −18	0 −30	0 −48	0 −75	0 −120	±2.5	±4	±6	+6 +1	+9 +1	+13 +1
6	10	−25 −47	−25 −61	−13 −19	−13 −22	−13 −28	−13 −35	−13 −49	−5 −11	−5 −14	−5 −20	0 −6	0 −9	0 −15	0 −22	0 −36	0 −58	0 −90	0 −150	±3	±4.5	±7	+7 +1	+10 +1	+16 +1
10	14	−32 −59	−32 −75	−16 −24	−16 −27	−16 −34	−16 −43	−16 −59	−6 −14	−6 −17	−6 −24	0 −8	0 −11	0 −18	0 −27	0 −43	0 −70	0 −110	0 −180	±4	±5.5	±9	+9 +1	+12 +1	+19 +1
14	18																								
18	24	−40 −73	−40 −92	−20 −29	−20 −33	−20 −41	−20 −53	−20 −72	−7 −16	−7 −20	−7 −28	0 −9	0 −13	0 −21	0 −33	0 −52	0 −84	0 −130	0 −210	±4.5	±6.5	±10	+11 +2	+15 +2	+23 +2
24	30																								
30	40	−50 −89	−50 −112	−25 −36	−25 −41	−25 −50	−25 −64	−25 −87	−9 −20	−9 −25	−9 −34	0 −11	0 −16	0 −25	0 −39	0 −62	0 −100	0 −160	0 −250	±5.5	±8	±12	+13 +2	+18 +2	+27 +2
40	50																								
50	65	−60 −106	−60 −134	−30 −43	−30 −49	−30 −60	−30 −76	−30 −104	−10 −23	−10 −29	−10 −40	0 −13	0 −19	0 −30	0 −46	0 −74	0 −120	0 −190	0 −300	±6.5	±9.5	±15	+15 +2	+21 +2	+32 +2
65	80																								
80	100	−72 −126	−72 −159	−36 −51	−36 −58	−36 −71	−36 −90	−36 −123	−12 −27	−12 −34	−12 −47	0 −15	0 −22	0 −35	0 −54	0 −87	0 −140	0 −220	0 −350	±7.5	±11	±17	+18 +3	+25 +3	+28 +3
100	120																								
120	140	−85 −148	−85 −185	−43 −61	−43 −68	−43 −83	−43 −106	−43 −143	−14 −32	−14 −39	−14 −54	0 −18	0 −25	0 −40	0 −63	0 −100	0 −160	0 −250	0 −400	±9	±12.5	±20	+21 +3	+28 +3	+43 +3
140	160																								
160	180																								
180	200	−100 −172	−100 −215	−50 −70	−50 −79	−50 −96	−50 −122	−50 −165	−15 −35	−15 −44	−15 −61	0 −20	0 −29	0 −46	0 −72	0 −115	0 −185	0 −290	0 −460	±10	±14.5	±23	+24 +4	+33 +4	+50 +4
200	225																								
225	250																								
250	280	−110 −191	−110 −240	−56 −79	−56 −88	−56 −108	−56 −137	−56 −186	−17 −40	−17 −49	−17 −69	0 −23	0 −32	0 −52	0 −81	0 −130	0 −210	0 −320	0 −520	±11.5	±16	±26	+27 +4	+36 +4	+56 +4
280	315																								
315	355	−125 −214	−125 −265	−62 −87	−62 −98	−62 −119	−62 −151	−62 −202	−18 −43	−18 −54	−18 −75	0 −25	0 −36	0 −57	0 −89	0 −140	0 −230	0 −360	0 −570	±12.5	±18	±28	+29 +4	+40 +4	+61 +4
355	400																								
400	450	−135 −232	−135 −290	−68 −95	−68 −108	−68 −131	−68 −165	−68 −223	−20 −47	−20 −60	−20 −83	0 −27	0 −40	0 −63	0 −97	0 −155	0 −250	0 −400	0 −630	±13.5	±20	±31	+32 +5	+45 +5	+68 +5
450	500																								

附表26　线性尺寸的未注公差尺寸的极限偏差数值　　　　　　　　　　　　　　mm

公差等级	基本尺寸分段							
	0.5~3	>3~6	>6~30	>30~120	>120~400	>400~1 000	>1 000~2 000	>2 000~4 000
精密 f	±0.05	±0.05	±0.1	±0.15	±0.2	±0.3	±0.5	—
中等 m	±0.1	±0.1	±0.2	±0.3	±0.5	±0.8	±1.2	±2
粗糙 c	±0.2	±0.3	±0.5	±0.8	±1.2	±2	±3	±4
最粗 v	—	±0.5	±1	±1.5	±2.5	±4	±6	±8

附表27　形位公差各等级的应用举例

公差等级	应用举例
直线度和平面度公差	
5	用于1级平板,2级宽平尺,平面磨床纵导轨、垂直导轨、立柱导轨和平面磨床的工作台,液压龙门刨床导轨面,六角车床床身导轨面,柴油机进排气门导杆等
6	用于1级平板,普通车床床身导轨面,龙门刨床导轨面,滚齿机立柱导轨,床身导轨及工作台,自动车床床身导轨,平面磨床垂直导轨,卧式镗床工作台,铣床工作台,机床主轴箱导轨,柴油机进排气门导杆直线度,柴油机机体上部结合面等
7	用于2级平板,0.02游标卡尺尺身的直线度,机床主轴箱体,滚齿机床床身导轨的直线度,镗床工作台,摇臂钻底座工作台,柴油机气门导杆,液压泵盖的平面度,压力机导轨及滑块等
8	用于2级平板,车床溜板箱体、机床主轴箱体、机床传动箱体、自动车床底座的直线度,气缸盖结合面、气缸座、内燃机连杆分离面的平面度,减速机壳体的结合面等
9	用于3级平板,机床溜板箱,立钻工作台,螺纹磨床的挂轮架,金相显微镜的载物台,柴油机气缸体连杆的分离面,缸盖的结合面,阀片的平面度,空气压缩机气缸体,柴油机缸孔环面的平面度,辅助机构和手动机械的支承面等
10	用于3级平板,自动车床床身底面的平面度,车床挂轮架的平面度,柴油机气缸体,摩托车的曲轴箱体,汽车变速器的壳体与汽车发动机缸盖结合面,阀片的平面度,液压、管件和法兰的连接面等
圆度和圆柱度公差	
4	较精密机床主轴,精密机床主轴箱孔,高压阀门活塞、活塞销,阀体孔,工具显微镜顶尖,高压油泵柱塞,较高精度滚动轴承配合轴,铣削动力头箱体孔等
5	一般量仪主轴,测杆外圆,陀螺仪轴颈,一般机床主轴,较精密机床主轴及主轴箱孔,柴油机、汽油机活塞、活塞销孔,铣削动力头轴承箱座孔,高压空气压缩机十字头销、活塞,较低精度滚动轴承的配合轴等
6	仪表端盖外圆,一般机床主轴及箱体孔,中等压力下液压装置工作面(包括泵、压缩机的活塞和气缸),汽车发动机凸轮轴,纺机锭子,通用减速器轴颈,高速船用发动机曲轴,拖拉机曲轴主轴颈等
7	大功率低速柴油机曲轴、活塞、活塞销、连杆、气缸,高速柴油机箱体孔,千斤顶或压力油缸活塞,液压传动系统的分配机构,机车传动轴,水泵及一般减速器轴颈等

续表

公差等级	应用举例
8	低速发动机,减速器,大功率曲柄轴轴颈,压气机连杆盖、体,拖拉机气缸体、活塞,炼胶机冷铸轴辊,印刷机传墨辊,内燃机曲轴,柴油机机体孔、凸轮轴,拖拉机、小型船用柴油机气缸套等
9	空气压缩机缸体,液压传动筒,通用机械杠杆与拉杆用套筒销子,拖拉机活塞环、套筒孔等

平行度和垂直度公差

公差等级	面对面平行度公差	面对线 线对线 平行度公差	垂直度公差
2、3	精密机床,精密测量仪器、量具以及夹具的基准面和工作面等	精密机床上重要箱体主轴孔对基准面及对其他孔的要求等	精密机床导轨,普通机床重要导轨,机床主轴轴向定位面,精密机床主轴肩端面,滚动轴承座圈端面,齿轮测量仪的心轴,光学分度头心轴端面,精密刀具、量具的工作面和基准面等
4、5	普通车床,测量仪器、量具的基准面和工作面,高精度轴承座圈,端盖,挡圈的端面等	机床主轴孔对基准面要求,重要轴承孔对基准面要求,主轴箱体重要孔间要求,齿轮泵的端面等	普通机床导轨,精密机床重要零件,机床重要支承面,普通机床主轴偏摆,测量仪器,刀具,量具,液压传动轴瓦端面,刀具、量具的工作面和基准面等
6、7、8	一般机床零件的工作面和基准面,一般刀、量、夹具等	机床一般轴承孔对基准面要求,床头箱一般孔间要求,主轴花键对定心直径要求,刀具,量具,模具等	普通精度机床主要基准面和工作面,回转工作台端面,一般导轨,主轴箱体孔、刀架、砂轮架及工作台回转中心,一般轴肩对其轴线等
9、10	低精度零件、重型机械滚动轴承端盖等	柴油机和煤气发动机的曲轴孔、轴颈等	花键轴轴肩端面,带运输机法兰盘等对端面、轴线,手动卷扬机及传动装置中轴承端面,减速器壳体平面等

同轴度、对称度、圆跳动和全跳动公差

公差等级	应用举例
1、2、3、4	用于同轴度或旋转精度要求很高的零件。如1、2级用于精密测量仪器的主轴和顶尖,柴油机喷油嘴针阀等;3、4级用于机床主轴轴颈,砂轮轴轴颈,汽轮机主轴,测量仪器的小齿轮轴,高精度滚动轴承内、外圈等
5、6、7	应用范围较广的公差等级,用于精度要求比较高,如5级常用在机床轴颈、测量仪器的测量杆,汽轮机主轴,柱塞油泵转子,高精度滚动轴承外圈,一般精度轴承内圈;6、7级用于内燃机曲轴、凸轮轴轴颈、水泵轴、齿轮轴、汽车后桥输出轴、电动机转子;G级精度滚动轴承内圈、印刷机传墨辊等
8、9、10	用于一般精度要求,如8级用于发动机分配轴轴颈;9级以下用于齿轮轴的配合面、水泵叶轮、离心泵泵体、棉花精梳机前后滚子;9级用于内燃机气缸套配合面、自行车中轴;10级用于摩托车活塞、印染机导布辊、内燃机活塞环槽底径对活塞中心、气缸套外圈对内孔等

附表28　形位公差中被测要素和基准要素注法的正误对比

要素特征	不允许采用的注法	正确注法	说　明
被测要素			被测要素的箭头必须与尺寸线相连，箭头不得直接指在中心要素上
基准要素			有基准的特征项目，必须在框格中注写基准的字母代号；表示基准的短画不得直接与框格相连
			任选基准不得从框格两端引注；基准代号应以箭头代短画，并在框格中注写基准字母

附表29　不同应用场合的表面粗糙度高度参数值　　μm

表面性	部　位	表面粗糙度高度参数值 Ra		
滑动轴承的配合表面	表　面	公　差　等　级		液　体　摩　擦
		IT7~IT9	IT11~IT12	
	轴	0.2~3.2	1.6~3.2	0.1~0.4
	孔	0.4~1.6	1.6~3.2	0.2~0.8
带密封的轴颈表面	密封方式	轴颈表面速度(m/s)		
		≤3	≤5	>5	≤4
	橡　胶	0.4~0.8	0.2~0.4	0.1~0.2	
	毛　毡				0.4~0.8
	迷　宫	1.6~3.2			
	油　槽	1.6~3.2			
圆锥结合	表　面	密封结合	定心结合	其　他
	外圆锥表面	0.1	0.4	1.6~3.2
	内圆锥表面	0.2	0.8	1.6~3.2

续表

表面性	部 位	表面粗糙度高度参数值 Ra		
	类 别	螺纹公差等级		
		4	5	6
螺纹	粗牙普通螺纹	0.4~0.8	0.8	1.6~3.2
	细牙普通螺纹	0.2~0.4	0.8	1.6~3.2
键结合	结合型式	键	轴槽	毂槽
	工作表面 沿毂槽移动	0.2~0.4	1.6	0.4~0.8
	沿轴槽移动	0.2~0.4	0.4~0.8	1.6
	不动	1.6	1.6	1.6~3.2
	非工作表面	6.3	6.3	6.3

附表30 各种加工方法所能达到的 Ra 值

Ra 值(不大于)μm	表面状况	加工方法	Ra 值(不大于)μm	表面状况	加工方法
100 25、50	明显可见的刀痕	粗车、镗、刨、钻	0.8	可辨加工痕迹的方向	车、镗、拉、磨、立铣、刮 3~10 点/cm²、滚压
12.5	可见刀痕	粗车、刨、铣、钻	0.4	微辨加工痕迹的方向	铰、磨、镗、拉、刮 3~10 点/cm²、滚压
6.3	可见加工痕迹	车、镗、刨、钻、铣、锉、粗铰、铣齿			
3.2	微见加工痕迹	车、镗、刨、铣、刮 1~2 点/cm²、拉、磨、锉、滚压、铣齿	0.2	不可辨加工痕迹的方向	布轮磨、磨、研磨、超级加工
1.6	看不清加工痕迹	车、镗、刨、铣、铰、拉、磨、滚压、刮 1~2 点/cm²、铣齿	0.1	暗光泽面	超级加工

附表31 齿轮的表面粗糙度 Ra 值   μm

加 工 表 面		精度等级			
		6	7	8	9
轮齿工作面		<0.8	1.6~0.8	3.2~1.6	6.3~3.2
齿顶圆	是测量基面	1.6	1.6~0.8	3.2~1.6	6.3~3.2
	非测量基面	3.2	6.3~3.2	6.3	12.5~6.3
轮圈与轮心配合面		1.6~0.8		3.2~1.6	6.3~3.2
轴孔配合面		3.2~0.8		3.2~1.6	6.3~3.2
与轴肩配合的端面		3.2~0.8		3.2~1.6	6.3~3.2
其他加工面		6.3~1.6		6.3~3.2	12.5~6.3

注：原则上尺寸数值较大时选取大一些的 Ra 数值。

附表32 表面粗糙度与尺寸公差、形状公差的对应关系

尺寸公差等级		IT5			IT6			IT7			IT8		
相应的形状公差		Ⅰ	Ⅱ	Ⅲ	Ⅰ	Ⅱ	Ⅲ	Ⅰ	Ⅱ	Ⅲ	Ⅰ	Ⅱ	Ⅲ
基本尺寸(mm)		表面粗糙度参数值(μm)											
至18	Ra	0.20	0.10	0.05	0.40	0.20	0.10	0.80	0.40	0.20	0.80	0.40	0.20
	Rz	1.00	0.50	0.25	2.00	1.00	0.50	4.00	2.00	1.00	4.00	2.00	1.00
>18~50	Ra	0.40	0.20	0.10	0.80	0.40	0.20	1.60	0.80	0.40	1.6	0.80	0.40
	Rz	2.00	1.00	0.50	4.00	2.00	1.00	6.30	4.00	2.00	6.30	4.00	2.00
>50~120	Ra	0.80	0.40	0.20	1.60	0.80	0.40	1.60	0.80	0.40	1.60	1.60	0.80
	Rz	4.00	2.00	1.00	4.00	2.00	1.00	6.30	2.00	2.00	6.30	6.30	4.00
>120~500	Ra	0.80	0.40	0.20	1.60	0.80	0.40	1.60	1.60	0.80	1.60	1.60	0.80
	Rz	4.00	2.00	1.00	6.30	4.00	2.00	6.30	6.30	4.00	6.30	6.30	4.00

尺寸公差等级		IT9			IT10			IT11			IT12 IT13		IT14 IT15
相应的形状公差		Ⅰ,Ⅱ	Ⅲ	Ⅳ	Ⅰ,Ⅱ	Ⅲ	Ⅳ	Ⅰ,Ⅱ	Ⅲ	Ⅳ	Ⅰ,Ⅱ	Ⅲ	Ⅰ,Ⅱ	Ⅲ
基本尺寸(mn)		表面粗糙度参数值(μm)												
至18	Ra	1.60	0.80	0.40	1.60	0.80	0.40	3.20	1.60	0.80	6.30	3.20	6.30	6.30
	Rz	6.30	4.00	2.00	6.30	4.00	2.00	12.5	6.30	4.00	25.0	12.5	25.0	25.0
>18~50	Ra	1.60	1.60	0.80	3.20	1.60	0.80	3.20	1.60	0.80	6.30	3.20	12.5	6.30
	Rz	6.30	6.30	4.00	12.5	6.30	4.00	12.5	6.30	4.00	25.0	12.5	50.0	25.0
>50~120	Ra	3.20	1.60	0.80	3.20	1.60	0.80	6.30	3.20	1.60	12.5	6.30	25.0	12.5
	Rz	12.5	6.30	4.00	12.5	6.30	4.00	25.0	12.5	6.30	50.0	25.0	100.0	50.0
>120~500	Ra	3.20	3.20	1.60	3.20	3.20	1.60	3.20	3.20	1.60	12.5	6.30	25.0	12.5
	Rz	12.5	12.5	6.30	12.5	12.5	6.30	25.0	12.5	6.30	50.0	25.0	100.0	50.0

注:Ⅰ为形状公差在尺寸极限之内;Ⅱ为形状公差相当于尺寸公差的60%;Ⅲ为形状公差相当于尺寸公差的40%;Ⅳ为形状公差相当于尺寸公差的25%。

附表33 铁及铁合金(黑色金属)

牌号	使用举例	说明
1. 灰铸铁、工程用铸钢		
HT150 HT200 HT350	中强度铸铁:底座、刀架、轴承座、端盖 高强度铸铁:床身、机座、凸轮、联轴器 机座、箱体、支架	"HT"表示灰铸铁,后面的数字表示最小抗拉强度(MPa)
ZG230-450 ZG310-570	各种形状的机件、齿轮、重负荷机架	"ZG"表示铸钢,第一组数字表示屈服强度(MPa)最低值,第二组数字表示抗拉强度(MPa)最低值
2. 碳素结构钢、优质碳素结构钢		
Q215 Q235 Q255 Q275	受力不大的螺钉、轴、凸轮、焊件等 螺栓、螺母、拉杆、钩、连杆、轴、焊件 金属构造物中的一般机件、拉杆、轴、焊件 重要的螺钉、拉杆、钩、连杆、轴、销、齿轮	"Q"表示钢的屈服点,数字为屈服点数值(MPa),同一钢号下分质量等级,用A、B、C、D表示质量依次下降,如Q235-A

续表

牌　号	使 用 举 例	说　　明
30 35 40 45 65Mn	曲轴、轴销、连杆、横梁 曲轴、摇杆、拉杆、键、销、螺栓 齿轮、齿条、凸轮、曲柄轴、链轮 齿轮轴、联轴器、衬套、活塞销、链轮 大尺寸的各种扁、圆弹簧,如座板簧	数字表示钢中平均含碳的质量万分数,如:"45"表示平均含碳的质量分数为0.45%,数字依次增大,表示抗拉强度、硬度依次增加,延伸率依次降低。当锰的质量分数在0.7%～1.2%时需注出"Mn"
3. 合金结构钢		
40Cr 20CrMnTi	活塞销,凸轮。用于心部韧性较高的渗碳零件 工艺性好,汽车、拖拉机的重要齿轮,供渗碳处理	钢中加合金元素以增强机构性能,合金元素符号前数字表示碳的质量分数的万分数,符号后数字表示合金元素的质量分数,当质量分数小于1.5%时,仅注出元素符号

附表34　有色金属及其合金

牌号或代号	使 用 举 例	说　　明
1. 加工黄铜、铸造铜合金		
H62（代号）	散热器、垫圈、弹簧、螺钉等	"H"表示普通黄铜,数字表示铜含量的平均质量百分数
ZCuZn38Mn2Pb2 ZCuSn5Pb5Zn5 ZCuAl10Fe3	铸造黄铜:用于轴瓦、轴套及其他耐磨零件 铸造锡青铜:用于承受摩擦的零件,如轴承 铸造铝青铜:用于制造涡轮、衬套和耐蚀性零件	"ZCu"表示铸造铜合金,合金中其他主要元素用化学符号表示,符号后数字表示该元素的含量平均质量百分数
2. 铝及铝合金、铸造铝合金		
1060 1050A 2A12 2A13	适于制作储槽、塔、热交换器、防止污染及深冷设备 适用于中等强度的零件,焊接性能好	第一位数字表示铝及铝合金的组别,1×××组表示纯铝（其铝含量小于99.00%）,其最后两位数字表示最低铝的质量百分含量中小数点后面的两位。2×××组表示以铜为主要合金元素的铝合金,其最后两位数字无特殊意义,仅用来表示同一组中不同铝合金。第二位字母表示原始纯铝或铝合金的改型情况
ZAlCu5Mn（代号ZL201） ZAlMg10（代号ZL301）	砂型铸造,工作温度在175℃～300℃的零件,如内燃机缸盖、活塞 在大气或海水中工作,承受冲击载荷,外形不太复杂的零件,如舰船配件、氨用泵体等	"ZAl"表示铸造铝合金,合金中的其他元素用化学符号表示,符号后数字表示该元素含量平均质量百分数。代号中的数字表示合金系列代号和顺序号

附表35　常用热处理和表面处理(GB/T 7232—2012和JB/T 8555—2008)

名称	有效硬化层深度和硬度标注举例	说　明	目　的
退火	退火(163～197)HBS 或退火	加热→保温→缓慢冷却	用来消除铸、锻、焊零件的内应力,降低硬度,以利切削加工,细化晶粒,改善组织,增加韧性
正火	正火(170～217)HBS 或正火	加热→保温→急冷	用于处理低碳钢、中碳结构钢及渗碳零件,细化晶粒,增加强度与韧性,减少内应力,改善切削性能
淬火	淬火(42～47)HRC	加热→保温→空气冷却 工作加热奥氏体化后以适当方式冷却获得马氏体或(和)贝氏体的热处理工艺	提高机件强度及耐磨性。但淬火后引起内应力,使钢变脆,所以淬火后必须回火
回火	回火	回火是将淬硬的钢件加热到临界点(Ac_1)以下的某一温度,保温一段时间,然后冷却到室温	用来消除淬火后的脆性和内应力,提高钢的塑性和冲击韧性
调质	调质(200～230)HBS	淬火→高温回火	提高韧性及强度,重要的齿轮、轴及丝杠等零件需调质
感应淬火	感应淬火 DS=0.8～1.6, (48～52)HRC	用感应电流将零件表面加热→急速冷却	提高机件表面的硬度及耐磨性,而心部保持一定的韧性,使零件既耐磨又能承受冲击,常用来处理齿轮
渗碳淬火	渗碳淬火 DC=0.8～1.2, (58～63)HRC	将零件在渗碳介质中加热、保温,使碳原子渗入钢的表面后,再淬火回火,渗碳深度0.8～1.2mm	提高机件表面的硬度、耐磨性、抗拉强度等,适用于低碳、中碳(C<0.40%)结构钢的中小型零件
渗氮	渗氮 DN=0.25～0.4, ≥850HV	将零件放入氨气内加热,使氮原子渗入钢表面。氮化层0.25～0.4mm,氮化时间40～50h	提高机件的表面硬度、耐磨性、疲劳强度和抗蚀能力。适用于合金钢、碳钢、铸铁件,如机床主轴、丝杠、重要液压元件中的零件
碳氮共渗淬火	碳氮共渗淬火 DC=0.5～0.8, (58～63)HRC	钢件在含碳、氮的介质中加热,使碳、氮原子同时渗入钢表面。可得到0.5～0.8mm硬化层	提高表面硬度、耐磨性、疲劳强度和耐蚀性,用于要求硬度高、耐磨的中小型、薄片零件及刀具等
时效	自然时效人工时效	机件精加工前,加热到100℃～150℃后,保温5～20h,空气冷却,铸件也可自然时效(露天放一年以上)	消除内应力,稳定机件形状和尺寸,常用于处理精密机件,如精密轴承、精密丝杠等
发蓝、发黑	发蓝或发黑	将零件置于氧化剂内加热氧化,使表面形成一层氧化铁保护膜	防腐蚀、美化,如用于螺纹紧固件

续表

名称	有效硬化层深度和硬度标注举例	说　明	目　的
镀镍	镀镍	用电解方法,在钢件表面镀一层镍	防腐蚀、美化
镀铬	镀铬	用电解方法,在钢件表面镀一层铬	提高表面硬度、耐磨性和耐蚀能力,也用于修复零件上磨损了的表面
硬度	HBS(布氏硬度见 GB/T 231.1—2009) HRC(洛氏硬度见 GB/T 230—2009) HV(维氏硬度见 GB/T 4340.1—2009)	材料抵抗硬物压入其表面的能力,依测定方法不同而有布氏、洛氏、维氏等几种	检验材料经热处理后的力学性能 ——硬度 HBS 用于退火、正火、调制的零件及铸件 ——HRC 用于经淬火、回火及表面渗碳、渗氮等处理的零件 ——HV 用于薄层硬化零件

注:"JB/T"为机械工业行业标准的代号。

附表36　向心轴承与轴的配合——轴公差带的选用

圆 柱 孔 轴 承					
运转状态		负荷状态	深沟球轴承、调心球轴承和角接触球轴承	圆柱滚子轴承和圆锥滚子轴承	调心滚子轴承	公差带
说明	举例		轴承公称内径(mm)			
旋转的内圈负荷及摆动负荷	一般通用机械、电动机、机床主轴、泵、内燃机、直齿轮传动装置、铁路机车车辆轴箱、破碎机等	轻负荷	≤18 >18～100 >100～200 —	— ≤40 >40～140 >140～200	— ≤40 >40～100 >100～200	h5 j6① k6① m6①
		正常负荷	≤18 >18～100 >100～140 >140～200 >200～280 — —	— ≤40 >40～100 >100～140 >140～200 >200～400 —	— ≤40 >40～65 >65～100 >100～140 >140～280 >280～500	j5、js5 k5② m5② m6 n6 p6 r6
		重负荷	— — —	>50～140 >140～200 >200	>50～100 >100～140 >140～200 >200	n6 p6③ r6 r7

续表

运转状态		负荷状态	圆柱孔轴承			公差带
			深沟球轴承、调心球轴承和角接触球轴承	圆柱滚子轴承和圆锥滚子轴承	调心滚子轴承	
说明	举例		轴承公内径(mm)			
固定的内圈负荷	静止轴上的各种轮子、张紧轮、绳轮、振动筛、惯性振动器	所有负荷	所有尺寸			f6 g6④ h6 j6
仅有轴向负荷			所有尺寸			j6、js6
圆锥孔轴承						
所有负荷	铁路机车车辆轴箱		装在退卸套上的所有尺寸			h8(IT6)④⑤
	一般机械传动		装在紧定套上的所有尺寸			h9(IT7)④⑤

注：① 凡对精度有较高要求的场合,应用 j5、k5、…代替 j6、k6、…。
② 圆锥滚子轴承、角接触球轴承配合对游隙影响不大,可用 k6、m6 代替 k5、m5。
③ 重负荷下轴承游隙应选大于 0 组(查 GB/T 4604)。
④ 凡有较高精度或转速要求的场合,应选用 h7(IT5)代替 h8(IT6)等。
⑤ IT6、IT7 表示圆柱度公差数值。

附表37　向心轴承与外壳的配合——孔公差带的选用

运转状态		负荷状态	其他状态	公差带①	
说明	举例			球轴承	滚子轴承
固定的外圈负荷	一般机械、铁路机车车辆轴箱、电动机、泵、曲轴主轴承	轻、正常、重	轴向易移动,可采用剖分式外壳	H7、G7②	
		冲击	轴向能移动,可采用整体或剖分式外壳	J7、JS7	
摆动负荷		轻、正常			
		正常、重		K7	
		冲击		M7	
旋转的外圈负荷	张紧滑轮、轮毂轴承	轻	轴向不移动,采用整体式外壳	J7	K7
		正常		K7、M7	M7、N7
		重		—	N7、P7

注：① 并列公差带随尺寸的增大从左至右选择,对旋转精度有较高要求时,可相应提高一个公差等级。
② 不适用于剖分式外壳。

附表38 与滚动轴承配合处的轴和外壳孔的形位公差

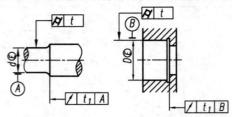

基本尺寸(mm) (d,D)		圆柱度 t				端面圆跳动 t_1			
		轴颈		外壳孔		轴肩		外壳孔肩	
		轴承公差等级							
		G	E(Ex)	G	E(Ex)	G	E(Ex)	G	E(Ex)
超过	到	公差值(μm)							
6	10	2.5	1.5	4	2.5	6	4	10	6
10	18	3.0	2.0	5	3.0	8	5	12	8
18	30	4.0	2.5	6	4.0	10	6	15	10
30	50	4.0	2.5	7	4.0	12	8	20	12
50	80	5.0	3.0	8	5.0	15	10	25	15
80	120	6.0	4.0	10	6.0	15	10	25	15
120	180	8.0	5.0	12	8.0	20	12	30	20
180	250	10.0	7.0	14	10.0	20	12	30	20
250	315	12.0	8.0	16	12.0	25	15	40	25
315	400	13.0	9.0	18	13.0	25	15	40	25
400	500	15.0	10.0	20	15.0	25	15	40	25

附表39 与滚动轴承配合处的表面粗糙度

轴或轴承座直径(mm)		与滚动轴承配合处的轴或外壳孔的公差等级							
		IT7			IT6			IT5	
		表面粗糙度							μm
		Rz	Ra		Rz	Ra		Rz	Ra
超过	到		磨	车		磨	车		磨	车
	80	10	1.6	3.2	6.3	0.8	1.6	4	0.4	0.8
80	500	16	1.6	3.2	10	1.6	3.2	6.3	0.8	1.6
端 面		25	3.2	6.3	25	3.2	6.3	10	1.6	3.2

附表40 深沟球轴承（GB/T 276—2013）

类型代号6　　　　　　　标记示例

尺寸系列代号为(0)2、内径代号为06 的深沟球轴承：

滚动轴承　6206　GB/T 276—2013

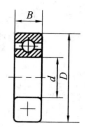

（单位：mm）

轴承代号		d	D	B	轴承代号		d	D	B
(1)0系列	6004	20	42	12	(1)3系列	6304	20	52	15
	6005	25	47	12		6305	25	62	17
	6006	30	55	13		6306	30	72	19
	6007	35	62	14		6307	35	80	21
	6008	40	68	15		6308	40	90	23
	6009	45	75	16		6309	45	100	25
	6010	50	80	16		6310	50	110	27
	6011	55	90	18		6311	55	120	29
	6012	60	95	18		6312	60	130	31
	6013	65	100	18		6313	65	140	33
	6014	70	110	20		6314	70	150	35
	6015	75	115	20		6315	75	160	37
	6016	80	125	22		6316	80	170	39
	6017	85	130	22		6317	85	180	41
	6018	90	140	24		6318	90	190	43
	6019	95	145	24		6319	95	200	45
	6020	100	150	24		6320	100	215	47
(0)2系列	6204	20	47	14	(0)4系列	6404	20	72	19
	6205	25	52	15		6405	25	80	21
	6206	30	62	16		6406	30	90	32
	6207	35	72	17		6407	35	100	25
	6208	40	80	18		6408	40	110	27
	6209	45	85	19		6409	45	120	29
	6210	50	90	20		6410	50	130	31
	6211	55	100	21		6411	55	140	33
	6212	60	110	22		6412	60	150	35
	6213	65	120	23		6413	65	160	37
	6214	70	125	24		6414	70	180	42
	6215	75	130	25		6415	75	190	45
	6216	80	140	26		6416	80	200	48
	6217	85	150	28		6417	85	210	52
	6218	90	160	30		6418	90	225	54
	6219	95	170	32		6419	95	240	55
	6220	100	180	34		6420	100	250	58

附表41 圆锥滚子轴承(GB/T 297—2015)

类型代号 3   标记示例

尺寸系列代号为03、内径代号为12的圆锥滚子轴承：

滚动轴承 30312 GB/T 297—2015

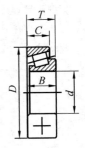

(单位:mm)

轴承代号		d	D	T	B	C	轴承代号		d	D	T	B	C
02系列	30204	20	47	15.25	14	12	22系列	32204	20	47	19.25	18	15
	30205	25	52	16.25	15	13		32205	25	52	19.25	18	16
	30206	30	62	17.25	16	14		32206	30	62	21.25	20	17
	30207	35	72	18.25	17	15		32207	35	72	24.25	23	19
	30208	40	80	19.75	18	16		32208	40	80	24.25	23	19
	30209	45	85	20.75	19	16		32209	45	85	24.75	23	19
	30210	50	90	21.75	20	17		32210	50	90	24.75	23	19
	30211	55	100	22.75	21	18		32211	55	100	26.75	25	21
	30212	60	110	23.75	22	19		32212	60	110	29.75	28	24
	30213	65	120	24.75	23	20		32213	65	120	32.75	31	27
	30214	70	125	26.25	24	21		32214	70	125	33.25	31	27
	30215	75	130	27.25	25	22		32215	75	130	33.25	31	27
	30216	80	140	28.25	26	22		32216	80	140	35.25	33	28
	30217	85	150	30.5	28	24		32217	85	150	38.5	36	30
	30218	90	160	32.5	30	26		32218	90	160	42.5	40	34
	30219	95	170	34.5	32	37		32219	95	170	45.5	43	37
	30220	100	180	37	34	29		32220	100	180	49	46	39
03系列	30304	20	52	16.25	15	13	23系列	32304	20	52	22.25	21	18
	30305	25	62	18.25	17	15		32305	25	62	25.25	24	20
	30306	30	72	20.75	19	16		32306	30	72	28.75	27	23
	30307	35	80	22.75	21	18		32307	35	80	32.75	31	25
	30308	40	90	25.25	23	20		32308	40	90	35.25	33	27
	30309	45	100	27.25	25	22		32309	45	100	38.25	36	30
	30310	50	110	29.25	27	23		32310	50	110	42.25	40	33
	30311	55	120	31.5	29	25		32311	55	120	45.5	43	35
	30312	60	130	33.5	31	26		32312	60	130	48.5	46	37
	30313	65	140	36	33	28		32313	65	140	51	48	39
	30314	70	150	38	35	30		32314	70	150	54	51	42
	30315	75	160	40	37	31		32315	75	160	58	55	45
	30316	80	170	42.5	39	33		32316	80	170	61.5	58	48
	30317	85	180	44.5	41	34		32317	85	180	63.5	60	49
	30318	90	190	46.5	43	36		32318	90	190	67.5	64	53
	30319	95	200	49.5	45	38		32319	95	200	71.5	67	55
	30320	100	215	51.5	47	39		32320	100	215	77.5	73	60

附表 42 推力球轴承（GB/T 301—2015）

类型代号 5　　　标记示例

尺寸系列代号为13、内径代号为10的推力球轴承：

滚动轴承　51310　GB/T 301—2015

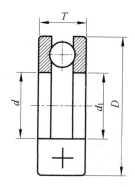

（单位：mm）

轴承代号		外形尺寸				轴承类型	外形尺寸			
		d	D	T	$d_{1\text{min}}$		d	D	T	$d_{1\text{min}}$
特轻（11）系列	51104	20	35	10	21	中（13）系列	51304	20	47	18	22
	51105	25	42	11	26		51305	25	52	18	27
	51106	30	47	11	32		51306	30	60	21	32
	51107	35	52	12	37		51307	35	68	24	37
	51108	40	60	13	42		51308	40	78	26	42
	51109	45	65	14	47		51309	45	85	28	47
	51110	50	70	14	52		51310	50	95	31	52
	51111	55	78	16	57		51311	55	105	35	57
	51112	60	85	17	62		51312	60	110	35	62
	51113	65	90	18	67		51313	65	115	36	67
	51114	70	95	18	72		51314	70	125	40	72
	51115	75	100	19	77		51315	75	135	44	77
	51116	80	105	19	82		51316	80	140	44	82
	51117	85	110	19	87		51317	85	150	49	88
	51118	90	120	22	92		51318	90	155	50	93
	51120	100	135	25	102		51320	100	170	55	103
轻（12）系列	51204	20	40	14	22	重（14）系列	51405	25	60	24	27
	51205	25	47	15	27		51406	30	70	28	32
	51206	30	52	16	32		51407	35	80	32	37
	51207	35	62	18	37		51408	40	90	36	42
	51208	40	68	19	42		51409	45	100	39	47
	51209	45	73	20	47		51410	50	110	43	52
	51210	50	78	22	52		51411	55	120	48	47
	51211	55	90	25	57		51412	60	130	51	62
	51212	60	95	26	62		51413	65	140	56	68
	51213	65	100	27	67		51414	70	150	60	73
	51214	70	105	27	72		51415	75	160	65	78
	51215	75	110	27	77		51416	80	170	68	83
	51216	80	115	28	82		51417	85	180	72	88
	51217	85	125	31	88		51418	90	190	77	93
	51218	90	135	35	93		51420	100	210	85	103
	51220	100	150	38	103		51422	110	230	95	113

"十二五"职业教育国家规划教材

经全国职业教育教材审定委员会审定

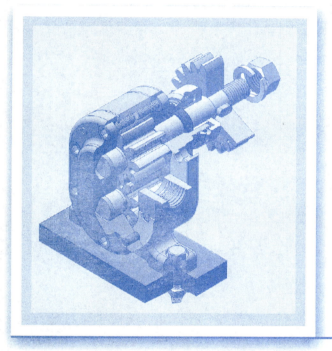

机械制图习题集

张 燏 主编

典型零部件 ・测绘・
・读图・

第三版

苏州大学出版社
Soochow University Press

图书在版编目(CIP)数据

机械制图习题集/张橘主编. ——苏州：苏州大学出版社,2016.8
"十二五"职业教育国家规划教材　经全国职业教育教材审定委员会审定
ISBN 978-7-5672-1809-3

Ⅰ.①机… Ⅱ.①张… Ⅲ.①机械制图—职业教育—习题集　Ⅳ.①TH126-44

中国版本图书馆 CIP 数据核字(2016)第 195565 号

机械制图习题集

张　橘　主编

责任编辑　顾　清

苏州大学出版社出版发行
(地址：苏州市十梓街1号　邮编：215006)
江苏农垦机关印刷厂有限公司印装
(地址：淮安市青年西路58号1—3幢　邮编：223000)

开本 787 mm×1 092mm　1/16　印张 32(共两册)　字数 551 千
2016 年 8 月第 1 版　2016 年 8 月第 1 次印刷
ISBN 978-7-5672-1809-3　定价：48.00 元
(共两册)

苏州大学版图书若有印装错误,本社负责调换
苏州大学出版社营销部　电话：0512－65225020
苏州大学出版社网址　http://www.sudapress.com

修订说明

《机械制图》(含习题集)一书于 2009 年 8 月出版,为教育部普通高等教育"十一五"国家级规划教材,2011 年被评为教育部国家精品教材,2014 年被评为首批教育部"十二五"职业教育规划教材。本次修订再版按照最新的机械制图标准,在延续已有的高职教育特色的基础上,针对使用中发现的一些问题和强化中高职教育的衔接等方面进行了如下修订:

(1) 遵循循序渐进的教学规律,对教学内容的组织做了部分调整,新增了一些特殊位置的线和面的投影特性的内容,完善了立体投影中对线和面进行分析的需要。

(2) 根据教学过程中反映出的教学内容与工作任务实施之间的协调,调整了回转体投影知识出现的位置,提前放在拓展知识中进行教学,让学生在学习过程中对知识的接受有个完整概念,更加符合学生的认知规律。

(3) 对配套习题册的内容进行了相应整理和完善。对已有的教学资源进行了补充完善,增添学生训练题的参考答案以及相关三维模型的素材,以满足学生自学的需要。

在本次修订工作中,本书主编张燏,副主编顾亚桃、李爱红、付春梅做了大量的工作。教材内容修订由张燏、李爱红完成,习题册的重新整理和完善由顾亚桃完成,全书图样的修订、完善、整理由付春梅完成。潘安霞、孙建英也为本次修订提出了许多宝贵的意见和建议。在此向各位专家和老师的关心与支持表示衷心的感谢!

编 者

前言

本书根据当前高职高专教改新思路,认真贯彻教育部《关于全面提高高等职业教育教学质量的若干意见》文件精神,打破了传统《机械制图》教材的理论体系,建立了以生产一线的零部件测绘工作过程系统化为导向的教材编写体系;注重机械类、模具类等工科专业学生对零部件测绘的能力以及对典型零部件的零件图和装配图识读能力的培养,使学生在学中做和做中学,提高学生学习理论知识和实践技能的兴趣;在学习的过程中始终贯穿职业岗位的素质培养,使学生具有较高的职业道德水准及吃苦耐劳、精益求精的工作作风,能够熟悉和运用国家标准,具有较好的团队合作精神。

本书含教材和习题册。教材分为六个模块,模块1:基本知识和基本技能准备。学习国家标准关于技术制图的系列规定,学会平面绘图的基本技能,做好测绘工作的知识和技能的准备。模块2:简单零件的测绘及图样识读。通过对简单零件的测绘,学习正投影法的基本知识及零件的表示方法,学会绘制零件草图及零件图的方法,对尺寸和技术要求的标注有初步的认识,能够读懂简单零件图。模块3:典型部件的测绘。通过对齿轮油泵的测绘,学习油泵中涉及的各种标准件和常用件的知识,学会部件测绘的基本方法,学会绘制部件装配图,并能通过查阅国家标准及设计手册确定零件工艺结构参数,培养对部件拆装和测绘的综合能力。模块4:典型零件图的识读。通过对典型的轴类、盘盖类、叉架类、箱体类零件图的结构分析和表达方法分析,提高学生的空间想象能力;通过尺寸和技术要求的分析,对零件图的技术理解有更深的认识。模块5:典型部件装配图的识读。通过对几个典型装配图的结构分析,提高学生对装配图的表达和零件间连接关系的认识,学会分析装配体结构和工作原理,熟悉标准件的各种连接画法,提高综合读图的能力。模块6:使用第三角投影绘制机件图样。简单介绍第三角投影画法,使学生具备绘制和读懂第三角投影图的能力,以适应外资企业对人才第三角投影图的读图能力的需要。与教材配套的习题册根据教学的不同阶段,给学生提供相应的训练任务。

本书适合高职高专机械类、模具类等专业教学使用,建议教学时数 80~120 课时,采用一体化现场教学。在教学中使用配套教学模型,要求学生通过学习,学会自己进行零部件的测绘。在完成全部教材的学习后,安排一周或二周实训,要求学生分组独立进行部件测绘,以达到本课程的教学目标。在使用本书进行教学的同时,希望同时使用与本书配套的典型零件和部件教学模型,以便进行工作过程系统化教学,使学生在学校感受企业工作的氛围,促进岗位的职业能力的培养。与本书配套的电子挂图和电子模型库请登录苏州大学出版社网站 http://www.sudapress.com/down.asp 下载。

本书由张燏主编,顾亚桃、李爱红、付春梅副主编,潘安霞、孙建英参加编写;付春梅负责整理和绘制全书图片及电子模型库;同济大学钱可强教授审阅了全书,提出了许多宝贵意见和建议。在此向各位专家和老师的关心与支持表示衷心的感谢!

欢迎选用本书的广大师生和读者提出宝贵意见和建议,以便下次修订时调整与改进。

编　者

目 录

训练 1-1	字体练习(一)	(1)
训练 1-1	字体练习(二)	(3)
训练 1-2	图线练习	(5)
训练 1-3	尺寸训练(一)	(7)
训练 1-3	尺寸训练(二)	(9)
训练 1-4	基本作图练习(一)	(11)
训练 1-4	基本作图练习(二)	(13)
训练 1-5	使用绘图仪器进行线型练习	(15)
训练 1-6	平面图形练习	(17)
训练 2-1	三视图练习(一)	(19)
训练 2-1	三视图练习(二)	(21)
训练 2-1	三视图练习(三)	(23)
训练 2-1	三视图练习(四)	(25)
训练 2-1	三视图练习(五)	(27)
训练 2-1	三视图练习(六)	(29)
训练 2-2	截交线和相贯线练习(一)	(33)
训练 2-2	截交线和相贯线练习(二)	(35)
训练 2-2	截交线和相贯线练习(三)	(39)
训练 2-2	截交线和相贯线练习(四)	(41)
训练 2-2	截交线和相贯线练习(五)	(43)
训练 2-3	零件表面结构要求的标注	(45)
训练 2-4	轴测图练习(一)	(47)
训练 2-4	轴测图练习(二)	(51)
训练 2-5	组合体三视图练习(一)	(53)
训练 2-5	组合体三视图练习(二)	(55)
训练 2-5	组合体三视图练习(三)	(57)
训练 2-5	组合体三视图练习(四)	(59)
训练 2-5	组合体三视图练习(五)	(63)
训练 2-5	组合体三视图练习(六)	(65)
训练 2-5	组合体三视图练习(七)	(67)

训练 2-5	组合体三视图练习（八）	(69)
训练 2-5	组合体三视图练习（九）	(71)
训练 2-5	组合体三视图练习（十）	(75)
训练 2-6	表达方法应用练习（一）	(77)
训练 2-6	表达方法应用练习（二）	(79)
训练 2-6	表达方法应用练习（三）	(81)
训练 2-6	表达方法应用练习（四）	(83)
训练 2-6	表达方法应用练习（五）	(85)
训练 2-6	表达方法应用练习（六）	(87)
训练 2-6	表达方法应用练习（七）	(89)
训练 2-7	螺纹的规定画法及标注练习（一）	(91)
训练 2-7	螺纹的规定画法及标注练习（二）	(93)
训练 2-8	表达方法应用练习（八）	(95)
训练 2-8	表达方法应用练习（九）	(97)
训练 2-8	表达方法应用练习（十）	(99)
训练 2-8	表达方法应用练习（十一）	(101)
训练 2-8	表达方法应用练习（十二）	(103)
训练 2-9	表达方法应用练习（十三）	(105)
训练 2-9	表达方法应用练习（十四）	(107)
训练 2-10	实物测绘（一）	(109)
训练 2-11	尺寸公差与配合练习（一）	(111)
训练 2-11	尺寸公差与配合练习（二）	(113)
训练 2-12	形位公差练习	(115)
训练 2-13	简单零件草图绘制（一）	(117)
训练 2-14	零件表达方法综合应用	(119)
训练 2-15	表达方法应用练习（十五）	(121)
训练 2-15	表达方法应用练习（十六）	(123)
训练 2-15	表达方法应用练习（十七）	(125)
训练 2-15	表达方法应用练习（十八）	(127)
训练 2-16	简单零件草图绘制（二）	(129)

目录

目 录

训练 2-17	实物测绘(二)	(133)
训练 2-18	简单零件图读图练习(一)	(135)
训练 2-18	简单零件图读图练习(二)	(139)
训练 3-1	装配示意图练习	(143)
训练 3-2	螺纹紧固件连接练习(一)	(145)
训练 3-2	螺纹紧固件连接练习(二)	(147)
训练 3-3	齿轮画法练习(一)	(149)
训练 3-3	齿轮画法练习(二)	(151)
训练 3-4	键连接练习	(153)
训练 3-5	根据零件图拼画轴承架装配图(一)	(155)
训练 3-5	根据零件图拼画千斤顶装配图(二)	(159)
训练 3-6	实物装配体测绘	(167)
训练 4-1	读套筒零件图	(169)
训练 4-2	读主轴零件图	(173)
训练 4-3	滚动轴承练习	(177)
训练 4-4	读轴承盖零件图	(179)
训练 4-5	读手轮零件图	(181)
训练 4-6	读拨叉零件图	(185)
训练 4-7	读泵体零件图	(189)
训练 4-8	读底座零件图	(193)
训练 5-1	弹簧规定画法练习	(197)
训练 5-2	读铣刀头装配图	(199)
训练 5-3	读阀门装配图	(203)
训练 5-4	读钻模装配图	(207)
训练 5-5	读球阀装配图	(211)
训练 5-6	读微动机构装配图	(215)
训练 6-1	用第三角画法补画三视图(尺寸从轴测图中量取)	(219)
训练 6-2	用第三角画法画三视图	(221)
训练 6-3	补画三视图中缺漏的线(第三角画法)	(223)

训练 1-1　字体练习(一)

0123456789　　0123456789

ABCDEFGHIJKLMNOPQRSTUVWXYZ

| 三 | 川 | 夕 | 乙 | 几 | 心 | 辶 | 弓 | 引 | 己 | 以 | 义 | 阝 | 乃 | 土 | 千 | 大 | 七 |

| 化 | 孔 | 戈 | 长 | 逐 | 忘 | 务 | 同 | 写 | 区 | 因 | 好 | 说 | 允 | 约 | 沉 | 限 |

大学院校系专业班级制描图审核序号名称材料件数备

班级＿＿＿＿＿　　姓名＿＿＿＿＿　　学号＿＿＿＿＿

训练 1-1　字体练习(二)

abcdefghijklmnopqrstuvwxyz

I II III IV V VI VII IX X　　αβγδθμωφ

设 计 平 立 侧 主 俯 仰 视 向 剖 断 面 前 后 左 右 内 外 中 高 低

班级 _____　姓名 _____　学号 _____

训练 1-2 图线练习

在指定位置画出对应的图线。

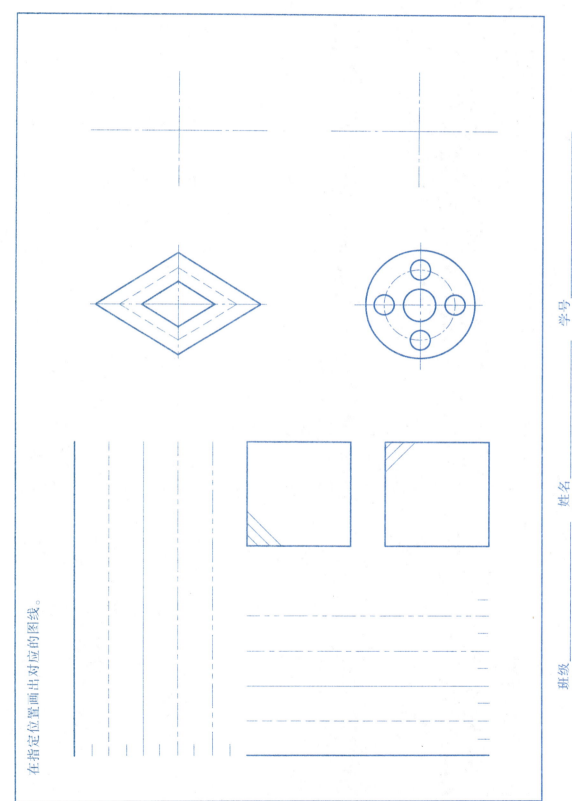

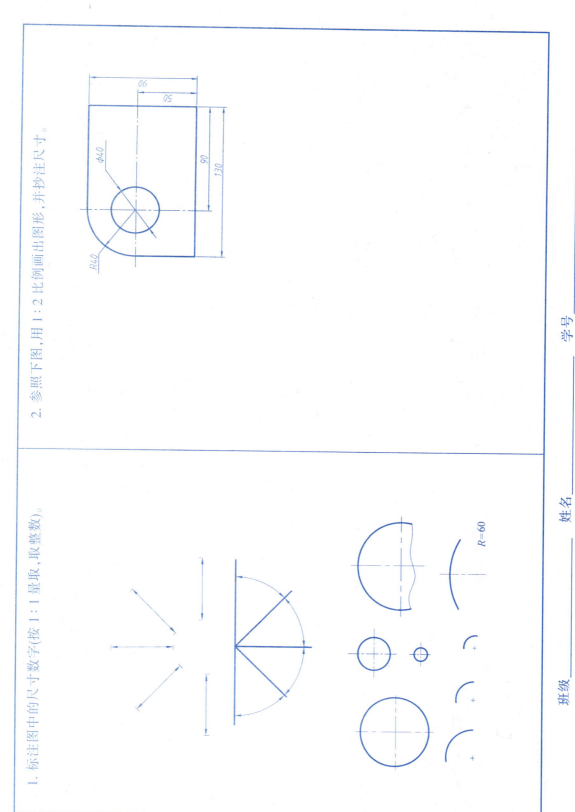

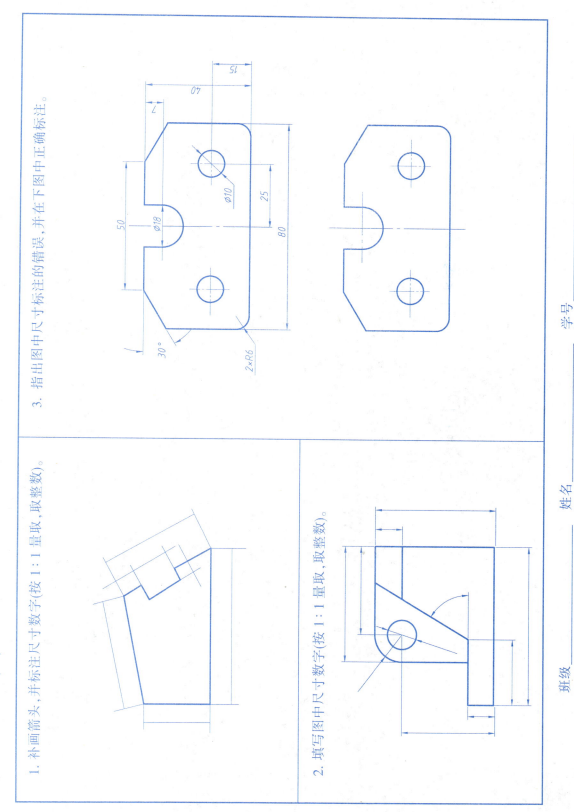

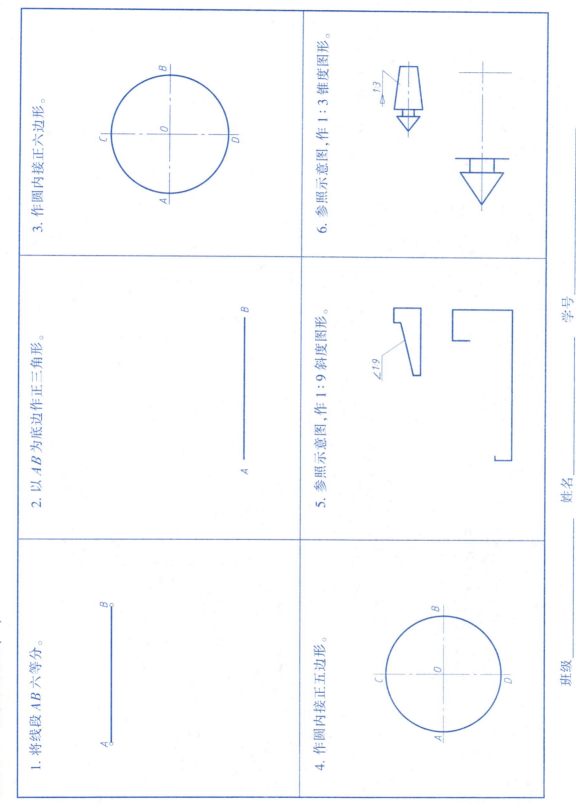

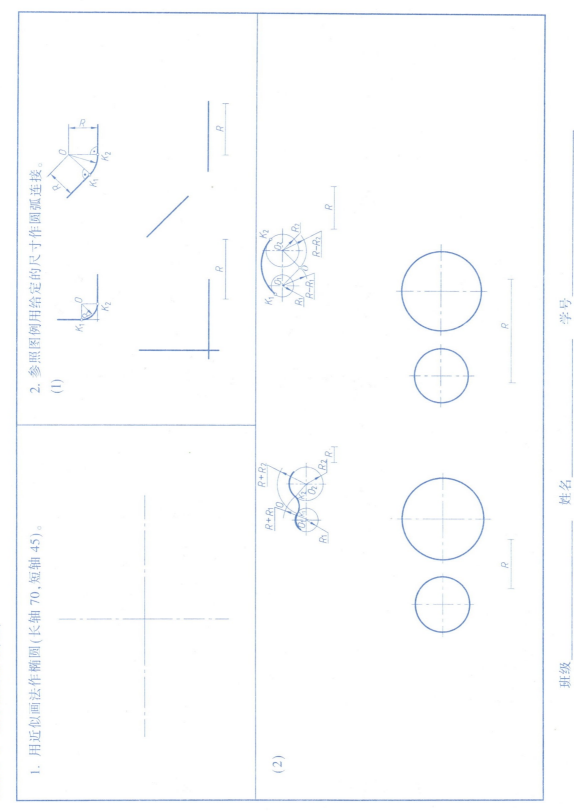

训练 1-5 使用绘图仪器进行线型练习

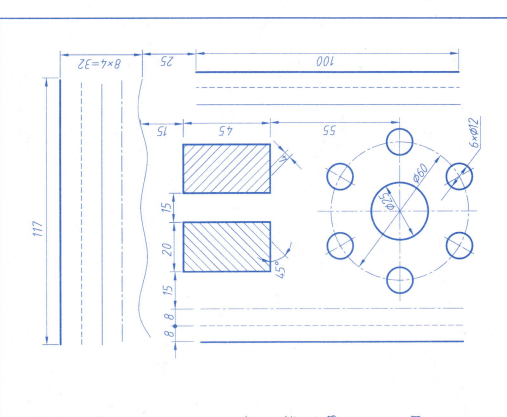

一、目的、内容与要求

1. 目的、内容：初步掌握国家标准《机械制图》《技术制图》的有关内容，学会绘图仪器和工具的使用方法。抄画线型，不标注尺寸。
2. 要求：图形正确，布置适当，线型合格，字体工整，尺寸齐全，符合国家标准，连接光滑，图面整洁。

二、图名、图幅、比例

1. 图名：线型练习。
2. 图幅：A4 图纸。
3. 比例：1∶1。

三、步骤及注意事项

1. 绘图前应对所画图形仔细研究，确定正确的作图步骤，考虑预留标注尺寸的位置。
2. 线型：粗实线宽度为 0.7 mm，虚线和细实线宽度约为粗实线的 1/2，虚线每小段长度为 3~4 mm，间隙约为 1 mm，点画线每段长 15~20 mm，间隙及作为点的短画共约 3 mm。
3. 字体：图中汉字均为长仿宋体，图中尺寸数字为 3.5 号。
4. 箭头：宽约 0.7 mm，长为宽的 4 倍左右。
5. 加深：完成底稿后，仔细检查，正确无误，方可用铅笔加深。圆规的铅芯应比画线的笔芯软一号。

班级　　　　　姓名　　　　　学号

训练 1-6 平面图形练习
用 A4 图纸按 1∶1 比例，任意抄画一图，标注尺寸。

1. 挂轮架。

2. 吊钩。

班级 _____ 姓名 _____ 学号 _____

训练 2-1 三视图练习（一）

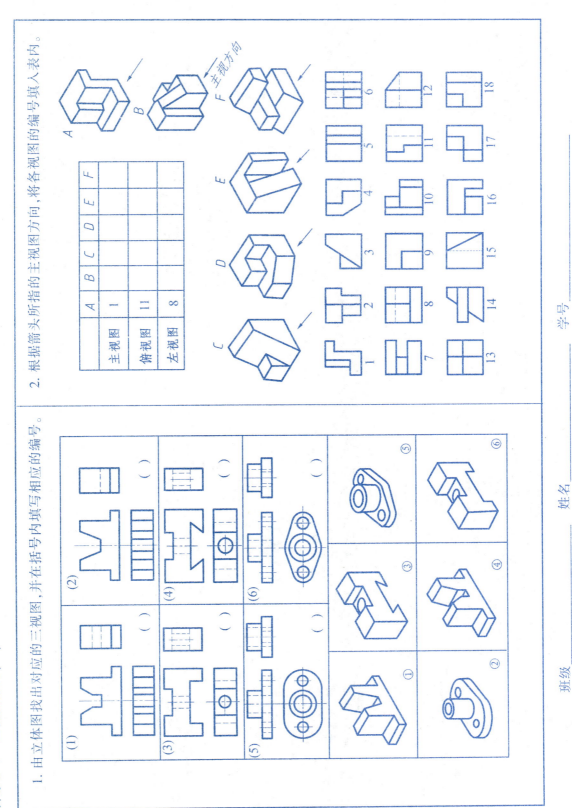

1. 由立体图找出对应的三视图，并在括号内填写相应的编号。

2. 根据箭头所指的主视图方向，将各视图的编号填入表内。

	A	B	C	D	E	F
主视图	1					
俯视图	11					
左视图	8					

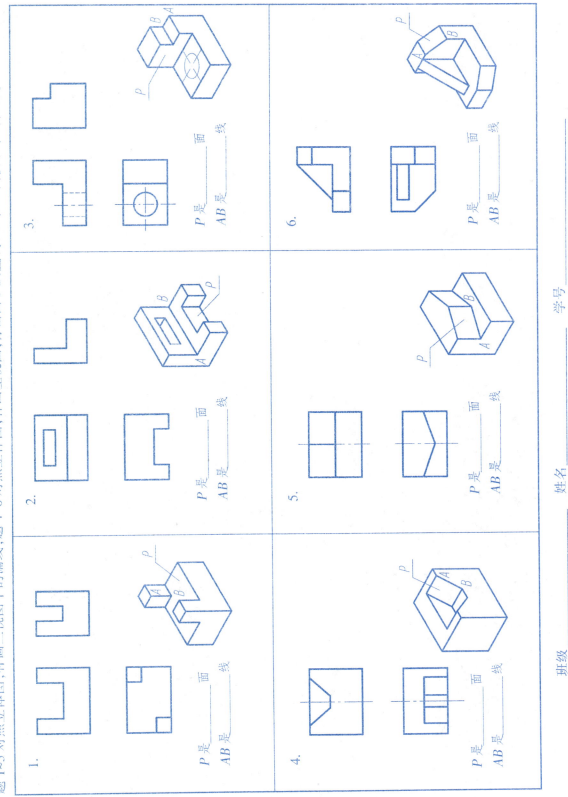

训练 2-1 三视图练习（三）

补出所缺视图。

1.

2.

3.

4.

班级_____ 姓名_____ 学号_____

训练 2-1 三视图练习（四）
根据轴测图徒手绘制三视图。

1.

2.

3.

班级_____ 姓名_____ 学号_____

25

训练 2-1 三视图练习（五）

根据给出平面体两视图补画第三视图。

1.

2.

3.

4.

班级_____ 姓名_____ 学号_____

训练 2-1 三视图练习（六）

补画曲面体的三视图。

1. （圆柱高为 20）

2.

3. （圆柱长为 30）

4.

班级_____ 姓名_____ 学号_____

(续上页)

5.

6.

7.

8.

班级　　　　　姓名　　　　　学号

训练 2-2　截交线和相贯线练习（一）

补全平面切割体的三视图。

1.

2.

3.

4.

班级　　　　　　　姓名　　　　　　　学号

训练 2-2 截交线和相贯线练习（二）

补全曲面切割体的三视图。

1.

2.

3.

4.

班级_____ 姓名_____ 学号_____

(续上页)

5.

6.

7.

8.

班级_____ 姓名_____ 学号_____

37

训练 2-2 截交线和相贯线练习（三）
求作圆柱相贯线。

1.
2.
3.
4.

班级　　　　　　姓名　　　　　　学号

训练 2-2 截交线和相贯线练习（四）
选择正确的左视图。

1.
2.
3.
4.

班级　　　　　姓名　　　　　学号

训练 2-2 截交线和相贯线练习（五）
补出视图中所缺的线。

1.
2.
3.
4.

班级　　　　　姓名　　　　　学号

训练 2-3 零件表面结构要求的标注

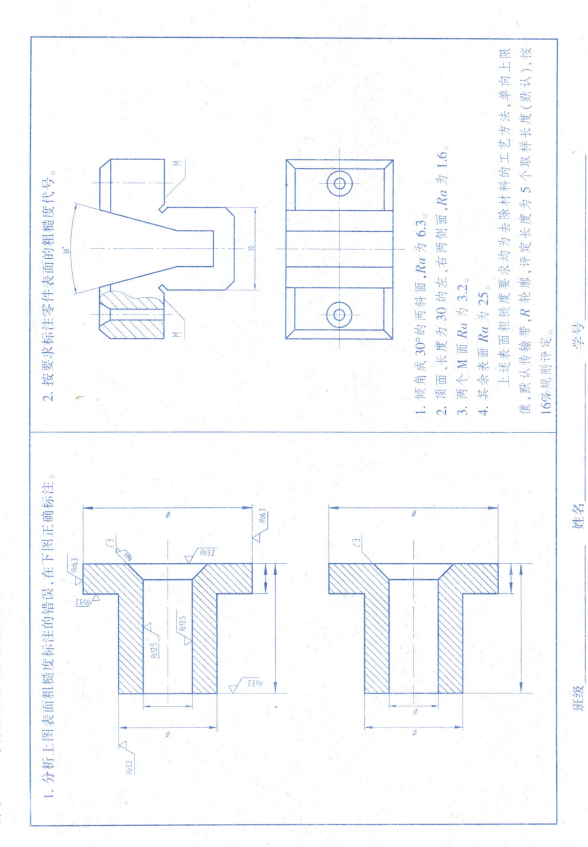

1. 分析上图表面粗糙度标注的错误，在下图正确标注。

2. 按要求标注零件表面的粗糙度代号。

   1. 倾角成 30°的两斜面，Ra 为 6.3。
   2. 顶面，长度为 30 的左、右两侧面，Ra 为 1.6。
   3. 两个 M 面 Ra 为 3.2。
   4. 其余表面 Ra 为 25。

   上述表面粗糙度要求均为去除材料的工艺方法，单向上限值，默认传输带，R 轮廓，评定长度为 5 个取样长度（默认），按 16%规则评定。

班级_____ 姓名_____ 学号_____

训练 2-4 轴测图练习(一)

根据三视图绘制正等轴测图。

1.

2.

3.

4.

班级_____ 姓名_____ 学号_____

47

(续上页)

5.

6.

7.

8.

班级_____ 姓名_____ 学号_____

训练 2-4　轴测图练习（二）

由视图绘制斜二轴测图。

1.

2.

班级 _____　姓名 _____　学号 _____

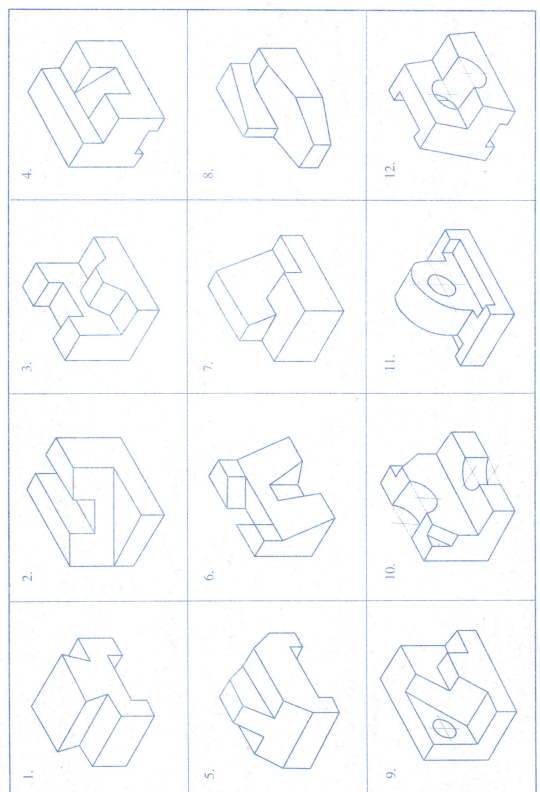

训练 2-5 组合体三视图练习（二）

根据轴测图，画三视图中所缺的图线。

1.

2.

3.

4.

班级_____ 姓名_____ 学号_____

训练 2-5 组合体三视图练习（三）

根据两视图和轴测图，补画所缺的第三视图。

1.

2.

3.

4.

班级 _____ 姓名 _____ 学号 _____

训练 2-5 组合体三视图练习（四）

根据轴测图所注尺寸，画组合体的三视图。

1.

班级＿＿＿＿ 姓名＿＿＿＿ 学号＿＿＿＿

2.

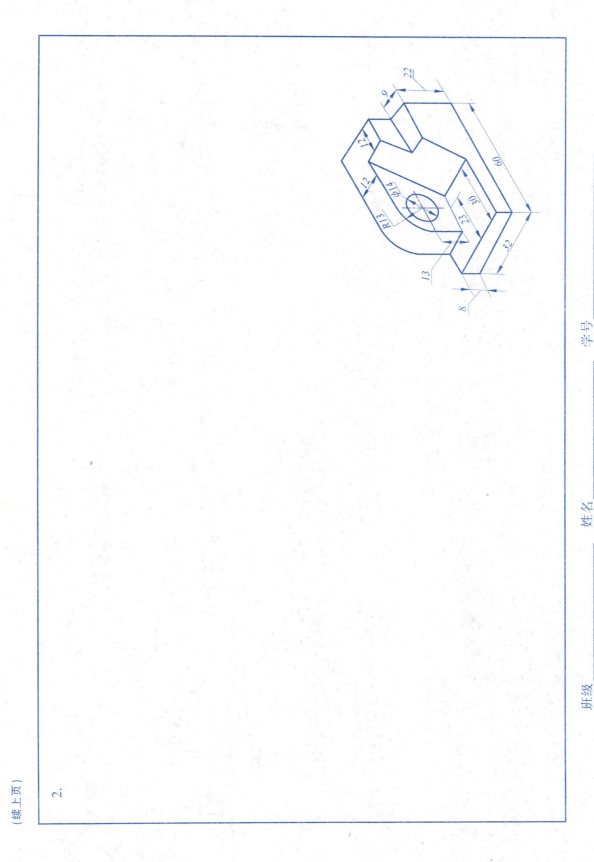

训练 2-5　组合体三视图练习（五）

根据轴测图徒手画出组合体的三视图。

1.

2.

班级_____　姓名_____　学号_____

63

训练 2-5　组合体三视图练习（六）
根据形状的变化，补全视图中所缺的图线。

训练 2-5 组合体三视图练习（七）

补全组合体视图中所缺的图线。

1.
2.
3.
4.

班级 _____ 姓名 _____ 学号 _____

67

训练 2-5 组合体三视图练习（八）

根据两视图补画第三视图。

1.

2.

3.

4.

班级___　姓名___　学号___

训练 2-5 组合体三视图练习（九）

标注组合体尺寸(尺寸数值从图中按 1:1 量取,取整数)。

1.

2.

班级 _____ 姓名 _____ 学号 _____

(续上页)

3.

4.

班级　　　　　姓名　　　　　学号

73

训练 2-5 组合体三视图练习（十）

根据轴测图，在 A3 图纸上画出组合体的三视图（未注孔深均为通孔），并标注尺寸。

班级_____ 姓名_____ 学号_____

训练 2-6 表达方法应用练习（一）

根据主、俯、左、右视图，补画出后、仰视图。

班级_____ 姓名_____ 学号_____

训练 2-6 表达方法应用练习(二)
画出 A 向局部视图和 B 向斜视图。

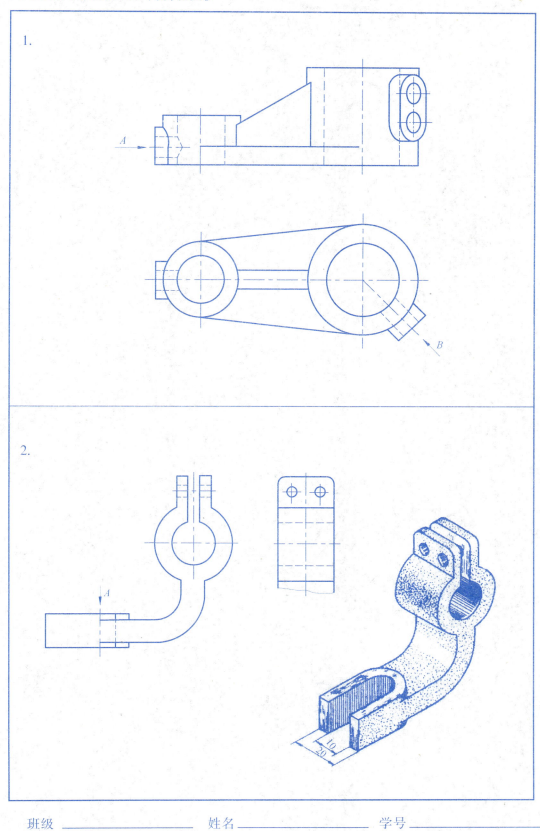

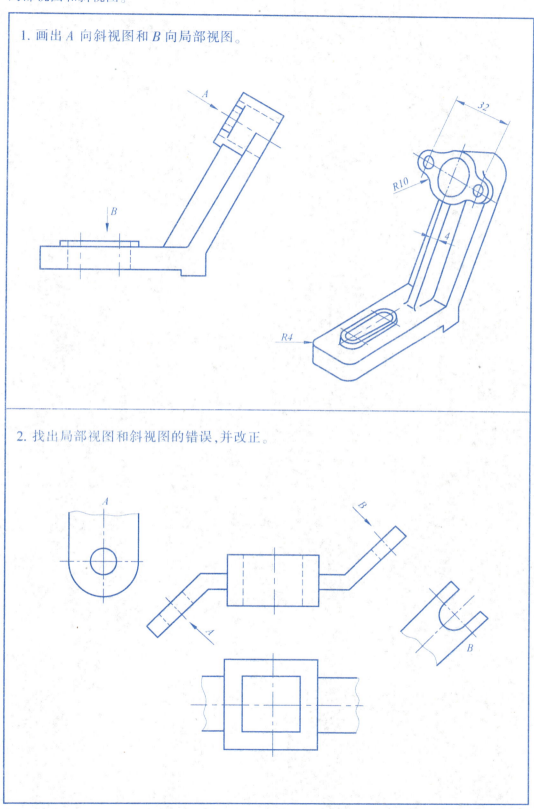

训练 2-6 表达方法应用练习(四)

1. 将主视图画成全剖视图。

2. 补全主视图中缺漏的线。

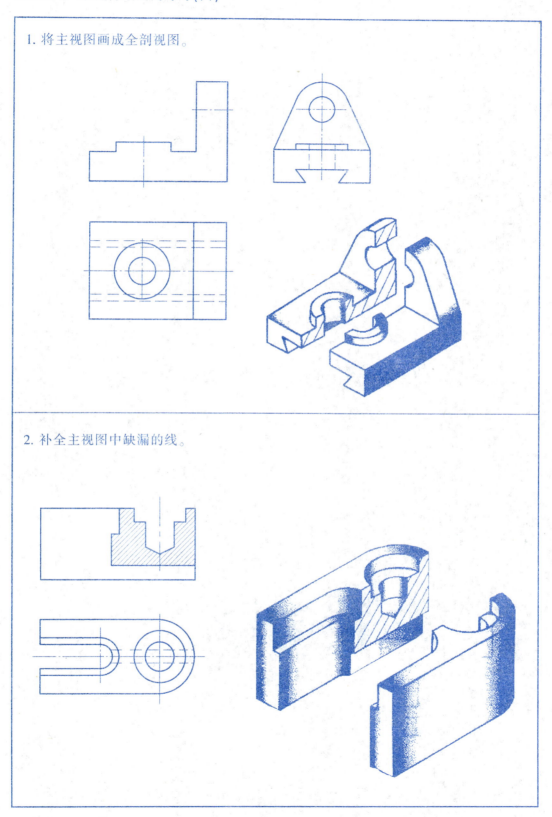

班级　　　　　　姓名　　　　　　学号

训练2-6 表达方法应用练习(五)
补画剖视图中缺漏的线。

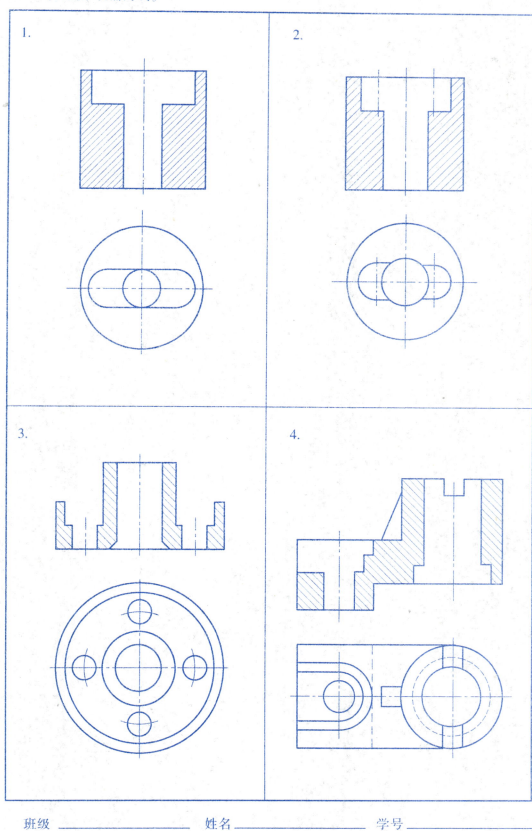

训练 2-6 表达方法应用练习（六）

在指定位置将主视图改画成全剖视图。

1.

2.

班级_____ 姓名_____ 学号_____

训练2-6 表达方法应用练习（七）

在指定位置将主视图改画成全剖视图。

1.

2.

班级　　　　　姓名　　　　　学号

训练 2-7 螺纹的规定画法及标注练习(一)

指出下列螺纹画法中的错误,并改正。

训练 2-7 螺纹的规定画法及标注练习（二）

1. 识别下列螺纹标记中各代号的意义，并填表。

螺纹标记	螺纹种类	螺纹大径	导程	螺距	线数	中径公差带代号	旋向
M20—5H—L	普通粗牙螺纹						
M16×1.5LH—5g6g	外螺纹						
Tr26×10(P5)LH—3e							

2. 将螺纹标记标注在图形上。

(1) 普通螺纹 d=20 mm，P=2.5 mm，右旋，中、顶径公差带代号 6g，旋入长度代号为 L。

(2) 普通螺纹 D=20 mm，P=1.5 mm，左旋，中、顶径公差带代号 6H，旋入长度代号为 N。

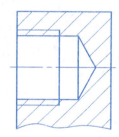

(3) G3/4A。

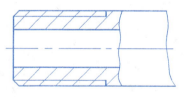

(4) $R_1$1/2。

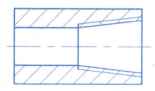

(5) Tr32×6LH—8e。

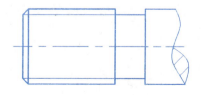

(6) B90×12LH—8h—L。

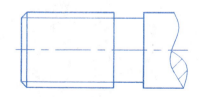

班级 _____ 姓名 _____ 学号 _____

训练 2-8 表达方法应用练习(八)
作适当的局部剖视。

1.
2.
3.
4.

通孔

班级　　　　　姓名　　　　　学号

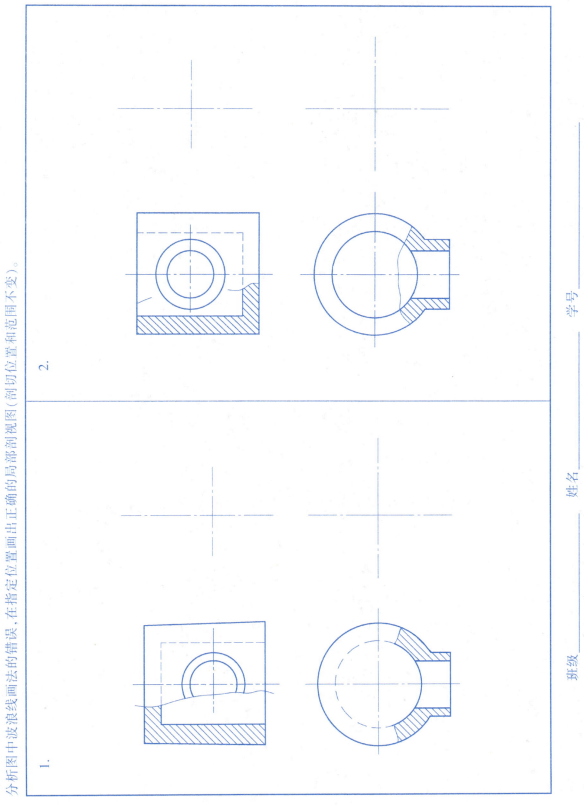

训练 2-8 表达方法应用练习(十)

在指定位置作移出断面图(左面键槽深 4 mm,右面键槽深 3 mm)。

训练 2-8 表达方法应用练习（十一）

选择正确的断面图，在你认为正确的断面图下面打"✓"。

1.

2.

班级_____ 姓名_____ 学号_____

训练 2-8 表达方法应用练习（十二）

在指定位置作断面图。

1. 作重合断面。

2. 作移出断面。

班级　　　　　　　　姓名　　　　　　　　学号

训练2-9 表达方法应用练习(十三)

补画半剖视图中缺漏的线。

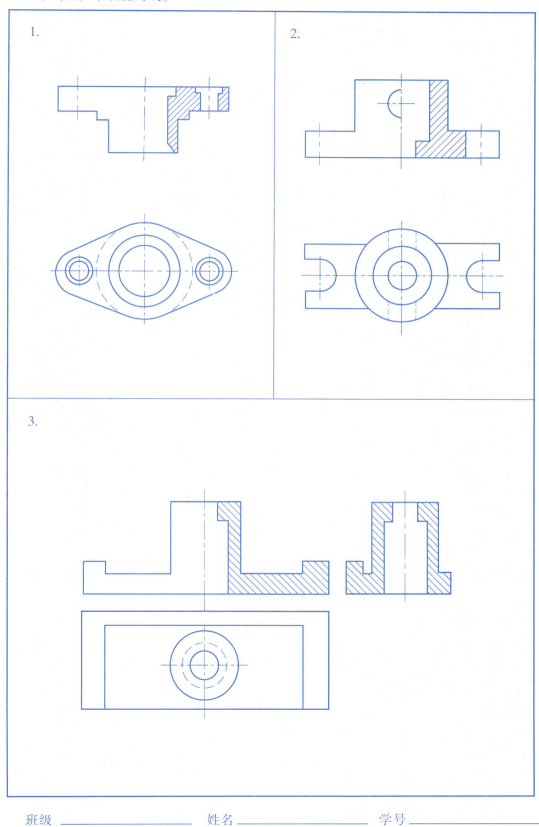

训练 2-9 表达方法应用练习（十四）

将主视图改画成半剖视图。

1.

2.

班级_____ 姓名_____ 学号_____

训练 2-10 实物测绘（一）

根据下列简单零件的实物，按照零件测绘的要求，在 A4 图纸上完成零件草图（主视图，左视图选用半剖），并使用测量工具对实物进行测量，标注尺寸及表面结构要求。

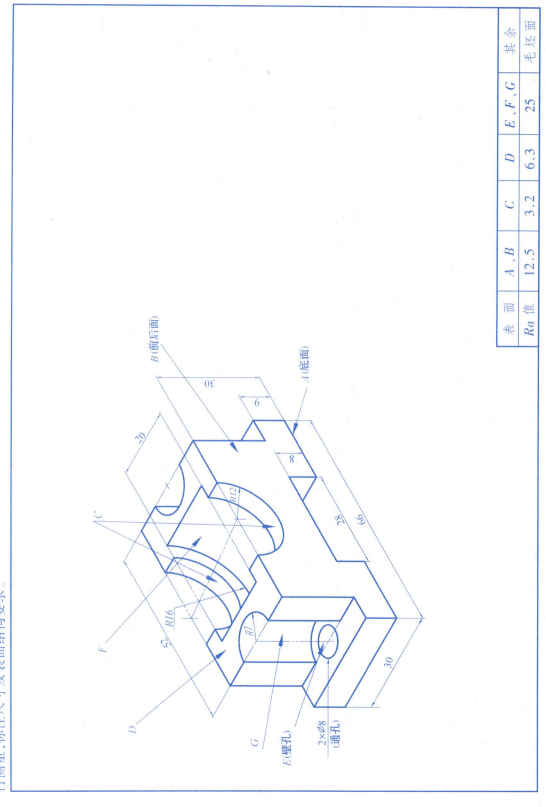

表面	A、B	C	D	E、F、G	其余
Ra 值	12.5	3.2	6.3	25	毛坯面

班级 _____ 姓名 _____ 学号 _____

训练 2-11 尺寸公差与配合练习(一)

根据装配图中的配合代号,注出零件图中配合表面的尺寸偏差值(查表)。

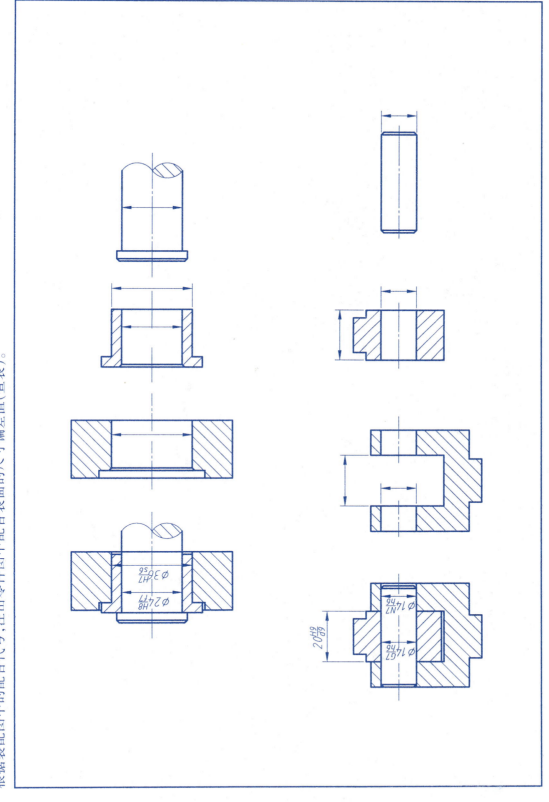

班级_____ 姓名_____ 学号_____

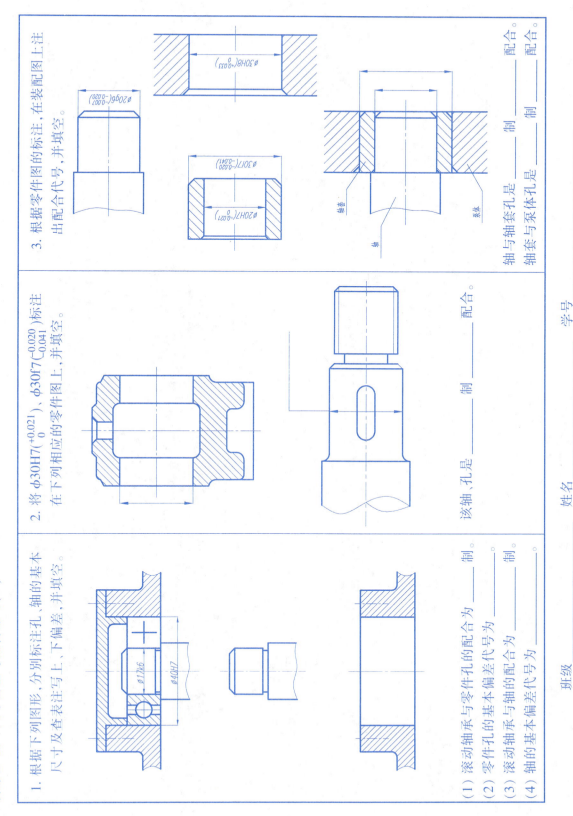

训练 2-12 形位公差练习

1. _____轴对_____轴线的同轴度公差为_____；_____圆柱面的圆柱度公差为_____。

2. _____的圆柱面的_____公差为_____；锥轴段的轴线的_____公差为_____。

3. 圆柱面对两个_____公共轴线的_____公差为_____。

4. 齿轮轮毂的两_____面对_____的轴线_____公差为_____。

5. _____键槽的_____对_____的轴线的_____公差为_____。

班级_____ 姓名_____ 学号_____

训练 2-13 简单零件草图绘制（一）

1. 根据零件轴测图，选择正确的表达方法，绘制零件草图。不要求标注尺寸。

2. 根据零件轴测图选择正确的表达方法，绘制零件草图，并标注尺寸及技术要求。

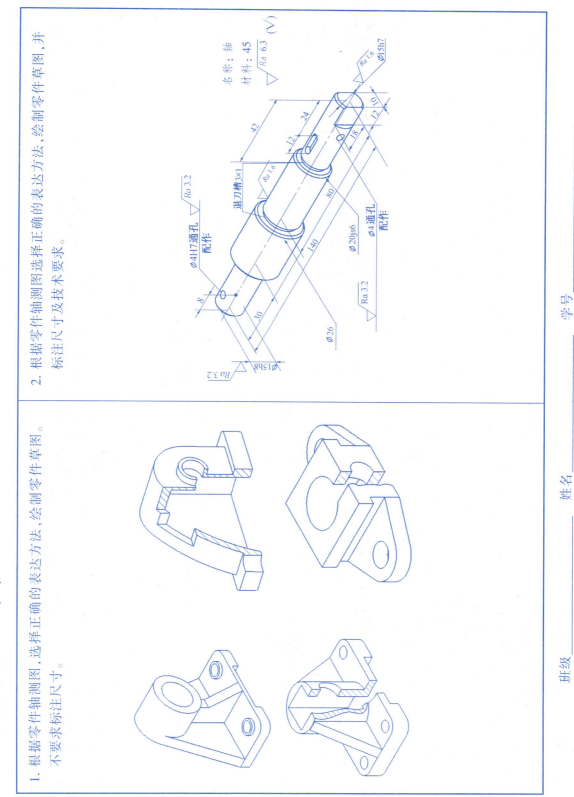

班级_____ 姓名_____ 学号_____

训练 2-14 零件表达方法综合应用

已知下列零件轴测图,选择正确的表达方法,在 A3 图纸上以 1:1 比例绘制零件图,并标注尺寸。

训练 2-15 表达方法应用练习（十五）
用几个平行的剖切平面将主视图改画成全剖视图，并标注。

2.

1.

班级_____ 姓名_____ 学号_____

121

训练 2-15 表达方法应用练习（十六）

用几个相交的剖切平面将主视图改画成全剖视图，并标注。

1.

2.

班级_____ 姓名_____ 学号_____

123

训练 2-15　表达方法应用练习（十七）

将主视图改画成全剖视图，并标注。

1.

2.

班级＿＿＿＿＿　姓名＿＿＿＿＿　学号＿＿＿＿＿

训练 2-15 表达方法应用练习（十八）

在指定位置画出用相交平面剖切的全剖主视图，补全用平行平面剖切的全剖俯视图，画出拱形部分的 A 向斜视图，并标注。

班级＿＿＿＿ 姓名＿＿＿＿ 学号＿＿＿＿

训练 2-16 简单零件草图绘制(二)

已知下列零件轴测图,分析零件结构,确定零件表达方案,选择适当的图纸,绘制零件草图,标注尺寸和技术要求。

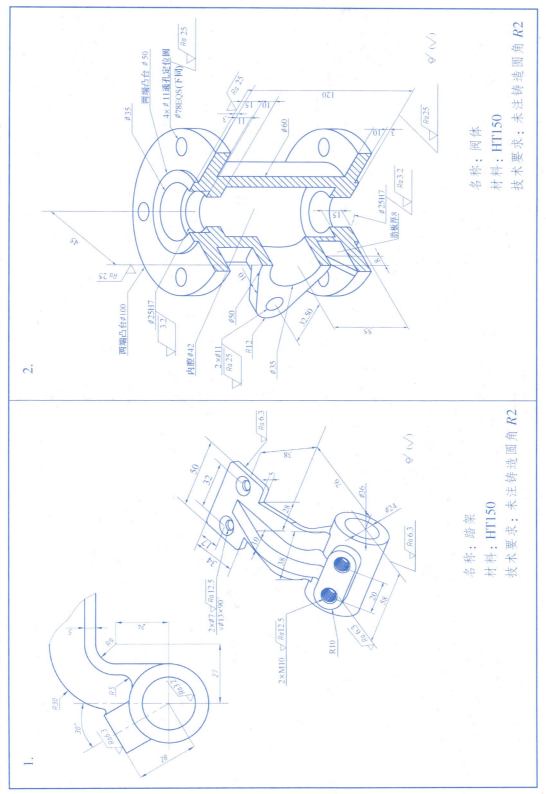

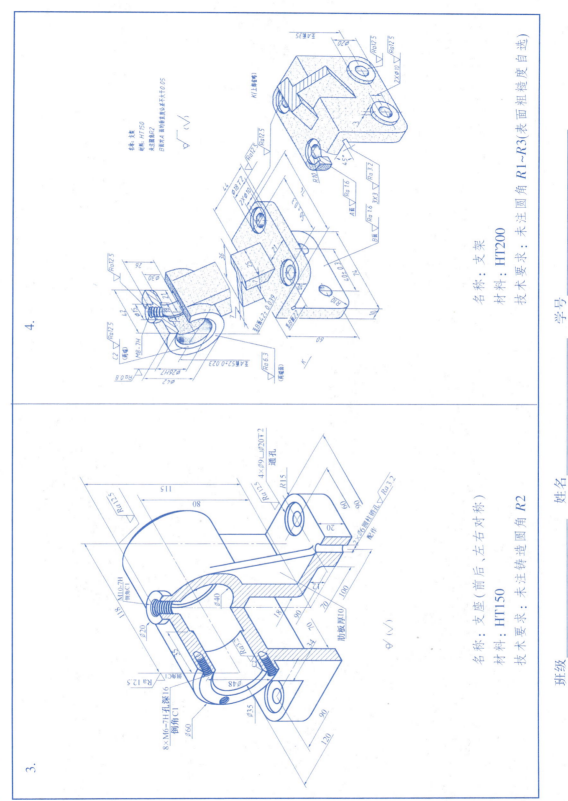

训练 2-17 实物测绘（二）

选择铣刀头座体零件的实物，按照零件测绘的要求，正确选择表达方法，分别在 A3 图纸上完成零件草图及零件工作图，并使用测量工具对实物进行测量，标注尺寸及技术要求，技术要求可参考同类产品的相关要求。（也可根据学校现有的测绘装配体，选择一个或两个零件进行测绘。）

班级＿＿＿＿＿ 姓名＿＿＿＿＿ 学号＿＿＿＿＿

训练 2-18 简单零件图读图练习(一)

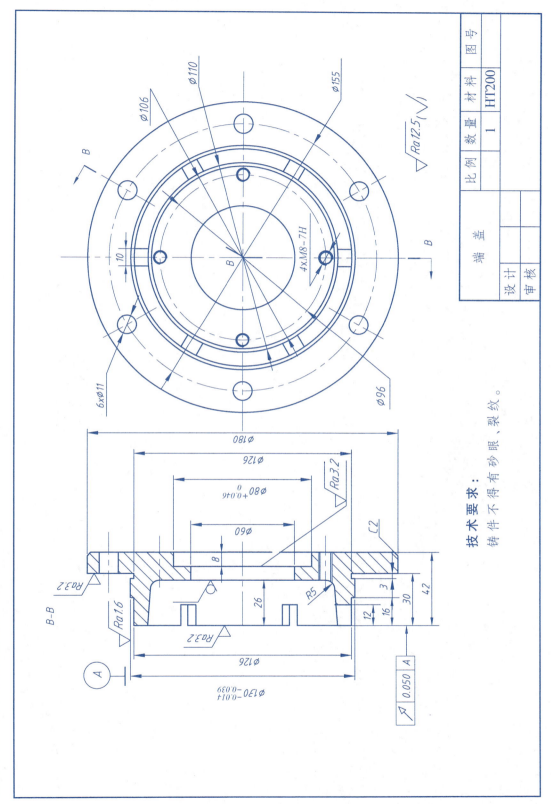

(续上页)

1. 该零件图采用了两个基本视图，分别是 _____ 和 _____ ，全剖视图按剖切面种类分为 _____ 。

2. 端盖左端共有 _____ 个槽，槽宽为 _____ ，槽深为 _____ 。

3. 端盖周围有 _____ 个圆孔，它们的直径为 _____ ，定位尺寸为 _____ 。

4. 图中 $\phi 130_{-0.039}^{-0.014}$ 部分的基本尺寸是 _____ ，最大极限尺寸为 _____ ，最小极限尺寸为 _____ ，上偏差为 _____ ，下偏差为 _____ ，公差是 _____ 。

5. $\phi 130_{-0.039}^{-0.014}$ 外圆柱面的表面粗糙度 Ra 的上限值为 _____ 。

6. ⌐ 0.050 A ⌐ 表示：被测要素为 _____ ，基准要素为 _____ ，公差项目为 _____ ，公差值为 _____ 。

7. 4×M8-7H，其中：4 表示 _____ ，M 表示 _____ ，8 表示 _____ ，7H 表示 _____ 。

8. 按 1:2 画出端盖右视图（只需画外形）。

班级 _____ 姓名 _____ 学号 _____

训练 2-18 简单零件图读图练习（二）

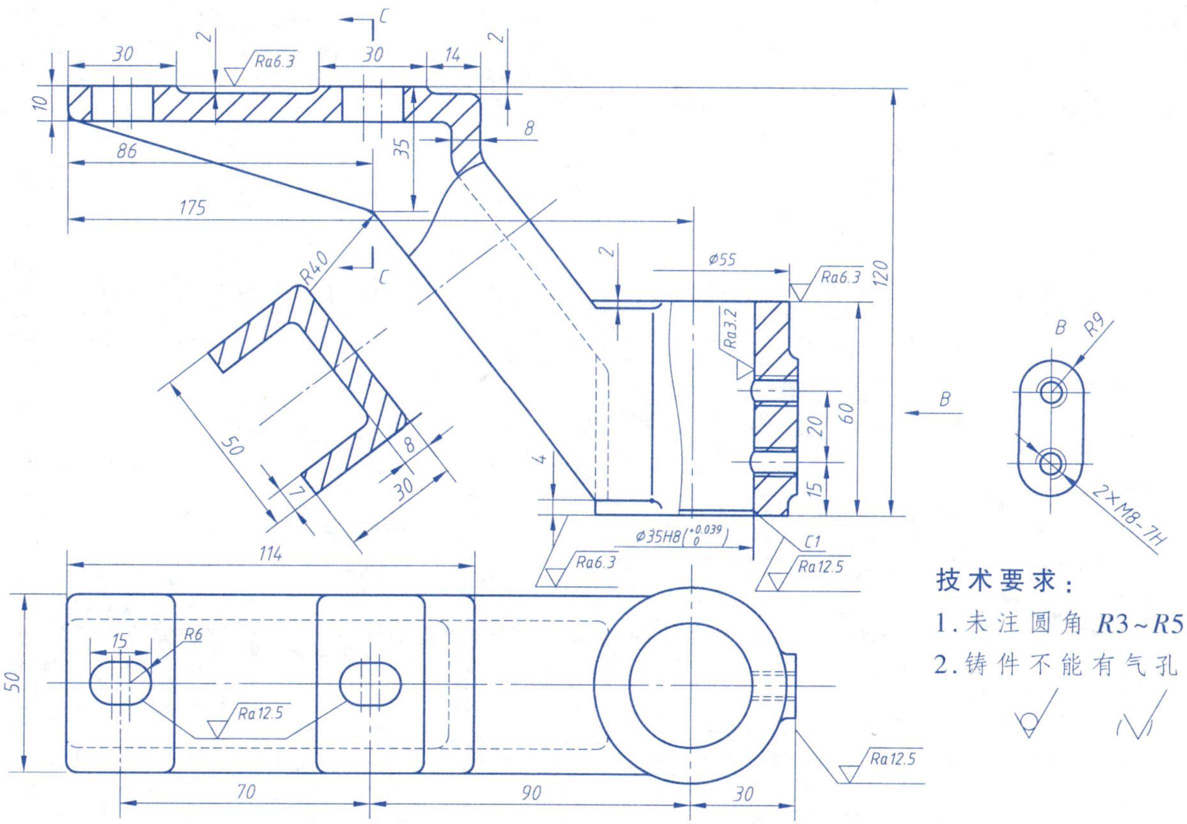

技术要求：
1. 未注圆角 R3~R5。
2. 铸件不能有气孔、砂眼、缩孔。

比例	数量	材料	图号
	1	HT200	

托架

设计
审核

班级_____ 姓名_____ 学号_____

(续上页)

1. 零件所用的四个视图分别是 _____、_____、_____、_____。
2. 零件的主要尺寸基准分别是：长度为 _____，宽度为 _____，高度为 _____。
3. 该零件主视图采用 _____ 剖视图的表达方法。
4. 零件右端凸台有 _____ 个螺纹孔，公称直径为 _____，螺距为 _____，孔的定位尺寸为 _____。
5. 尺寸 $\phi 35H8(^{+0.039}_{0})$ 的基本尺寸是 _____，基本偏差代号是 _____，基本偏差是 _____，基本偏差属于 _____（上、下）偏差，公差是 _____，公差等级为 _____。
6. 画出 C—C 剖视图（尺寸从图中直接量取）。

班级 _____ 姓名 _____ 学号 _____

训练 3-1　装配示意图练习

以铣刀刀头装配体实物为依据，分析装配体的结构特点，确定装配体的拆卸顺序，在 A4 图纸上绘制铣刀刀头的装配示意图，进行铣刀头装配体的拆卸训练。（也可选择学校现有的实物装配体进行训练。）

班级＿＿＿＿＿　姓名＿＿＿＿＿　学号＿＿＿＿＿

143

训练 3-2 螺纹紧固件连接练习（一）

用比例画法作螺栓和螺钉联接的三视图。其中主视图为全剖，俯、左视图为外形图。

1. 已知螺栓 M16（GB/T 5782—2000），被联接件厚度 $\delta_1=20$，$\delta_2=20$。
2. 已知开槽沉头螺钉 M10×35（GB/T 68—2000），光孔件厚度 20，螺孔件材料为铝合金。

注：螺栓（螺柱或螺钉）的公称长度 L 应经计算后查标准长度进行选定。

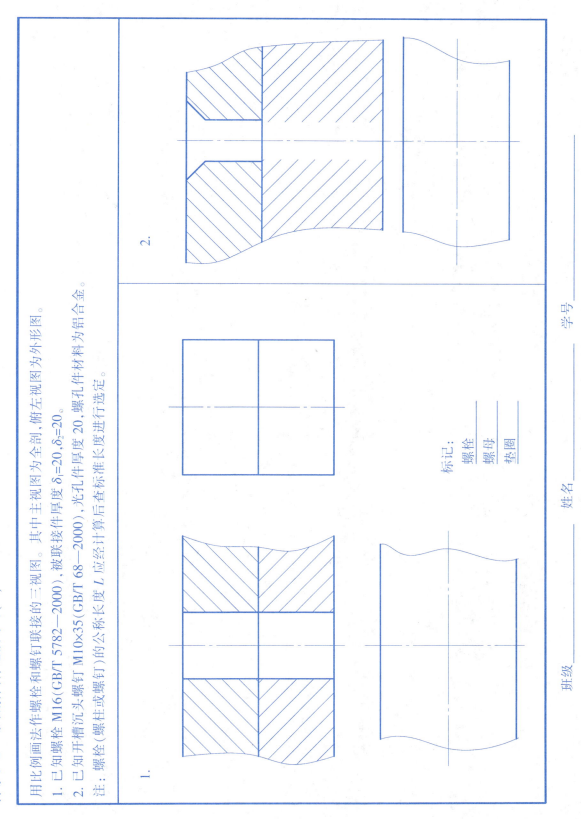

标记：
螺栓 _____
螺母 _____
垫圈 _____

班级_____ 姓名_____ 学号_____

145

训练 3-2 螺纹紧固件连接练习(二)
找出下列各联接图中的错误,并在右侧画出正确的联接图。

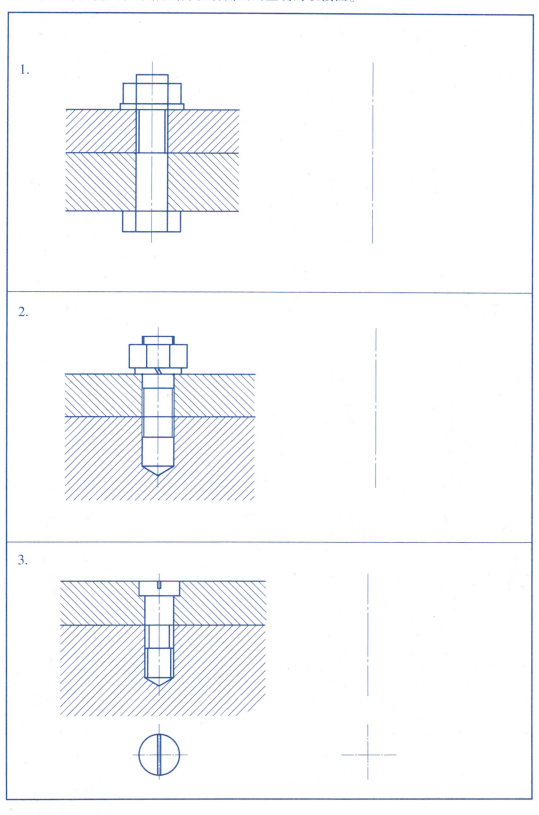

训练 3-3 齿轮画法练习（一）

已知标准直齿圆柱齿轮模数 $m=3$，$z=30$，计算确定各部分尺寸，画其两视图。

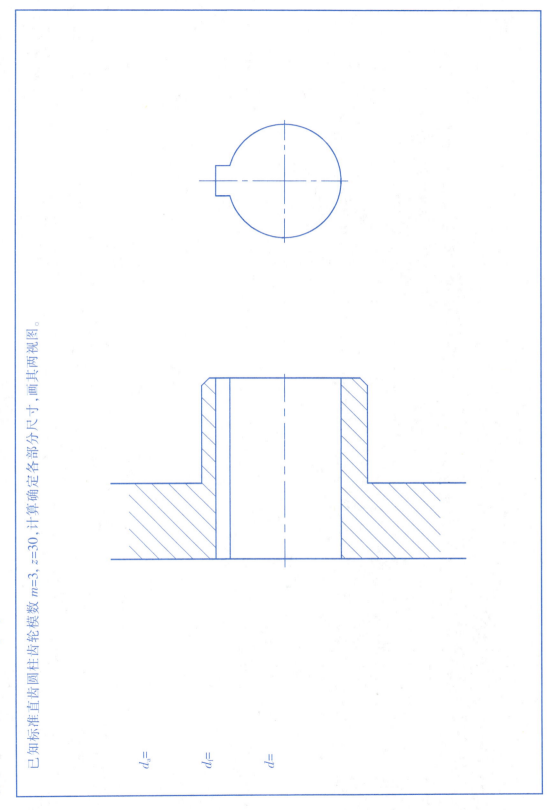

$d_a=$

$d_f=$

$d=$

班级 _____ 姓名 _____ 学号 _____

训练 3-3 齿轮画法练习（二）

已知标准直齿圆柱齿轮主动轮的 $m=3$，$z_1=14$，孔径为 $\phi 18$；从动轮的 $z_2=30$，孔径为 $\phi 23$。两轮宽度相等，中心距 $a=66$ mm。画出齿轮啮合工作两视图。

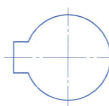

$d_{a1}=$
$d_{a2}=$

$d_{f1}=$
$d_{f2}=$

$d_1=$
$d_2=$

班级_____ 姓名_____ 学号_____

训练 3-4　键连接练习

已知齿轮和轴用 A 型普通平键联接，轴（孔）直径由图中测量取整数，键槽长度测量查表后取值。
1. 查表画出轴上键槽的断面图，并标注尺寸。
2. 查表画出与轴相配合的齿轮孔上的键槽结构图，并标注尺寸。
3. 画出轴与齿轮用键连接的装配图，并做 A–A 断面图。
4. 写出键的规定标记为 _____。

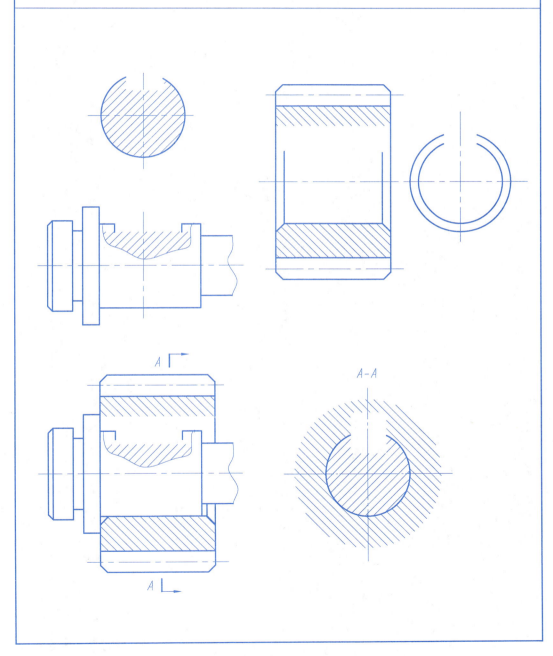

班级 _____　姓名 _____　学号 _____

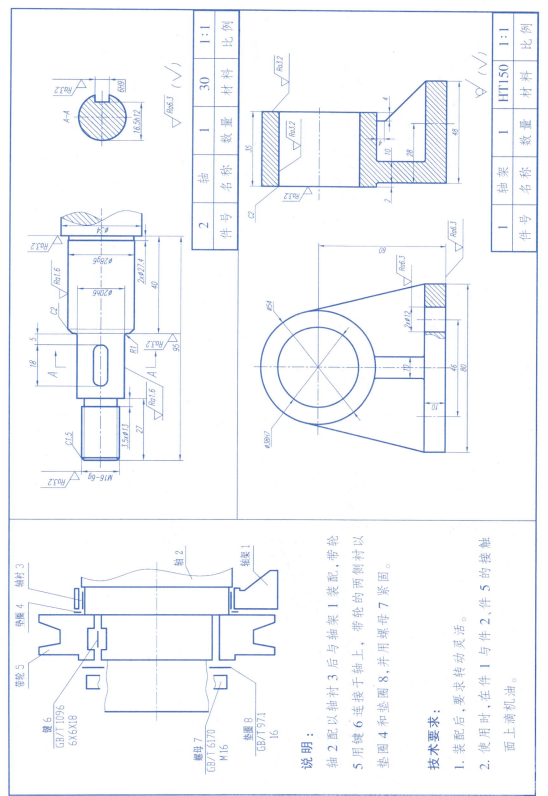

(续上页)

训练 3-5 根据零件图拼画千斤顶装配图(二)

1. 千斤顶工作原理

千斤顶是用来支撑和起动重物的机构,本例是一种结构简单的机械式千斤顶。用绞杠(图中未标出)插入件 4 螺杆的 $\phi20$ 孔中以旋转螺杆。螺杆具有锯齿形螺纹 B50×8;件 3 螺母以过渡配合 $\phi65H8/n7$ 压装于件 1 底座中,并用件 7 开槽锥端紧定螺钉 M10×16 止转,固定,这样就能达到螺杆旋转而使重物升降。件 5 顶垫以 SR40 内圆球面和螺杆顶部接触,并能微量摆动以适应不同情况的接触面。件 2 挡圈用 M8×16 的沉头端紧定螺钉固定在螺杆下端以防止其旋出螺母。

2. 作业要求

(1) 用 A3 幅面图纸绘制千斤顶装配图。

(2) 提示:

① 千斤顶结构简单,以全剖视主视图可以基本表达清楚,细节部分适当运用其他表达方法。

② M6×16 开槽长圆柱端紧定螺钉可查国标 GB/T 75;M10×16 开槽锥端紧定螺钉可查国标 GB/T71;M8×16 沉头螺钉可查国标 GB/T68(或由教师给出)。

③ 按装配图尺寸要求标注尺寸,注意标注出反映起重高度范围的尺寸。

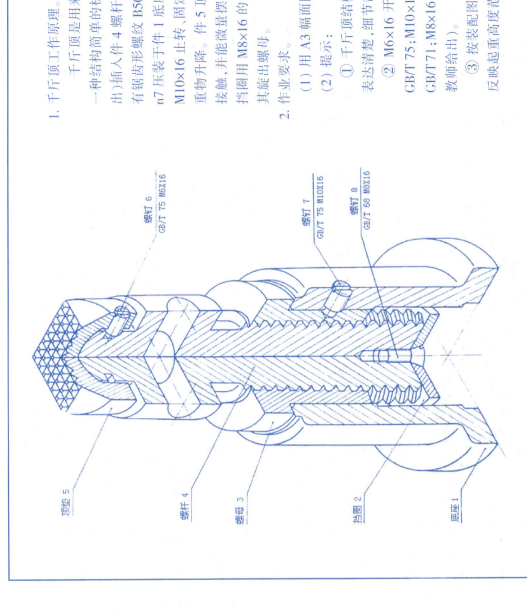

顶垫 5
螺杆 4
螺母 3
挡圈 2
底座 1

螺钉 6 GB/T 75 M6X16
螺钉 7 GB/T 75 M10X16
螺钉 8 GB/T 68 M8X16

班级_____ 姓名_____ 学号_____

(续上页)

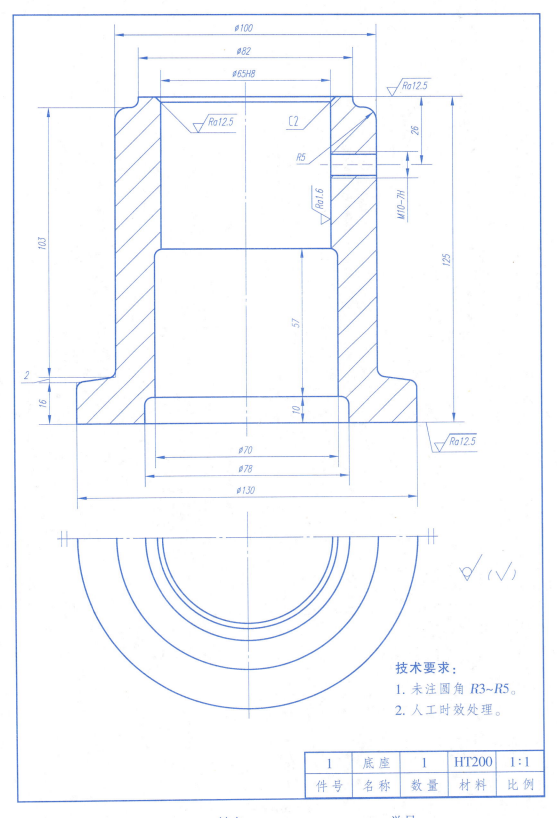

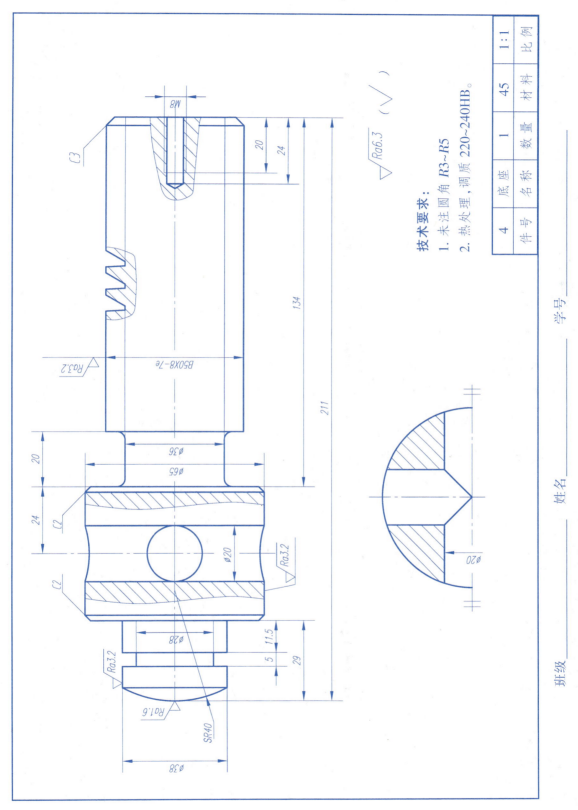

技术要求：
人工时效处理。

训练 3-6 实物装配体测绘

以铣刀头装配体实物为测绘对象，分析装配体的结构特点，确定装配体的拆卸顺序，绘制铣刀头的装配示意图，拆卸铣刀头，绘制各个零件草图，确定铣刀头装配图的表达方案，绘制装配图和零件工作图（也可选择学校现有的实物装配体进行训练）。

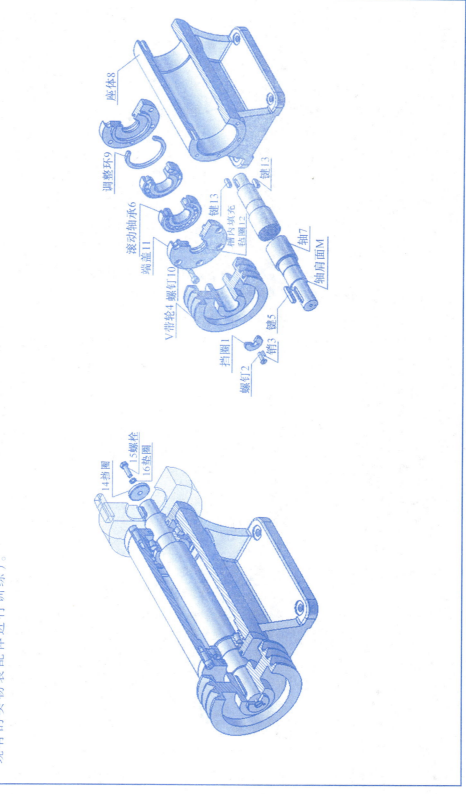

班级_____ 姓名_____ 学号_____

训练 4—1 读套筒零件图

读套筒零件图（见下页），回答以下问题：

1. 轴向主要尺寸基准是 _____，径向主要尺寸基准是 _____。

2. 图中标有①的部位，所指两条虚线间的距离为 _____。

3. 图中标有②所指的直径为 _____。

4. 图中标有③所指的线框，其定形尺寸为 _____，定位尺寸为 _____。

5. 最右端的 2×φ10 孔的定位尺寸是 _____。

6. 最左端面的表面粗糙度为 _____，最右端面的表面粗糙度为 _____。

7. 局部放大图中④所指位置的表面粗糙度是 _____。

8. 图中标有⑤所指的曲线是由 _____ 与 _____ 相交形成的。

9. 外圆面 φ132±0.2 最大可加工成 _____，最小可为 _____，公差为 _____。

10. 补画 K 局部视图。

班级 _____ 姓名 _____ 学号 _____

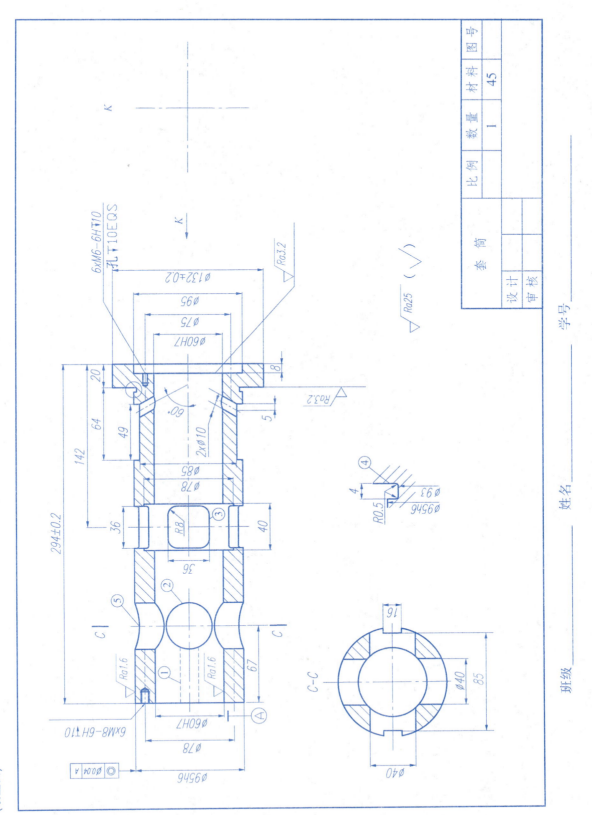

训练 4-2　读主轴零件图

读主轴零件图（见下页），回答下列问题：

1. 该零件的材料是 _____，需进行热处理的方法为 _____。
2. φ40h6 的左端面表面粗糙度 Ra 为 _____。
3. 该零件的基本形体是 _____ 体，属于 _____ 类零件。
4. 该零件的结构形状共用 _____ 个图形表达，其中 _____ 视图采用 _____ 剖视图，另外还用了一个断面图和一个 _____ 图。
5. 沉孔的定形尺寸为 _____，其定位尺寸为 _____。
6. 2×1.5 表示 _____。
7. 轴上的键槽长度为 _____，宽度为 _____，深度为 _____，其定位尺寸为 _____。
8. φ40h6($_{-0.016}^{0}$) 表示其基本尺寸为 _____，上偏差为 _____，下偏差为 _____，公差为 _____，最大极限尺寸为 _____，最小极限尺寸为 _____。
9. 解释图中形位公差代号：| ⌭ | 0.007 |；公差项目：_____；公差数值：_____；被测要素：_____。
10. 在图形下方画出 C—C 移出断面图（直接量取）。

班级 _____　　姓名 _____　　学号 _____

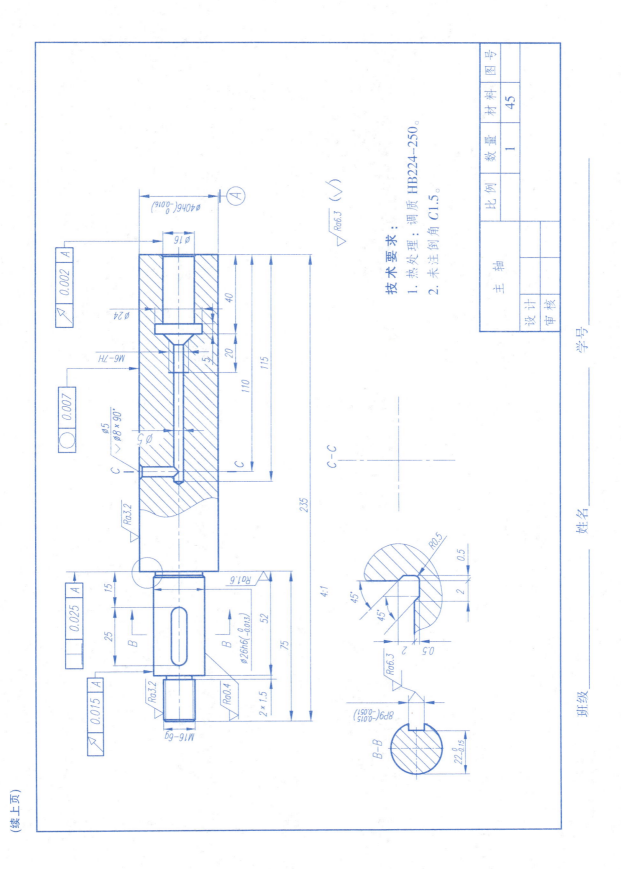

训练 4-3 滚动轴承练习

1. 试用简化画法画出深沟球轴承 6206(GB/T 276—1994)。(左端面紧靠轴肩 A。)

2. 试用简化画法画出圆锥滚子轴承 30206(GB/T 297—1994)。(左端面紧靠轴肩 A。)

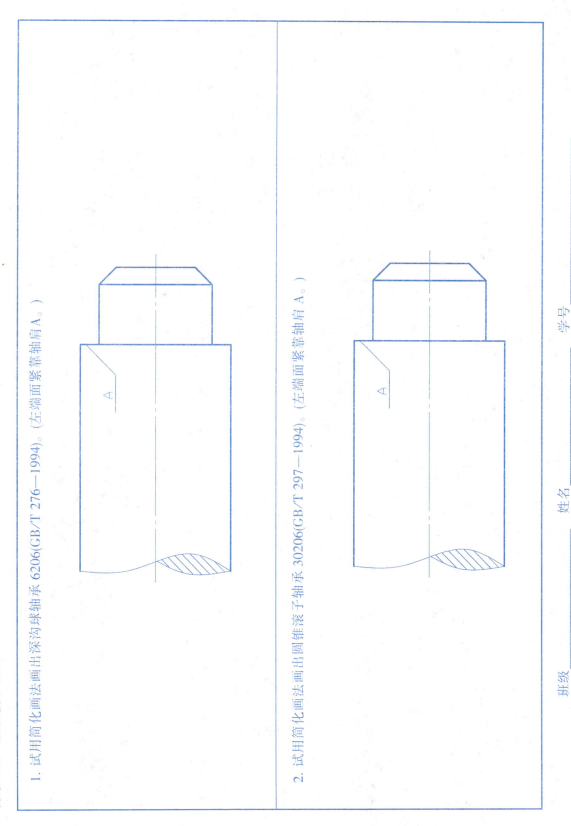

班级 _____ 姓名 _____ 学号 _____

训练 4—4 读轴承盖零件图

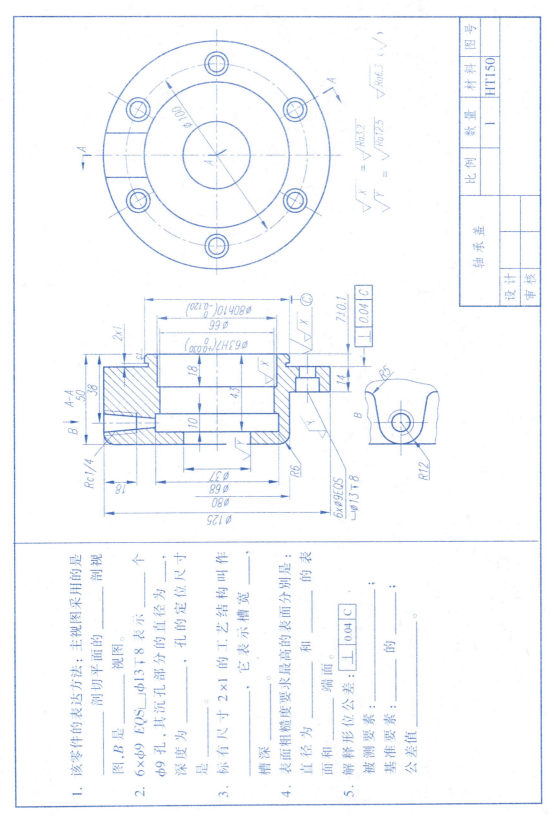

1. 该零件件的表达方法：主视图采用的是_____剖视图，B是_____剖切平面的_____视图。
2. 6×φ9 EQS⌴φ13▼8 表示_____个φ9 孔，其沉孔部分的直径为_____，孔的定位尺寸是_____，深度为_____。
3. 标有尺寸 2×1 的工艺结构叫作_____，它表示槽宽_____，槽深_____。
4. 表面粗糙度要求最高的表面分别是_____端面和_____的_____的表面。
5. 解释形位公差：⌓ 0.04 C
   被测要素：_____；
   基准要素：_____；
   公差值_____。

班级_____ 姓名_____ 学号_____

训练 4—5　读手轮零件图

读手轮零件图(见下页)，回答下列问题：

1. 该零件图的图号为_____，名称为_____，材料为_____，比例为_____。

2. 零件图上除两个基本视图外，还有一个图形的名称为_____视图。

3. 图中注有①处是_____结构，注有②处是_____结构，未画上剖面符号是因为该结构沿_____向剖切面采用_____的画法。

4. 主视图上部有两个同心小圆，其直径分别为_____，_____，定位尺寸为_____。

5. 辐条的厚度是_____，其外形的大小端尺寸分别为_____。

6. 图中注出的代号 $\phi 25H7(^{+0.02}_{0})$ 中，$\phi 25$ 表示_____，H7 表示_____，上偏差为_____，下偏差为_____，公差为_____。

7. 轴孔的表面粗糙度代号为_____，代号中的参数值是指_____。

班级_____　　姓名_____　　学号_____

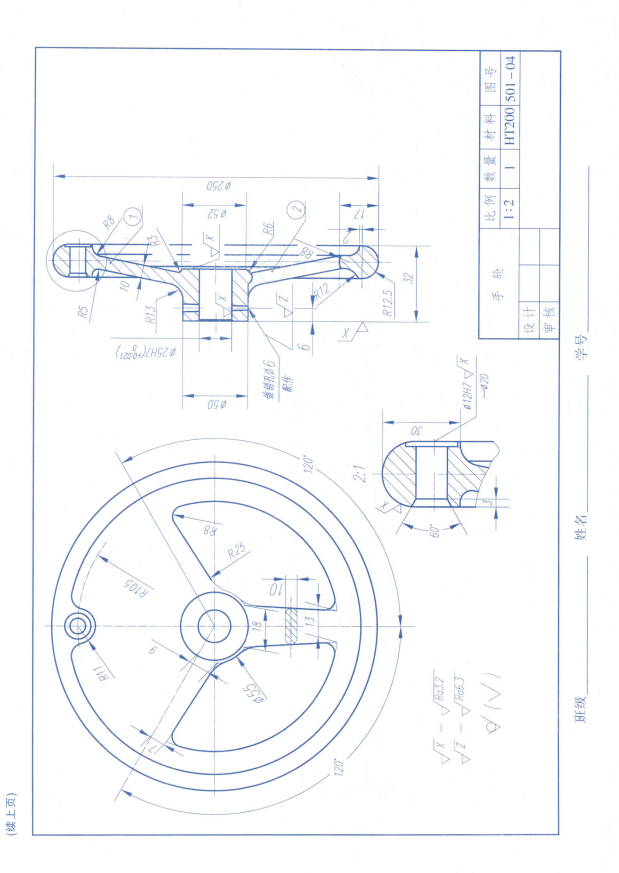

训练 4-6　读拨叉零件图

读拨叉零件图(见下页)，回答下列问题：

1. 38H11 表示基本尺寸是 _____，公差带代号为 _____，公差等级为 _____，基本偏差代号是 _____，公差为 _____。

2. M10×1-6H 是 _____(粗、细)牙普通螺纹，公称直径为 _____，螺距为 _____，6H 是 _____的公差带代号，螺纹的旋向为 _____。

3. ⊥ | 0.05 | A 的含义为 _____。

4. 用符号"▽"标出拨叉长、宽、高三个方向的主要尺寸基准。

5. 在指定位置画出俯视图(按图形大小量取，不画虚线)。

班级 _____　　姓名 _____　　学号 _____

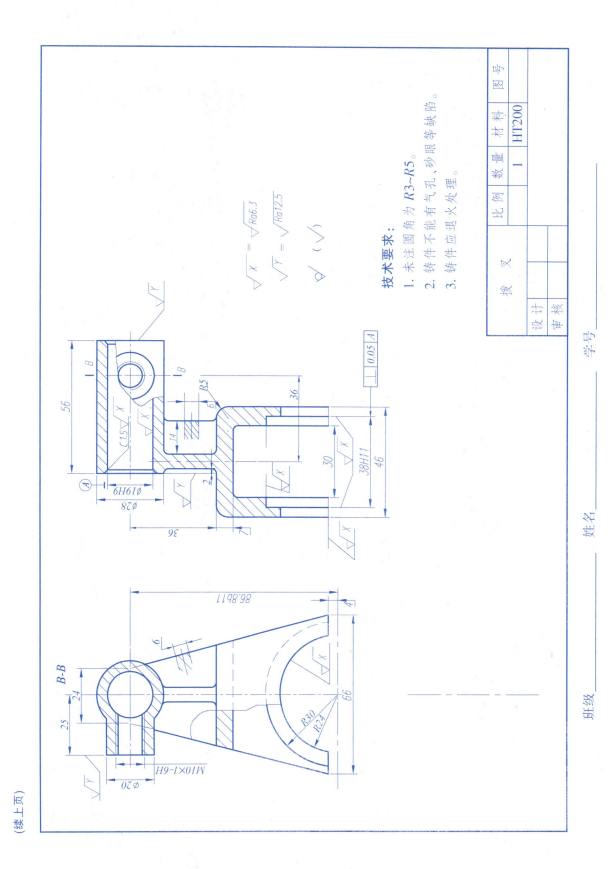

训练 4-7 读泵体零件图

读泵体零件图,回答下列问题:

1. 泵体零件图用了_____个图形表达,主视图作了_____剖视,左视图作了_____剖视,D-D是_____图。
2. 泵体长方形底板的定形尺寸是_____,底板上两沉孔的定位尺寸是_____。
3. 泵体上共有大小不同的螺纹孔_____个,它们的螺纹标注分别是_____。
4. 尺寸 φ60H7 中,φ60 表示_____,H7 表示_____,H 是_____,7 表示_____,上偏差为_____,下偏差为_____,公差为_____。
5. G1/8 表示_____。
6. 说明 ⊥ 0.02 A ⊥ 表示_____,0.02 表示_____,A 表示_____。
7. φ15H7 内孔表面的表面粗糙度要求是_____,φ38 外圆表面的表面粗糙度代号是_____。
8. 在指定位置画 C 向局部视图。

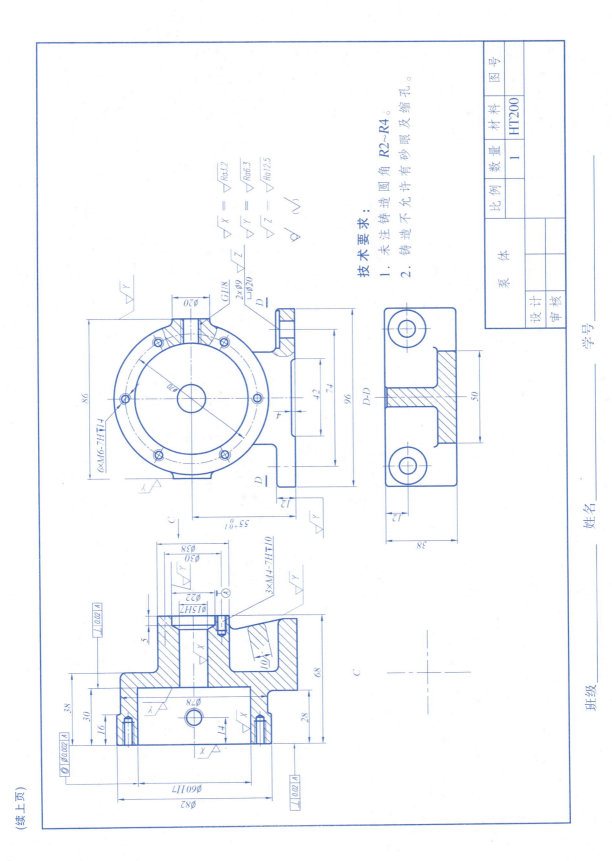

训练 4-8 读底座零件图

读底座零件图（见下页），回答下列问题：

1. 主视图是_____剖视图，左视图是_____剖视图。
2. ①~⑥处的螺纹数量分别是_____，公称直径分别是_____。
3. 用符号▼标出底座长、宽、高三个方向的主要尺寸基准。
4. 画出底座左视外形图。
5. 在指定位置画 A—A 断面图。

班级_____　　姓名_____　　学号_____

技术要求：
1. 未注圆角 R3。
2. 铸件不得有砂眼、气孔、裂纹等缺陷。
3. 起模斜度 1:50。
4. 除加工表面外，表面涂深灰色皱纹漆。

训练 5-1　弹簧规定画法练习

已知圆柱螺旋压缩弹簧的弹簧丝直径 $d=8$ mm，弹簧中径 $D=46$ mm，节距 $t=10$ mm，自由高度 $H_0=104$ mm，支承圈数 $n_2=2.5$，右旋。试用 1∶1 的比例画出弹簧的全剖视图。

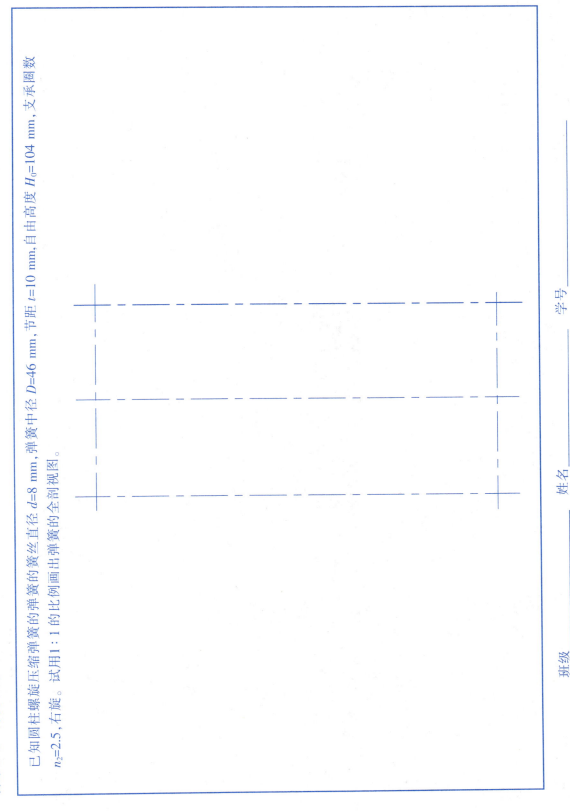

班级＿＿＿＿＿　　姓名＿＿＿＿＿　　学号＿＿＿＿＿

训练 5-2 读铣刀头装配图

读铣刀头装配图,并回答问题:

1. 下面列出了视图名称及表达方法,请在有关系的两者间画线。

主视图　　　　局部剖视图

　　　　　　　全剖视图

　　　　　　　拆卸画法

左视图　　　　假想画法

2. 图中规格尺寸是_____,安装尺寸是_____,
φ28H8/k7 属_____尺寸。

3. 尺寸 φ80K7/8 中 K7 是_____号件的公差带代号,8 是_____号件的公差带代号。

4. 5 号件、13 号件的名称是_____,其作用是_____。

5. 8 号件与 11 号件的联接是靠_____号件,共_____个,其分布情况可以从_____图看到。

6. 12 号件的作用是_____。

7. 4 号件是通过_____等号件与 7 号件联接在一起。

8. 按带动铣刀盘转动的传动顺序依次写出零件序号_____。

9. 11 号件的正确主视图的代号是_____(右上角)。

班级_____　　姓名_____　　学号_____

拆去零件 1,2,3,4,5

铣刀头

序号	名称	数量	材料	备注
16	垫圈 6	1	65Mn	GB/T 93
15	螺栓 M6X20	1	Q235-A	GB/T 5783
14	挡圈 B32	1	35	GB/T 892
13	键 8X7X20	2	45	GB/T 1096
12	毛毡 25	2	222-36	无需
11	端盖	2	HT200	
10	螺钉 M6X20	12	Q235-A	GB/T 701
9	油毡环	1	35	
8	座体	1	HT200	
7	轴	1	45	
6	轴承 30307	2		GB/T 294
5	键 8X7X40	1	45	GB/T 1096
4	V带轮	1	HT150	
3	销 3X12	1	35	GB/T 119.1
2	螺钉 M6X18	1	Q235-A	GB/T 68
1	挡圈 35	1	Q235-A	GB/T 891

班级 —— 姓名 —— 学号 ——

(续上页)

训练 5-3 读阀门装配图

工作原理：

转动手柄使轴 4 升降，带动活门 2 打开或关闭阀口。连接活门 2 与轴的圆柱销 3 处于轴的环形槽中，当拧紧阀门时，活门不会转动。

1. 读阀门装配图，回答下列问题：

   (1) 阀门共由 _____ 种零件组成，其中有 _____ 种标准件。

   (2) A—A 是 _____ 图。

   (3) 螺母（件 8）的外轮廓是 _____ 形的。

   (4) φ36H11/c11 是件 _____ 和件 _____ 的配合，是 _____ 制 _____ 配合，在 _____ 上应标注 φ36H11，在 _____ 上应标注 φ36c11。

   (5) 零件 2 活门的拆卸顺序是： _____ 。

2. 拆画件 1（阀体）零件工作图，并且抄注相关尺寸。

班级 _____ 姓名 _____ 学号 _____

序号	名称	数量	材料	备注
9	手柄	1	HT200	
8	螺母	1		GB/T6170
7	启盖	1	HT200	
6	填料	1	石棉绳	
5	垫圈	1	Q235A	GB/T97
4	轴	1	45	
3	圆柱销	2	45	GB/T119.1
2	活门	1	45	
1	阀体	1	HT200	

阀门

训练 5—4　读钻模装配图

1. 读懂钻模装配图（见下页），回答下列问题：

(1) 钻模装配图用_____个视图来表达装配关系。主视图采用了_____剖视，左视图采用了_____剖视。在主、左视图中的双点画线是一种_____的画法，表示_____。

(2) 钻模由_____种共_____个零件组成，其中有_____种标准件。

(3) 装夹在钻模上的被加工工件共要钻_____个孔，其直径为_____。

(4) 装钻模板时，钻模板和底座用_____定位，然后用_____夹紧。

(5) 被加工工件通过底座的_____和_____在钻模上定位。

(6) 钻模的外形尺寸是_____。

(7) 衬套与钻模板之间的配合尺寸为_____，属_____制_____配合；钻套与钻模板之间的配合尺寸为_____，属_____制_____配合；衬套与轴之间的配合尺寸为_____，属_____制_____配合。

(8) 在钻模上取下工件时，应先旋松_____，再取下_____，然后卸下_____，即可取出被加工工件。

2. 拆画件 1（底座）零件工作图。

班级_____　姓名_____　学号_____

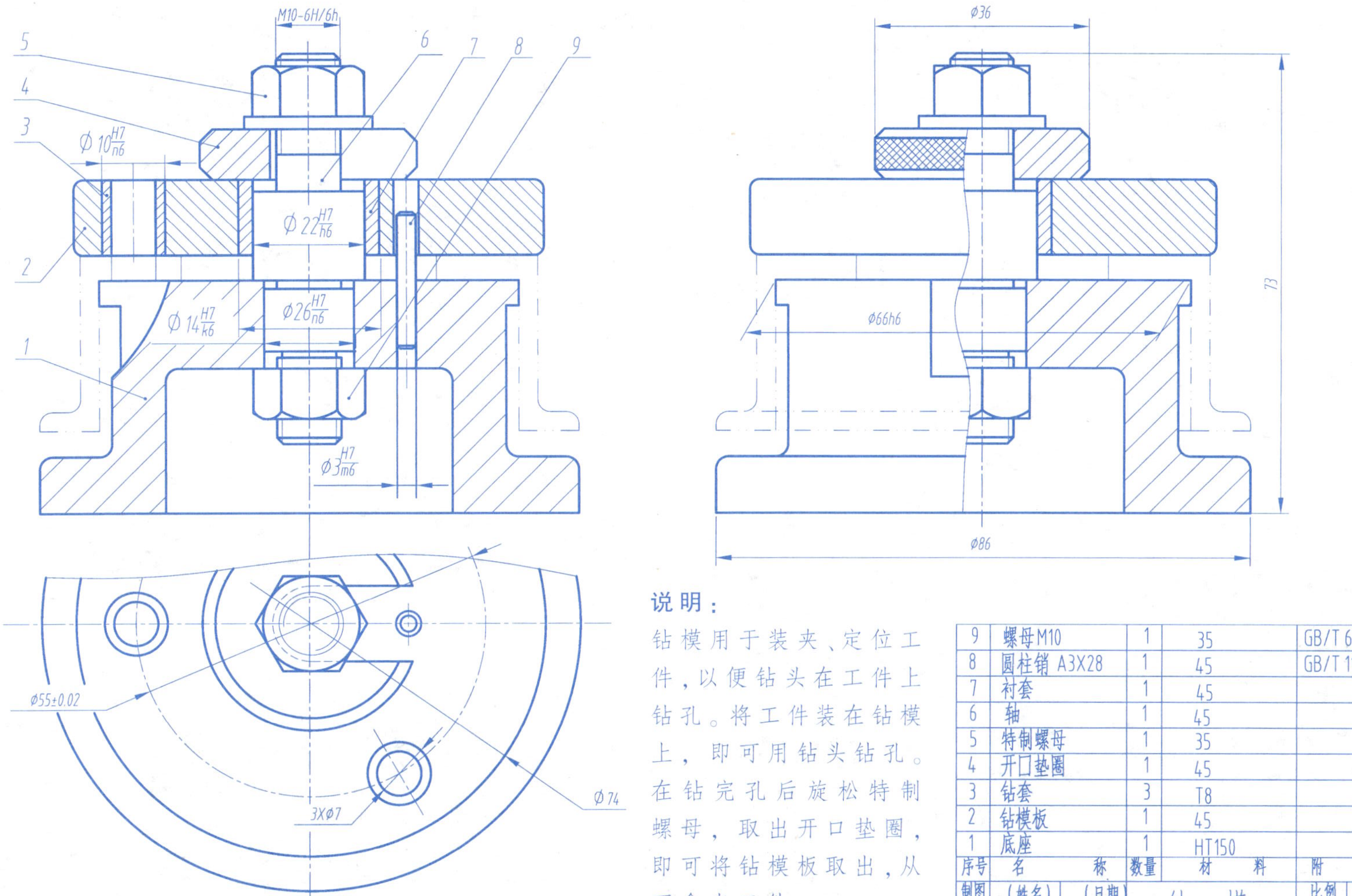

说明：

钻模用于装夹、定位工件，以便钻头在工件上钻孔。将工件装在钻模上，在螺母拧紧后用钻头钻孔。即钻完孔后旋松特制螺母，取出开口垫圈，即可将钻模板取出，从而拿出工件。

9	螺母M10	1	35	GB/T 6170
8	圆柱销 A3×28	1	45	GB/T 119.1
7	衬套	1	45	
6	轴	1	45	
5	特制螺母	1	35	
4	开口垫圈	1	45	
3	钻套	3	T8	
2	钻模板	1	45	
1	底座	1	HT150	
序号	名称	数量	材料	附注
制图	(姓名)	(日期)	钻　模	(图号)
审核			比例	

班级　　　　　　姓名　　　　　　学号

训练 5-5 读球阀装配图

工作原理：

球阀是管道系统中控制流量和启闭的一个部件。当球阀的阀芯 4 处于图示的位置时，阀体 1、阀盖 2 中的 $\phi20$ 孔成为同轴线的孔，阀门全部开启，管道畅通。当转动扳手 13 带动阀杆 12 和阀芯 4 旋转 $90°$时，则阀芯中的 $\phi20$ 孔与阀体 1、阀盖 2 中的 $\phi20$ 孔的轴线垂直，阀门全部关闭，管道断流。

1. 读球阀装配图（见下页），回答下列问题：

(1) 该装配图由 _____ 个视图表达。主视图采用 _____ 剖视，并用 _____ 剖切平面在 _____ 位置上来剖切，它反映了球阀的 _____ 和 _____ ；左视图采取了 _____ 特殊表达方法，并采用 _____ 剖视，表达了阀盖的 _____ 以及 _____ 间的装配关系。

(2) 球阀上共有 _____ 条装配干线，_____ 和 _____ 间的装配关系。

(3) 将 _____ 旋转 $90°$，带动 _____ 也旋转 $90°$，达到 _____ 的目的，并在 _____ 零件上有限位结构。

(4) 阀体 1 和阀盖 2 之间用 _____ 个 _____ 连接；阀芯与阀体及阀盖间装有 _____ 起 _____ 作用。

(5) 扳手 13 上与阀杆 12 配合处是 _____ 形孔；阀杆上用细实线绘出的对角线表示 _____ 。

(6) 为了防止流体从阀杆 12 外径处渗出，球阀采用了 _____ 等零件防漏。

(7) 阀体与阀杆之间的配合尺寸为 _____ 属 _____ 剖 _____ 配合；配合轴的公差带代号为 _____ ，孔的公差带代号为 _____ 。

(8) 115 ± 1.1 既是 _____ 尺寸，又是 _____ 尺寸，有关；球阀的管口直径 $\phi20$ 属于 _____ 基准 _____ 尺寸。

2. 拆画件 2 阀盖、件 4 阀芯的零件工作图。

班级 _____ 姓名 _____ 学号 _____

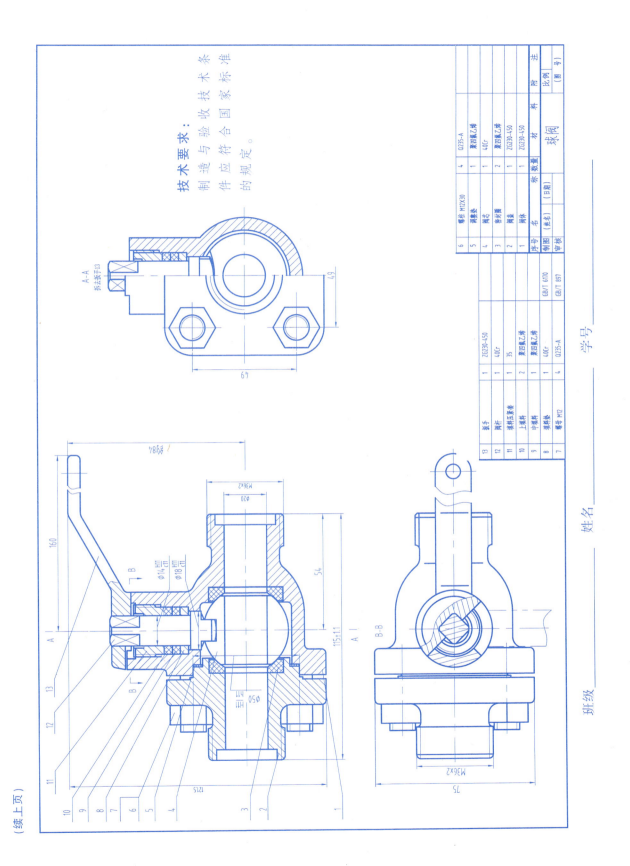

训练 5—6 读微动机构装配图

工作原理：

该部件为氩弧焊机的微调装置，导杆 12 的右端面上有一个 M10 螺孔，为固定焊枪用的。当转动手轮 1 时，螺杆 6 做旋转运动，带动导杆 12 在导套 9 内做轴向移动进行微调。导杆 12 上装有平键 11，它在导套的键槽内起导向作用，由于导套用螺钉 7 周定，所以导杆只做直线运动。轴套 5 对螺杆起支撑和轴向定位作用，调整好位置后，用紧定螺钉 M3×8 周定。手轮的轮毂部分嵌装一个铜套，热压成型后加工。

1. 读微动机构装配图（见下页），回答下列问题：

   (1) 导套 9 与支座 8 之间是通过零件 _____ 连接的。

   (2) 图中 φ20H8/f7 是件 _____ 和件 _____ 之间的配合尺寸；此配合种类是 _____ ，_____ ；基准制是 _____ 的装配连接关系。

   (3) 图中 B—B 图，该图主要表示件 _____ 结构。

   (4) 图中 C—C 是 _____ 图，该图主要表示的是 _____ 。

   (5) 俯视图中的尺寸 82 和 22 在装配图中属于 _____ 尺寸。

2. 拆画件 8（支座）或件 12（导杆）零件工作图。

班级 _____ 姓名 _____ 学号 _____

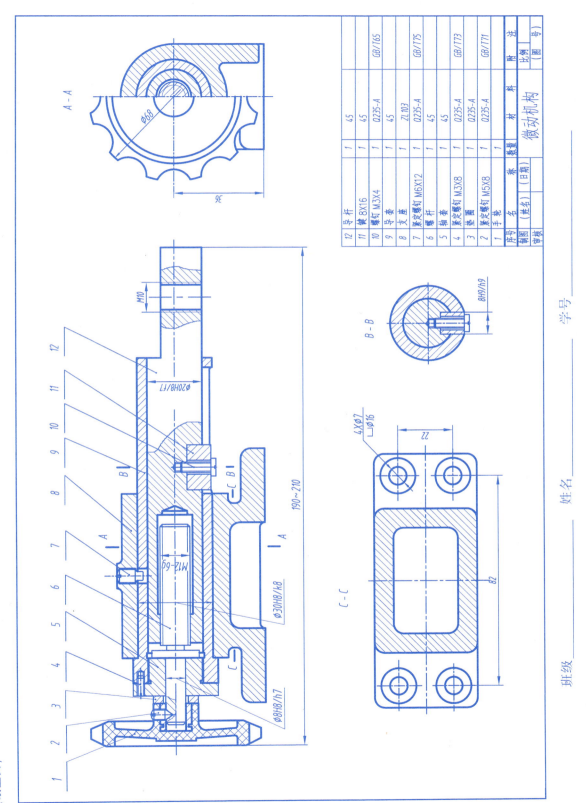

训练 6-1　用第三角画法补画三视图(尺寸从轴测图中量取)

1.

2.

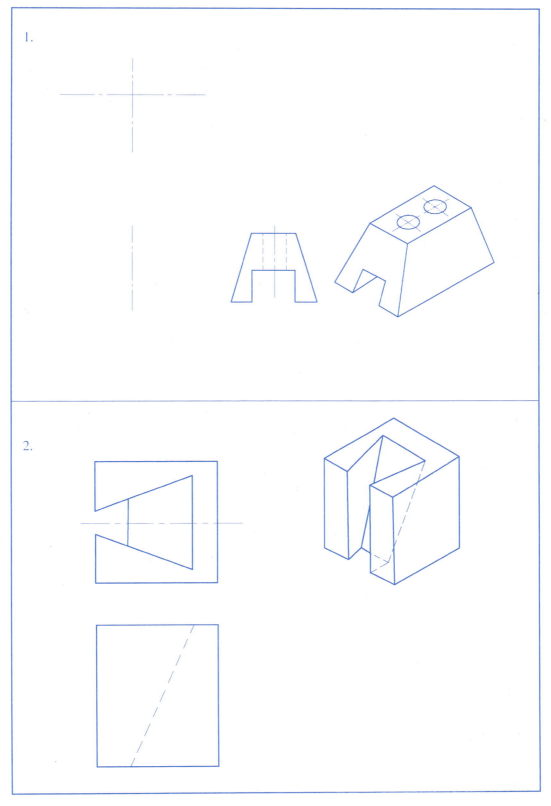

班级　　　　　　　姓名　　　　　　　学号

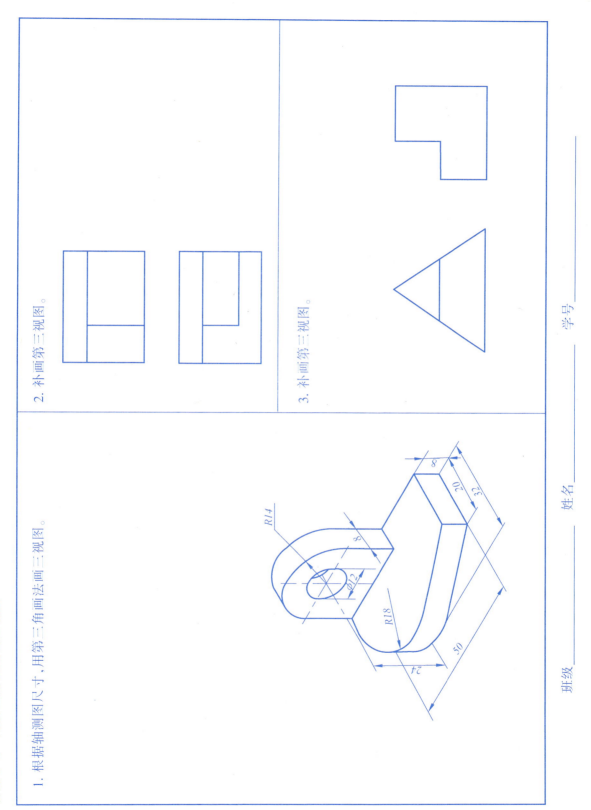

训练 6-3　补画三视图中缺漏的线（第三角画法）

1.

2.

3.

4.

班级_____　姓名_____　学号_____